U0173147

曆算全書

一

〔清〕梅文鼎 撰

高　峰 點校

中華書局

圖書在版編目（CIP）數據

曆算全書／（清）梅文鼎撰；高峰點校. —北京：中華書局，
2023.12
ISBN 978-7-101-16485-5

Ⅰ.曆… Ⅱ.①梅…②高… Ⅲ.曆法 Ⅳ.P19

中國國家版本館 CIP 數據核字（2023）第 233279 號

書　　　名	曆算全書（全六册）
撰　　　者	〔清〕梅文鼎
點 校 者	高　峰
責任編輯	石　玉
責任印製	陳麗娜
出版發行	中華書局
	（北京市豐臺區太平橋西里 38 號　100073）
	http://www.zhbc.com.cn
	E-mail:zhbc@zhbc.com.cn
印　　　刷	河北新華第一印刷有限責任公司
版　　　次	2023 年 12 月第 1 版
	2023 年 12 月第 1 次印刷
規　　　格	開本/880×1230 毫米　1/32
	印張 88⅞　插頁 18　字數 2000 千字
印　　　數	1-2500 册
國際書號	ISBN 978-7-101-16485-5
定　　　價	480.00 元

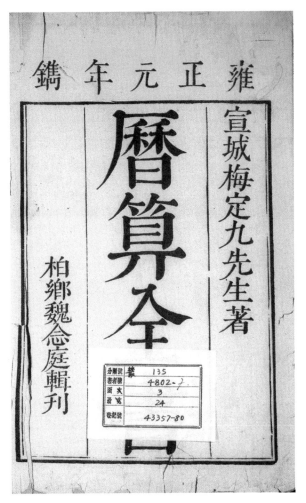

雍正元年鐫

宣城梅定九先生著

曆算全[書]

柏鄉魏念庭輯刊

1　雍正元年本曆算全書內封
中國科學院文獻情報中心藏

雍正二年鐫

宣城梅定九先生著

計三十種

曆算全書

栢鄉魏念庭輯刊

2　雍正二年本曆算全書內封
日本國立公文書館藏

咸豐九年鐫

宣城梅定九先生著

曆算全書

青珊瑚館藏板

4　咸豐九年閣妙香室本曆算全書內封
中國科學院自然科學史研究所藏

梅氏歷算全書

全書

乙酉春仲

算疑題

5-1　光緒十一年敦懷書屋本曆算全書內封一

中國科學院自然科學史研究所藏

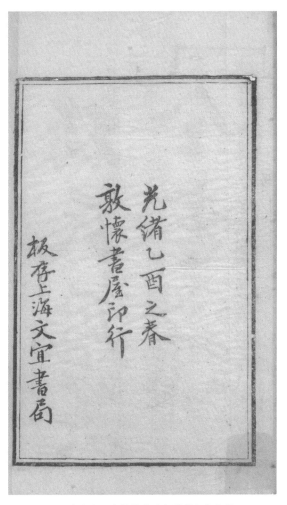

光緒乙酉之春
敦懷書屋印行
板存上海文宜書局

5-2　光緒十一年敦懷書屋本曆算全書內封二
中國科學院自然科學史研究所藏

宣城梅氏曆

承學堂藏板

兼齋書輯要

6　乾隆二十六年梅氏叢書輯要內封（與乾隆十年曆算叢書輯要內封同）
浙江圖書館藏

7-1 乾隆二十六年本梅氏叢書輯要内封一
北京教育學院圖書館藏

參學

輯要

自康熙以來刻
徵君書者不下數十先
種散布已久間有訛
字無從改正茲乾
辛巳詳校重刊覽者隆
以大字序文本爲正

7-2　乾隆二十六年本梅氏叢書輯要内封二
北京教育學院圖書館藏

8　同治十三年梅纘高頤園刻本梅氏叢書輯要內封
中國科學院自然科學史研究所藏

乾隆元年新鐫

環川張安谷校訂

宣城梅氏算法叢書

方程論 少廣拾遺 交食蒙求

交食管見 冬至攷

鵬翮堂藏板

9　乾隆元年鵬翮堂刻本宣城梅氏算法叢書內封

日本國立公文書館藏

全書總目

第一册

第二册

第三册

第四册

本册目録

句股闡微

弧三角舉要

整理前言

一、梅文鼎其人

梅文鼎(一六三三一一七二一),字定九,號勿庵,江南 宣城人。父諱士昌,字期生,號繳躚,明末諸生。易代後,棄諸生服,"杜門屏跡,以終其身"[一],著有周易麟解。文鼎幼承家學,攻研周易,十五歲補郡博士弟子員[二]。康熙元年,與兩弟文鼐、文鼏從同里倪正受大統曆法,推日月交食,爲之訂誤補遺,成曆學駢枝二卷,得倪師首肯,"自此遂益有學曆之志"[三]。

嘗考廿一史所載古今曆法七十餘家及西學諸書,詳爲參校,撰古今曆法通考,綜貫中西曆術,以補馬端臨 文獻通考、邢雲路 古今律曆考之所未備。嘗受邀與修寧國府志、江南通志、宣城縣志,爲撰分野志。康熙十八年,同里施閏章應召入京,奉命纂修明史,寄書請文鼎撰曆志。先生方應江南按察使金鎮之召,授經官署,因撰曆志贅言寄之,爲述曆志大綱。康熙二十八年入京,受邀校訂曆志初稿,"史局服其精核"[四],遂知名京師。

〔一〕李光地 處士梅繳躚先生墓碣,榕村續集卷五。
〔二〕潘天成 雜記訓言後,鐵廬外集卷一,文淵閣 四庫全書本。
〔三〕勿庵曆算書目 曆學駢枝,康熙刻本,清華大學圖書館藏。
〔四〕毛際可 梅先生傳,知不足齋叢書本勿庵曆算書目卷首。

　　撰中西算學通九種,西法曰籌算、筆算、度算、比例算、幾何、三角,中法曰方程、句股,各有成書。使尊古者知西法初不謬於古人,而尊西者知中算立法之初不遜於西學,中西兩家之法,實可相資而不可偏廢[一]。

　　在京日,嘗受李光地禮遇,下榻寓邸。光地以古今曆法通考卷帙浩繁,經生家難於卒讀,囑撰短帙,因撰曆學疑問三卷,光地任順天學政時付梓刊行。康熙四十一年,帝南巡,李光地以撫臣身份扈蹕行河,趁機進呈,康熙稱許,親加批點。次年,光地招致保定官署,令門生弟子從先生問學,校刊曆算著述,刻三角法舉要、交食蒙求訂補等書。康熙四十四年,李光地復將三角法舉要進呈御覽,康熙帝召見於德州御舟,賞賚駢藩,欽賜"績學參微"四字以示優寵。

　　康熙五十一年,詔開蒙養齋,修樂律曆算書,徵先生冢孫瑴成入侍。律呂正義修成,驛致宣城,命先生校勘。康熙六十年卒,時年八十有九,召命江寧織造曹頫營造墓地,經濟喪事。先生以布衣之身而受天子特達之知,當世僅見,天下士子引爲至榮。

　　梅文鼎生活的年代,正值西方天文數學知識傳入中國、中土傳統曆算式微之際,他畢生致力於"闡發西學要旨,表彰中學精華"[二],會通中西,對有清一代傳統曆算學的復興,起到了開風氣之先的作用[三]。錢大昕譽爲"國朝算學第一"[四],梁啓超目爲清代

〔一〕中西算學通 凡例目録,康熙十九年觀行堂刻本,清華大學圖書館藏。

〔二〕劉鈍 清初曆算大師梅文鼎,自然辯證法通訊一九八六年第一期,第五二頁。

〔三〕同前,第五三頁。

〔四〕錢大昕 天元一釋序,焦循 天元一釋卷首,嘉慶四年刻里堂學算記本,中國科學院自然科學史研究所藏。

历算學“開山之祖”〔一〕。四庫館臣評梅文鼎云：“通中西之旨，而折今古之中，自郭守敬以來，罕見其比。”〔二〕梁啓超在中國近三百年學術史中站在學術史角度，將梅文鼎的曆算學貢獻總結爲如下五點，可謂精當：

　　一、曆學脱離占驗迷信而超然獨立於真正科學基礎之上，自利、徐始啓其緒，至定九乃確定。二、曆學之歷史的研究——對於諸法爲純客觀的比較批評，自定九始。三、知曆學非單純的技術，而必須以數學爲基礎，將明末學者學曆志興味移到學算方面，自定九始。四、因治西算而印證以古籍，知吾國亦有固有之算學，因極力提倡，以求學問之獨立，黄梨洲首倡此論，定九與彼不謀而合。五、其所著述，除發表自己創見外，更取前人艱深之學理，演爲平易淺近之小册，以力求斯學之普及。此事爲大學者之所難能，而定九優爲之。〔三〕

　　梅文鼎與王錫闡、薛鳳祚合稱清初曆算三大家，而梅文鼎以受知廟堂君臣，師友子弟衆多，相較王、薛二人，梅文鼎對有清一代曆算學之影響尤爲深遠。同時代的學者受其曆算思想的影響頗深，如李光地諸門生弟子、方中通、潘耒、劉湘煃、袁士龍、張雍

〔一〕梁啓超 清代學術概論，上海古籍出版社，二〇〇五年，第一九頁。
〔二〕四庫全書總目卷一〇六子部 天文算法類 曆算全書。
〔三〕梁啓超 中國近三百年學術史（新校本），商務印書館，二〇一四年，第四〇四頁。

敬、孔興泰、毛乾乾、楊作枚諸友人等，儼然形成以之爲中心的"宣城學派"。同時，梅文鼎的著作在清代疇人弟子中得到廣泛傳播，"培育了清朝一代數學家"〔一〕。阮元在疇人傳中評價道："自徵君以來，通數學者後先輩出，而師師相傳，要皆本於梅氏。"〔二〕乾 嘉時期著名經學家江永嘗私淑梅文鼎，"讀勿庵書，別啓心解，著翼梅八卷"〔三〕。戴震本梅氏三角學著作，撰句股割圜記。"談天三友"汪萊著衡齋算學，"第一册弧平三角量法，則推廣梅氏 環中黍尺之用"〔四〕。又廣東 南海 何夢瑶"衍梅氏之義"，撰算笛八卷，其書"皆由梅氏之書而通之典學，筆算、籌算、表算、方程、句股、開方、帶縱、幾何、借根方諸法，皆述梅氏之學；至於割圓之八線，六宗、三要、二簡及難題諸術，本之梅氏而又闡精蘊、考成之旨矣"〔五〕。又江蘇 常熟 屈曾發輯著九數通考十二卷，主要取材數理精蘊，而其中"方程設例，則參梅氏 全書"〔六〕。乾 嘉間才女王貞儀於深閨中讀梅氏 曆算全書，簡擇其要，著曆算簡存〔七〕；又本籌算七卷，

〔一〕李迪 梅文鼎評傳，南京大學出版社，二〇〇六年，第三八二頁。

〔二〕阮元 疇人傳卷三八梅文鼎傳上，馮立昇主編疇人傳合編校注，中州古籍出版社，二〇一二年，第三四〇頁。

〔三〕花雨樓主人 重刊江氏數學翼梅弁言，江永 翼梅卷首，光緒七年群玉山房刊本，中國科學院自然科學史研究所藏。

〔四〕汪廷棟 跋，衡齋算學遺書合刻卷末，光緒壬辰汪廷棟重刻本，中國科學院自然科學史研究所藏。

〔五〕江藩 算笛叙，算笛卷首，廣西師範大學出版社，二〇一四年。

〔六〕屈曾發 九數通考 例言，光緒二十三年味經刊書處刻本，中國科學院自然科學史研究所藏。

〔七〕王貞儀 曆算簡存自序，德風亭初集，中華書局，二〇二〇年，第二四一二五頁。

作籌算易知[一]。

梅文鼎曆算著述還遠傳至漢字文化圈的朝鮮與日本,在兩國也產生了極大的影響,促進了兩國曆算學的長足發展[二]。

二、曆算全書校刻緣起

梅文鼎著述等身,乾隆間,梅瑴成輯録其詩文遺作,校刻績學堂文鈔六卷、詩鈔四卷。詩文外,尤以曆算著述爲夥。康熙四十六年前後,梅文鼎撰勿庵曆算書目一卷,收録自著曆算著作八十八種,其中曆學書六十二種,算學書二十六種,加上晚年所著未及收入此目録者,約計有百種之多[三]。

這些曆算著作,在梅文鼎生前付梓刊行者僅有如下數種[四]:

一、中西算學通叙例一卷、籌算七卷,康熙十九年蔡璿刻於南京 觀行堂。

二、曆學疑問三卷,康熙三十六年李光地刻於河北 大名。

三、方程論六卷,康熙三十八年李鼎徵刻於福建 泉州。

四、三角法舉要五卷、弧三角舉要五卷、環中黍尺五卷、塹

〔一〕王貞儀 籌算易知自序,德風亭初集,中華書局,二〇二〇年,第二三一—二四頁。

〔二〕參考馮立昇 中日數學關係史(山東教育出版社,二〇〇九年)第四章第三節,第一七七—一九二頁;郭世榮 中國數學典籍在朝鮮半島的流傳與影響(山東教育出版社,二〇〇九年)第五章第二節,第二六三—二八六頁。

〔三〕李迪、郭世榮 清代著名天文數學家梅文鼎,上海科學技術出版社,一九八八年,第五二—五八頁。

〔四〕高峰、馮立昇 康熙間梅文鼎曆算著作刊行考,中國科技史雜志二〇二〇年第二期,第一六六—一八〇頁。

堵測量二卷、交食蒙求訂補二卷、筆算五卷、曆學駢枝四卷，康熙四十二至四十五年李光地、金世揚刻於河北保定。

五、度算釋例二卷，康熙五十六年年希堯刻於南京。

另有寧國府志分野稿一卷，康熙十二年刻入寧國府志；宣城縣志分野稿一卷，康熙二十六年刻入宣城縣志；學曆説一卷，康熙三十六年張潮刻入昭代叢書。

以上所刻，總計不過十五種，與未刻諸稿數量相去甚遠。康熙三十八年，六十七歲的梅文鼎囑託友人朱書與施彦恪先後撰寫了兩篇内容相似的啓文，呼籲天下有心之人，出資幫助刊刻曆算著述，以表彰絶學：“或任錄小卷欣賞，可以孤行；或分任大編輯轇，斯呈衆妙。”[一]同時考慮年事已高，殘體多病，爲了使生平撰述不至於湮滅無聞，一生心血付之流水，他開始着手編纂曆算書目，各錄題名卷數，綴以題解，略述撰述緣起與本旨大意。既然曆算全書刊行不易，便退而求其次，希冀通過解題目錄的方式保存著述大旨，“庶以質諸同好，共明兹事”[二]。

康熙四十二年春，康熙帝於南巡途中將曆學疑問原書發還直隸巡撫李光地，並賜幾何原本、算法原本二書，李光地“雖經指授大意，未能盡通”[三]。乃邀請梅文鼎北上保定，一面組織子侄門生從文鼎問曆算，一面校梓梅氏曆算諸書。至四十五年正月李光地應召入閣辦事前，陸續刻成三角法舉要、交食蒙求訂補、弧三角舉

〔一〕施彦恪徵刻曆算全書啓，勿庵曆算書目卷首，知不足齋叢書本。
〔二〕勿庵曆算書目自序，勿庵曆算書目卷首，知不足齋叢書本。
〔三〕李清植文貞公年譜“康熙四十二年”，北京圖書館藏珍本年譜叢刊第八十五册，北京圖書館出版社，一九九九年，第一九頁。

要、壍堵測量、環中黍尺等五種,李光地門人徐用錫、陳萬策、魏廷
珍、王之銳、王蘭生,及冢子李鍾倫、從侄李鑑,梅文鼎子梅以燕、
孫梅瑴成等,均參與了校訂刊行工作[一]。另有筆算、曆學駢枝二
種,已校訂完成,而未及刊行,由直隸守道金世揚於康熙四十五年
冬月出資刻印。這次集中刻書活動,本有機會將梅氏曆算著述全
部付梓印行,但由於召集人李光地任職內閣而告終,不無遺憾。

　康熙五十六年,梅文鼎又遇到了一個刊刻曆算書的機會。是
年冬,安徽布政使年希堯邀請梅文鼎至南京藩署,談論天算之學,
並爲之出資刊刻度算釋例二卷。次年,年希堯撰測算刀圭三種,
書前自序爲梅文鼎代筆[二]。三種其一三角法摘要,内容均出自梅
文鼎三角法舉要與弧三角舉要二書,錢寶琮認爲此書“似是梅文
鼎的原作”[三]。年希堯此時很可能在跟從梅文鼎學習曆算,他似
有舉刻梅氏曆算全書的計劃,並曾組織群僚共同出資,陸續刊行
了若干種。梅瑴成兼濟堂曆算書刊謬引云:“方伯年公希堯約
監司王公希舜、魏公荔彤任剞劂之役,纔刻完筆算、方程論數種,
而年公被議以去,其事遂寢,而書板亦不知所在。”[四]魏荔彤輯刊
梅勿菴先生曆算全書小引也有類似記載:“歲在戊戌,偶攝法司,
因與諸同人設館白下,延致先生訂正所著,欲共輸資刊行。先生
既以寧澹爲志,不樂與俗吏久處,而世會遷變,雲散蓬飛,竟未卒

〔一〕勿庵曆算書目壍堵測量。
〔二〕序文見續學堂文鈔卷二。
〔三〕錢寶琮中國數學史,商務印書館,二〇〇九年,第三一四頁。
〔四〕梅瑴成兼濟堂曆算全書刊謬引,兼濟堂曆算全書刊謬卷首,日本國立公
文書館藏享和二年(一八〇二)抄本。

事。"〔一〕王希舜時任江安十府糧儲道,魏荔彤於康熙五十六年(戊戌年)九月署理江蘇按察使,治所均在南京,與年希堯爲同僚,諸人共同輸資,欲刻梅氏諸書。然而魏荔彤於康熙五十七年五月卸任離去〔二〕,年希堯亦於康熙五十九年遭彈劾離職,南京刻書一事遂因人事變遷而罷廢。

年希堯發起的梅氏曆算書刊刻活動雖然中途夭折,所刻筆算、方程論等書未見流傳,書板亦不知去向,卻無意間促成梅文鼎與魏荔彤相結識,爲後者最終舉刻梅氏曆算全書提供了重要契機。

魏荔彤(一六七〇一?),字念庭,號懷舫,直隸柏鄉人,太傅魏裔介少子。歷任鳳陽府同治、漳州知府。康熙五十五年授分守江常鎮道,是年十一月兼崇明兵備道。次年九月,署江蘇按察使,治所南京,曾多次邀請梅文鼎、楊賓、先著等人雅集官齋,詩酒唱和,交往頻仍〔三〕。康熙五十七年五月卸事,以分守江常鎮崇道之職,駐守海中崇明。

魏荔彤在南京時,曾許諾梅文鼎"盡鐫所著"〔四〕,後雖退居海中,而"劍已許君,并容自棄"〔五〕,遂於康熙五十九年"官齋闃寂"之際,馳函求稿,得十餘種,不意次年"哲人遂萎",未能於梅文鼎

〔一〕魏荔彤輯刊梅勿菴先生曆算全書小引,曆算全書卷首,中國科學院文獻情報中心藏雍正元年刻本。

〔二〕魏荔彤紀恩詩紀署臬恩二十一,四庫全書存目叢書補編第四冊,齊魯書社,一九九七年,第三〇六頁。

〔三〕魏荔彤懷舫詩集卷八有冬日雅集喜梅定九杨大瓢先渭求在座、戊戌春初官齋小集 時定九渭求大瓢在座等詩。

〔四〕梅毂成兼濟堂曆算書刊謬引。

〔五〕魏荔彤輯刊梅勿菴先生曆算全書小引。以下同。

有生之間盡刻所著,引爲憾事。康熙六十一年春,又向梅文鼎孫
穀成、玕成二人"搆得未刻者將二十種",總計三十餘種。魏荔彤
採納梅穀成建議,延請梅文鼎生前好友無錫楊作枚負責編次校
勘。楊作枚發揮所學,"爲之訂補疏刜,義之未明者闡之,圖之未
備者增之,文之缺略者補之,務使有倫有要,首尾貫通"[一]。而梓
刻未竣,魏荔彤因忤大吏而去官,楊作枚又未終席而去,憂患中竭
蹶歲餘,終"不負勿庵相托之心",於雍正元年刻成兼濟堂纂刻梅
勿庵先生曆算全書(簡稱曆算全書)七十餘卷,二千餘板。梅文鼎
若泉下有知,定當欣慰無似。

三、曆算全書內容概述

　　曆算全書總目著録曆算著作三十種,仿照崇禎曆書基本五目
"法原、法數、法算、法器、會通"的分類原則,將三十種納入法原、
法數、曆學、算學四類之中。法原意爲法之原理,所收皆"言理之
書","曆算之學,明理爲要,理一明,能知古人創立之意,能爲
後人因改之資",故首列之。法原部收録八種,其中七種爲梅文鼎
著作,一種爲楊作枚補撰,内四種在康熙間已刊行,其餘爲初刊。
法數部爲數表,"理寓於數,理明必徵之數,以求實用",僅存目
一種,正文未刻。"理數並通矣,然後可與言曆。曆者,理於以
精、數於以神者也",故以曆學諸書次之。曆學部收録十五種,其
中僅三種在康熙間刊行,其餘均爲初刻,部分著作爲匯輯梅氏散

〔一〕曆算全書凡例,曆算全書卷首。以下引文未作説明者均出於此。

稿而成。算學爲曆學之階，"治曆必由於算"，"理數藉以顯明"，故以算學居末。算學部收錄六種，内四種在康熙間已刊行。計入存目之數表，曆算全書共收書三十種，今一一略述於後。

（一）法原部

　　法原部第一種爲平三角舉要，又名三角法舉要，勿庵曆算書目著錄。該書專論平面三角形，是中國歷史上第一部三角學教程[一]。書凡五卷，卷一測算名義，介紹點線面體、三角八線、比例等各種定義；卷二算例，通過例問闡述句股、鋭角、鈍角三角形各項性質；卷三内容，討論三角求積、内容方邊、内容圓徑、外接圓徑求法；卷四或問，利用句股定理證明三角各項性質；卷五測量，討論測高、測遠、測斜坡、測深等各種類型的三角測量方法。該書最早的刻本爲約康熙四十三年李光地保定刻本，曾進呈御覽。曆算全書在李光地保定刻本基礎上，於卷五末尾增刻"解測量全義"條，此條應係梅文鼎著述散稿，屬弧三角術範疇，不宜附於平三角舉要後。

　　第二種爲句股闡微四卷，專論句股問題。卷一爲楊作枚句股正義，論句股定理、句股和較等基本句股問題。卷二至卷四爲梅文鼎原稿。卷二爲句股和較問題，附鮑燕翼句股容方、分角線至對邊等法。卷三爲梅文鼎舊稿用句股法解幾何原本之根，利用句股定理證明幾何原本中若干問題，提出"幾何不言句股，然其理並句股"[二]。卷四爲輯錄梅文鼎幾何增解、句股測量及其他句股散稿

〔一〕劉鈍平三角舉要提要，中國科學技術典籍通匯數學卷第四册，河南教育出版社，一九九三年，第四五九頁。
〔二〕勿庵曆算書目用句股解幾何原本之根。

彙編而成。用句股法解幾何原本之根、幾何增解、句股測量均見
勿庵曆算書目著録。

第三至第五種爲梅文鼎論球面三角形三書,分別爲弧三角
舉要五卷、環中黍尺六卷、塹堵測量二卷,均見勿庵曆算書目著
録。弧三角舉要是中國歷史上第一部球面三角學教科書[一],書凡
五卷,卷一弧三角體勢,介紹球面三角基本性質及其分類;卷二正
弧三角形,解球面直角三角形,論正弦定理;卷三垂弧法,討論將
一般球面三角形化爲球面直角三角形求解之法;卷四次形法,討
論利用球面三角形邊角對稱、互餘、互補構造新的球面三角形來
求解的方法;卷五八線相當法,討論三角八綫比例關係,排列出
四類二十一組成比例的三角公式。該書有兩稿,舊稿成於康熙
二十三年,定稿成於康熙三十九年。康熙四十三年前後,李光地
刻於保定。

環中黍尺五卷,係藉助投影原理,討論弧三角舉要未涉及的
球面三角形兩邊夾角求夾角對邊及三邊求角問題,介紹了各種形
式的餘弦定理。該書撰非一時,約定稿於康熙三十九年秋。康
熙四十三年前後,李光地刻於保定,初刻爲五卷,曆算全書輯録散
稿,增刻爲六卷。

塹堵測量二卷,以塹堵(兩底面爲直角三角形,三個側面均爲
矩形的立體幾何圖形)爲模型,討論球面三角形邊角關係。與弧
三角舉要、環中黍尺同刻於保定。

〔一〕劉鈍 弧三角舉要提要,中國科學技術典籍通匯 數學卷第四册,河南教育
出版社,一九九三年,第五六五頁。

第六種爲方圓冪積一卷,討論平方與平圓、立方與立圓周徑比例,該書約成於康熙四十二年,時匡山隱者毛乾乾來訪,與梅文鼎偶論方圓周徑之理,"因復推論及方圓相容相變諸率"[一],撰成此稿。勿庵曆算書目著録爲二卷,康熙間未刊行。

第七種爲幾何補編五卷,此書在羅雅谷測量全義基礎上討論了五種正多面體、兩種半正多面體(圓燈、方燈)性質以及它們與球體的互容關係,補充明末徐光啓、利瑪竇所譯幾何原本前六卷缺少立體幾何部分之不足,故取名"幾何補編"。康熙四十四年前後,李光地胞弟李鼎徵"手爲謄清,將以付梓"[二],因事未果。勿庵曆算書目著録爲四卷,楊作枚輯録梅文鼎散稿,成"補遺"一卷,作爲第五卷附於書末。

第八種爲解八線割圓之根一卷,楊作枚撰。此書專門闡釋割圓八線表造表原理,與崇禎曆書中大測內容相當,"不過六宗三要之法"[三]。大概法數部擬收録割圓八線表一種,故收録楊作枚此書,闡釋造表之理。

(二) 法數部

法數部目録僅著録割圓八線表一卷,小字注"續出",正文未刻。割圓八線表即三角函數表。日本國立公文書館藏雍正二年本曆算全書收録割圓八線之表一種,表格與表頭爲刷印,表中數據爲手抄,表前有"用法",亦手録。此表即崇禎曆書之割圓八線

〔一〕勿庵曆算書目 方圓冪積。
〔二〕勿庵曆算書目 幾何補編。
〔三〕兼濟堂曆算書刊謬 算法諸書之謬 解割圓之根。

表〔一〕,非梅文鼎所步。

(三) 曆學部

　　曆學部收録十五種天文曆法著作。第一種爲曆學疑問三卷。梅文鼎早年撰有古今曆法通考五十八卷,卷帙浩繁,不便省覽。康熙二十八年,梅文鼎入都下榻李光地寓邸,李光地建議他"略倣元趙友欽革象新書體例,作爲簡要之書,俾人人得其門户,則從事者多,此學庶將益顯"〔二〕。受李光地囑託,梅文鼎於康熙三十至三十二年間陸續撰成曆論五十二篇,以問答形式,論述曆法古疏今密及中西曆法異同。康熙三十六年李光地刊行於河北大名,四十一年十月進呈御覽。曆算全書以該書"係御筆親加裁定,謹遵原式",完全依照李光地大名刻本原書款識寫刻,與曆算全書其他著作行款迥異。

　　第二種爲曆學疑問補二卷,爲梅文鼎晚年所撰曆學補論二十三篇,約成稿於康熙五十八年,勿庵曆算書目未及著録。在此書中,梅文鼎指出西曆源流本出中土周髀之學,表達了明確的西學中源思想。

　　第三種爲交會管見一卷,勿庵曆算書目著録爲交食管見,書前有小引,撰於康熙四十四年。此書專論交食畫法,卷末有"欽天監月食圖訂誤",即勿庵曆算書目所著録交食作圖法訂誤部分内

〔一〕馮立昇中日數學關係史,山東教育出版社,二〇〇九年,第一八二——八三頁。
〔二〕勿庵曆算書目曆學疑問。

容。梅穀成兼濟堂曆算書刊謬云“此本家已刻之書”[一]，然梅氏家刻本未見流傳。

　　第四種爲交食蒙求三卷，論日食與月食算法，訂補崇禎曆書中交食蒙求之缺漏。此書於康熙四十四年初刊於李光地保定府邸，書名原作交食蒙求訂補，凡二卷，包括日食蒙求、日食蒙求附説各一卷。曆算全書輯録月食蒙求、月食蒙求附説，增補爲三卷。勿庵曆算書目著録有交食蒙求訂補二卷、交食蒙求附説二卷、求赤道宿度法一卷，均見於曆算全書本交食蒙求內。

　　第五種爲揆日候星紀要一卷，由求日影法、四省表影立成、推中星法、二十八宿黃赤道經緯度、紀星數及回回三十雜星攷六篇短帙匯輯而成，此前均未刊行。求日影法約於康熙三十年撰於北京，論立表測量正午日影之法，勿庵曆算書目著録，題作測影捷法。四省表影立成爲西域友人馬德稱而作，康熙十九年撰於南京，考定北直、江南、河南、陝西四省直二十四節氣表影長度，勿庵曆算書目著録。推中星法，又名中星定時，論恒星位置與恒星中天時刻互相推算之法，並根據南懷仁靈臺儀象志，列出八十八顆恒星的赤道經緯度分。二十八宿黃赤道經緯度，根據靈臺儀象志分別列出康熙壬子年二十八宿距星黃赤道經緯度分及黃赤道積度。紀星數考證曆法西傳、新法曆書、漢書天文志、晉書天文志等中西著作所記載恒星數量，後附客星説、彗星解二文，係摘録曆法西傳中地谷關於客星、彗星的論述。紀星數後又附有極星攷、王良閣道攷二文，前者考證歷代所載北極不動處去北極星度分，

────────────

[一] 兼濟堂曆算書刊謬曆法諸書之謬交會管見。

後者考訂王良、閣道二星官。回回三十雜星攷,初稿約成於康熙十七年,康熙三十一年後有所修訂,考訂阿拉伯星占書西域天文書中所記載三十雜星經緯度分及對應中土星官名,勿庵曆算書目著錄。

第六種爲歲周地度合攷一卷,由攷最高行及歲餘、西國月日攷、地度弧角、里差攷、仰規覆矩五篇短帙匯輯而成,此前均未刊行。攷最高行及歲餘,考證康熙己未至辛未年十三年間歷年太陽最高行及歲實小餘。西國月日攷約撰於康熙二十九年,由三個篇目組成,一爲攷回國聖人辭世年月,考訂回回教聖人穆罕默德辭世年月;二爲攷泰西天主降生年月,考訂天主教聖人耶蘇降世年月;三爲攷曆書所紀西國年月,考訂崇禎曆書中記載西方曆日所對應中國曆日,勿庵曆算書目著錄。地度弧角,據球面三角形算法計算兩地距離,勿庵曆算書目題作陸海鍼經,又作里差捷法。里差攷,勿庵曆算書目題作分天度里,爲各省直南北東西里差總圖。仰規覆矩,勿庵曆算書目算學類著錄,論以赤道緯度求太陽出入時刻即太陽出入方位。

第七種爲春秋以來冬至攷一卷,勿庵曆算書目著錄。授時曆列大衍、宣明、紀元、統天、重修大明、授時六曆自春秋魯僖公五年至元世祖至元十七年間四十八年冬至時刻,然未詳推算之法,本書詳爲推演,"使學曆者考焉"[一]。

第八種爲諸方節氣加時日軌高度表一卷,爲北極出地二十度至四十二度間二十四節氣各時刻太陽高度表,梅瑴成推步。勿庵

─────────────────

〔一〕梅文鼎冬至考自序。

曆算書目著録。

　　第九種爲五星紀要一卷，專論金木水火土五星運行，約成稿於梅文鼎晚年，原名五星管見。梅瑴成兼濟堂曆算書刊謬云此書"多出門人劉允恭手，非盡先人筆也"〔一〕。劉允恭，名湘煃，從梅文鼎學習曆算，撰五星法象編五卷，梅氏摘其要語，成五星紀要〔二〕。勿庵曆算書目未著録。

　　第十種爲火星本法一卷，由火星本法圖説、七政前均簡法、上三星軌跡成繞日圓象三種匯輯而成。火星本法圖説爲康熙三十一年秋梅文鼎客京師時與友人袁士龍辯論而作〔三〕，解地谷火星立法之根，糾正崇禎曆書之誤，勿庵曆算書目著録爲火緯本法圖説。七政前均簡法，崇禎曆書中闡述造表原理的五緯曆指與五緯表互有出入，此書借論火星之表，推演日月五星立表之根。上三星軌跡成繞日圓象，解土木火三星在歲輪上運行之軌跡形成繞日圓象。以上兩種，勿庵曆算書目均著録。

　　第十一種爲七政細草補注一卷，勿庵曆算書目著録爲三卷，參考崇禎曆書之曆指大意，補注細草，"使用法之意瞭然，亦使學者知其所以然，益有所據，而不致有臨時之誤"〔四〕。

　　第十二種爲仰儀簡儀二銘補注一卷，勿庵曆算書目未著録。二銘文亦見元文類卷十七，其中，仰儀銘見録於元史天文志。康熙四十九年，友人以二銘見寄，屬梅文鼎疏解其義，因成此稿。

〔一〕兼濟堂曆算書刊謬 曆法諸書之謬 五星紀要。
〔二〕章學誠 劉湘煃傳，章學誠遺書卷二十六，文物出版社，一九八五年，第二七九頁。
〔三〕梅文鼎 錫山友人楊學山曆算書序。
〔四〕勿庵曆算書目 七政細草補注。

　　第十三種爲曆學駢枝四卷,此書撰於康熙元年,爲梅文鼎第一部曆學專著。原爲二卷,推算大統曆交食法,後補入大統曆步氣朔與立成表,增訂爲四卷。勿庵曆算書目著録爲二卷,即初撰交食稿;又著録元史曆經補注二卷,與今本曆學駢枝所增訂步氣朔與立成内容相當。康熙四十五年,直隸守道金世揚初刻於保定,前有金世揚序文,曆算全書未録金序。勿庵曆算書目收録明史曆志擬稿三卷,後採入四庫全書,題作大統曆志八卷。其卷四、卷五立成,與曆學駢枝卷四内容相當;其卷六至卷八步交食,與曆學駢枝卷三、卷二内容相當。

　　第十四種爲授時平立定三差詳説一卷,平立定三差是授時曆創用的一種高次内插法,用於推算日月五星不均匀運動。該書約成於康熙四十三年,勿庵曆算書目題作平立定三差詳説。

　　第十五種爲曆學答問一卷,爲梅文鼎回復友人曆法天文問題的解疑之語,由答祠部李古愚先生、答嘉興高念祖先生、答滄州劉介錫茂才三篇匯輯而成。答祠部李古愚先生,李古愚即李焕斗,別號古愚,江西新淦人,任禮部郎中。此篇收録答問十條,問授時、大統曆法,及周髀算經通分算法。約成於康熙二十九年,勿庵曆算書目題作答李祠部問曆。答嘉興高念祖先生,高念祖即高佑䥍,字念祖,浙江秀水人。此篇收録答問四條,問二十一史律曆天文志。約成於康熙四十七年,勿庵曆算書目未著録。答滄州劉介錫茂才,劉介錫名諱不詳。此篇收録答問十二條,問天文星占,間涉曆法疏密、五星運行、日月交食。約成於康熙三十至三十一年,勿庵曆算書目著録爲答劉文學問天象。三篇之外,此卷又載與錫山友人楊學山書、擬璿璣玉衡賦、學曆説、曆學源流論四文。曆學源流論即續學堂文鈔所收曆法通考自序。學曆説曾於康熙三十六年刻入昭代叢書甲集。

(四) 算學部

算學部收録一般數學著作六種。第一種爲古算衍略一卷,由古算器攷、方田通法、區田圖説、畸零法解四種匯輯而成。古算器攷,考訂古籌算形制與用法。方田通法,論田地步數化畝捷法,列有珠算口訣,後附銅陵算法,前有康熙三年自序。以上二種,勿庵曆算書目著録。區田圖説,正文題區田圖刊誤,勘正農政全書區田圖之訛。畸零法解,以算例解分數乘除法,内容較簡單。

第二種爲筆算五卷,勿庵曆算書目著録爲勿庵筆算。明末利瑪竇、李之藻編譯同文算指,西方筆算始傳入中國,然公式爲橫書,不便中土書寫。梅文鼎此書改橫爲直,“以便文人之用”[一],是中國第一部筆算啓蒙教科書。卷一爲併法、減法,卷二爲乘法、除法,卷三爲異乘同除,即比例算法,卷四爲通分、畸零,卷五爲開方。該書初稿約作於康熙十九年,有蔡璿序,是年蔡璿在南京觀行堂爲梅文鼎刊行中西算學通初集,目録第二種即此書,然刻完序例、籌算七卷後,因事中輟。康熙三十二年,定稿於天津。康熙四十五年,直隸守道金世揚割俸刻於保定。

第三種爲籌算七卷,勿庵曆算書目著録爲勿庵籌算。明末編譯崇禎曆書時,羅雅谷編譯籌算一卷,介紹英國數學家納皮爾算籌形制與用法。原籌式直立橫寫,梅文鼎此書改爲橫籌直寫,“所

〔一〕勿庵曆算書目 勿庵筆算。

以適中土筆墨之宜”[一]。原書七卷,卷一基本算法,卷二開平方,卷三開立方,卷四開帶縱平方,卷五開帶縱立方,卷六開方捷法,卷七開方分秒。内容通俗易懂,據勿庵曆算書目記載,京師友人趙執信“繙閱一時許,則乘除之法,盡了然矣”[二]。稿成於康熙十七年,康熙十九年五月,蔡璿於南京觀行堂刊行。

第四種爲度算釋例二卷。明末羅雅谷編譯比例規解二卷,介紹伽利略所創比例規形制用法。康熙十七年,梅文鼎從友人處得到比例規解抄本,頗多訛誤,精研半年,“乃通其旨趣”[三],因撰度算一書,介紹比例規十線用法。原書無算例,梅文鼎胞弟梅文鼐爲撰算例。梅文鼐所撰算例原獨立成書,題作比例規用法假如,康熙四十二年成稿,前有康熙五十六年梅文鼎序。康熙五十六年,安徽布政使年希堯在南京藩署將文鼎舊稿與梅文鼐算例合刻爲二卷,即此書初刻本。勿庵曆算書目著録爲勿庵度算二卷,爲合刻前之舊稿。據勿庵曆算書目解題,舊稿原有梅文鼎自創矩算,不見今本度算釋例中,已佚失。書末附輕重比例三線法,成於康熙二十一年,此篇訂正比例規解各體比重,與勿庵曆算書目算學類所著録權度通幾内容相當。

第五種爲方程論六卷,勿庵曆算書目著録。方程是九章之一,即線性方程組。算法統宗等傳統算書於方程一術不得要領,“率多臆説”[四]。梅文鼎思之累年,始成此稿。梅文鼎摒棄傳統算

〔一〕勿庵曆算書目 勿庵籌算。
〔二〕勿庵曆算書目 勿庵籌算。
〔三〕勿庵曆算書目 勿庵度算。
〔四〕勿庵曆算書目 方程論。

書按照未知數多寡將方程劃分爲二色、三色、四色的分類方法,而是根據各項加減正負,分爲和數方程、較數方程、和較相雜方程、和較交變方程四類,同時對九章算法比類大全、算法統宗、同文算指、算海説詳等當下流行算書中方程解法中出現的錯誤進行刊謬正訛。該書初稿成於康熙十一年,康熙二十六年,同里阮爾詢欲出資刊行,因事未果。康熙二十八年梅文鼎入都,同都下友人質證問難,寫成定本。康熙三十年,李鼎徵謄抄副本,攜歸泉州,於康熙三十八年付梓刊行。

第六種爲少廣拾遺一卷,勿庵曆算書目著録。少廣亦九章之一,即開方術。本書主要介紹高次開方法。據勿庵曆算書目解題,康熙三十一年,梅文鼎在京師,“有三韓 林□□寄訊楊時可及丁令調”[一],詢問四乘方、十乘方,因取古開方圖,推演抽繹,自平方至十二乘方,各設一算例,用筆算推演,並繪圖以明之。林□□[二]、楊時可、丁令調,今均不詳其人。

四、曆算全書版本考論

(一) 雍正元年本與二年本

今所見兼濟堂本曆算全書有雍正元年、雍正二年之不同。元

〔一〕勿庵曆算書目少廣拾遺。
〔二〕或以林□□爲朝鮮人,將此視作中朝算學交流之文獻證據。實則三韓可能指遼寧,勿庵曆算書目提及奉天鐵嶺人金世揚時,均作“三韓 金鐵山”,此處三韓所指可能相同。

年本較爲常見，内封題“雍正元年鐫／宣城 梅定九先生著／曆算全書／柏鄉 魏念庭輯刊”（彩頁一），卷首有魏荔彤 輯刊梅勿庵先生曆算全書小引一文，落款年月爲“雍正癸卯歲嘉平月”，即雍正元年十二月。元年本歷來被看作曆算全書初刻初印本。

日本 内閣文庫（今隸屬日本 國立公文書館）藏有一部雍正二年本曆算全書，爲江户幕府紅葉山文庫舊藏。全書凡四十二册，内封題“雍正二年鐫／宣城 梅定九先生著／曆算全書／柏鄉 魏念庭輯刊”（彩頁二），右下鈐“計三十種”雙線橢圓楷體陽文紅印，左下鈐“兼濟堂藏板”篆體陽文紅印。卷前佚失魏荔彤 小引，凡例十則誤訂入第三十三册曆學答問前。

二年本同元年本板式字形高度一致，可以肯定，二者係用一套書板先後刷印。至於孰先孰後，此前均以扉頁所刻“元年”、“二年”字樣，理所當然認爲二年本在元年之後，事實並非如此。通過對兩個印本的仔細比對，可以發現，二年本存在大量墨丁、訛字及脱漏之處，元年本均一一挖板修補。由此可以斷定，所謂的二年本，應當是初印本，而元年本則是在二年本基礎上修板重印的後印本。以下略舉數例，以作説明。

一、墨丁補刻例

句股闡微卷一第二十二頁後十一行“貫圜心於乙”，二年本“乙”字墨丁，元年本補刻。

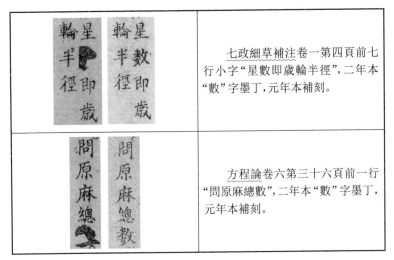

	七政細草補注卷一第四頁前七行小字"星數即歲輪半徑",二年本"數"字墨丁,元年本補刻。
	方程論卷六第三十六頁前一行"問原麻總數",二年本"數"字墨丁,元年本補刻。

　　又句股闡微卷三卷四版心頁碼處,二年本多處墨丁及空白,元年本補刻。幾何補編卷五第五頁後一至六行,二年本有高達十字的方形墨丁,元年本補刻。

　　二、訛字挖改例

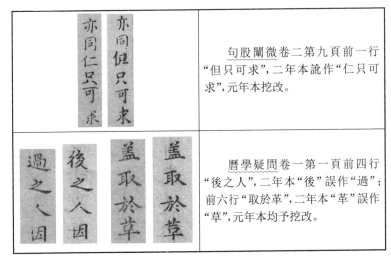

	句股闡微卷二第九頁前一行"但只可求",二年本訛作"仁只可求",元年本挖改。
	曆學疑問卷一第一頁前四行"後之人",二年本"後"誤作"過";前六行"取於革",二年本"革"誤作"草",元年本均予挖改。

	曆學疑問補卷二第十一頁後十一行小字"一分在三個月"，文意不通，元年本剷"一分在三"四字，改作"二年零九"。

三、脱文補刻例

	塹堵測量卷二第十五頁，二年本原脱"一室卯大句　二甲卯小句　三室壁大股　四甲子小股"行，小字補刻在二、三兩行之間。元年本鏟掉三、四兩行，第三行刻脱行，原三、四兩行文字並作一行，刻入第四行。

積亦必若三一四與二五五再矣員冪原若四○○與三一四故也也	幾何補編卷五第三頁後十、十一兩行，二年本作"積亦必若三一四與二五五矣員徑上方與員冪原若四○○與三一四故也"，元年本挖板，作"必若四○○與二五五全徑上方原爲半徑上方之四倍而員面冪積與六等邊形積亦必若三一四與二五五矣員徑上方與員冪原若四○○與三一四故也"，補充三十二字。
羲仲寅賓出日和仲寅餞内日者測此東西里差也	曆學疑問補卷一第十二頁前十一行，二年本作"羲仲寅餞内日者測此東西里差也"，"羲仲"下脱"寅賓出日和仲"六字，元年本挖補。

　　以上脱文挖補各處，脱文在行中，需剷除多字，甚至剷除整行，方能將脱漏文字補入。由於空間所限，元年本補刻的文字間距擁擠，與正常行款明顯不一致。通過以上對比，可以明顯看出元年本與二年本的因承關係，即二年本爲初印本，元年本爲修補後印本。

　　在版本比對過程中，還發現一個有趣的現象，少量文字二年本不誤，元年本反誤改。如：環中黍尺卷五第十九頁後十一行"過弧滿半"，二年本不誤，元年本誤改作"過弦滿半"。曆學駢枝卷一第二十四頁後五行"月易及之"，二年本不誤，元年本"月"誤改作"奇"。環中黍尺卷五第二頁前九行"兩半徑"，二年本不誤，元年本"徑"誤改作"經"。推測可能是原板筆畫漫漶，元年本在修板時刻工誤刻所致。

　　二年本與元年本除了由於脱訛修板導致的差異外，還有三處重要不同，值得注意。一是全書卷首目録，二年本書名多用全稱，元年本改用簡稱。如二年本作"春秋以來冬至考一卷"，元年本作"冬至考一卷"；二年本作"諸方節氣加時日軌高度表一卷"，元年本作"諸方日軌高度表一卷"；二年本作"仰儀簡儀二銘補注一卷"，元年本作"二銘補注一卷"；二年本作"授時平立定三差解一卷"，元年本作"平立定三差解一卷"。二年本對於楊作枚的著作，均標注"楊著"字樣，如"句股闡微四卷"，二年本下注"首卷楊著"；"解割圓八線之根"，二年本作"解八線之根"，下注"楊著"；"五星紀要一卷"，二年本作"五星要略二卷"，下注"楊著一卷"。元年本將"楊著"字樣一概刪除。

　　一是解八線割圓之根卷端題名與署名，二年本題作"兼濟堂纂刻解八線割圓之根一卷”，署名楊作枚著，校字者有五人與曆算全書他卷相同，另有毘陵 錢松期、錫山 華希閔、秦軒然、武陵 胡君福四人，他卷未見。元年本重刻此頁，改題“兼濟堂纂刻梅勿菴先生曆算全書　解八線割圓之根”，署名梅文鼎著、楊作枚訂補，删上述四人，與他書卷端格式保持一致。此外，二年本該書序言署名楊作枚，元年本亦删削。

　　還有一處最爲顯著。二年本正文有割圓八線表二卷，其表格欄線、表頭及書口題名爲刻本刷印，表前説明、表中數據及書口頁碼爲手抄。元年本全書目録“割圓八線之表一卷”下注明“續出”字樣，正文無割圓八線表。根據日本科學史家小林龍彦研究，二年本曆算全書在享保十一年傳入日本時，並無割圓八線表。割圓八線表乃次年春傳入，後來被收入二年本曆算全書中[一]。此表與崇禎曆書中的割圓八線表完全一致，由此可知，二年本原來亦無割圓八線表，日本 國立公文書館所藏二年本中的割圓八線表是在傳入日本後，和算家用崇禎曆書中割圓八線表抄本增補的，並非梅文鼎所步。而此表之所以有目無書，原因可能如李迪、郭世榮所推測，八線表涉及大量數據，校算工作破費時日，短時間内難以完成[二]，而負責校算的楊作枚又“未終席而去”，割圓八線表未能刊刻，也在情理之中。

〔一〕日 小林龍彦著、徐喜平等譯德川日本對漢譯西洋曆算書的受容，上海交通大學出版社，二〇一七年，第二五六—二五九頁。
〔二〕李迪、郭世榮 清代著名天文數學家梅文鼎，上海科學技術出版社，一九八八年，第五〇頁。

（二）乾隆至光緒間重印本

雍正元年刊刻的兼濟堂曆算全書書板在有清一代被反復修版，產生衆多重印本，今所見有乾隆重印本、咸豐重印本、光緒重印本等。

雍正元年，魏荔彤"忤大吏意去官"[一]，賃屋蘇州府吳縣濂溪坊，前後客居吳縣九載，雍正九年始去吳北上[二]。居吳期間，來往臨縣吳江，與梅文鼎吳江族人梅竹峰交往密切。在北歸之前，因曆算全書書板笨重，難以隨身攜帶，遂作價賣與梅竹峰，書板貯藏在莘莊書舍二十餘年。乾隆十四年春，梅竹峰子梅汝培取出書板，"細爲檢點，命工補綴，復還舊觀"[三]。梅汝培修補本與雍正元年本大致相同，惟書末增刻跋尾一篇，述重印緣起，落款題"乾隆己巳秋日，松陵曾姪孫汝培又生拜手敬跋"。松陵即吳江古稱。由於板片磨損，印本或有模糊脫漏處，如曆學疑問補卷二第十四頁後九、十兩行上半，梅汝培修補本脫落若干字。個別板片磨損嚴重，梅汝培重新刊刻，如曆學疑問補卷二第十五、十六兩頁重刻，曆學答問第四十三、四十四兩頁重刻。由於梅汝培修補本內封與雍正元年本完全一致，在沒有翻閱跋尾的情況下，很容易誤認作雍正元年本，某些館藏機構在登記時即將乾隆重印本著録爲雍正元年刻本。

〔一〕道光蘇州府志卷一百八人物流寓下。
〔二〕前引蘇州府志云魏荔彤於"雍正四年，乃還其里"，據魏荔彤偶遂草自紀詩記載，魏荔彤離吳北上的時間應爲雍正九年春。
〔三〕梅汝培曆算全書跋，乾隆十四年梅汝培修補本曆算全書卷末，中國科學院自然科學史研究所藏。

　　書板從梅汝培家不知何時流出。咸豐八年,江西 南城 梅體萱[一]在吳"估肆"購得整套書板,此時距離乾隆十四年已經過去一百一十年,書板又出現新的磨損。梅體萱志在重印,於是將"其中模糊脱落並殘缺板片,促工補刻"[二],於次年五月修完重印,此即青珊瑚館遞修重印本,内封題"咸豐九年鐫 /宣城 梅定九先生著 /厤算全書 /青珊瑚館藏板"(彩頁三)。因避諱,"曆"改作"厤",卷首魏荔彤小引題名中"曆"亦避諱改作"厤",然小引正文及各卷均未改。梅體萱著有青珊瑚館詩鈔,青珊瑚館當爲其室名。此印本卷首有梅體萱小序,撰於咸豐九年仲夏。

　　除青珊瑚館本外,今所見另外一種咸豐九年印本是咸豐九年冬月重印的聞妙香室本,内封題"咸豐己未冬月 /梅氏叢書 /聞妙香室藏板"(彩頁四),序文情況與青珊瑚館本同。一年之内重印兩次,相去不過半年,雖係同一套書板刷印,然兩個印本的差異之大令人咋舌。略舉數處,以窺全豹。

　　凡例第三頁,青珊瑚館本重刻,聞妙香室本再次重刻;三角法舉要卷一第一、二頁,青珊瑚館本與乾隆本同,聞妙香室本重刻;環中黍尺卷一第四至六三頁,青珊瑚館本與乾隆本同,聞妙香室本重刻;筆算自序,青珊瑚館本狀況完好,聞妙香室本缺損嚴重,導致後出的敦懷書屋本撤版,未印該序;度算釋例卷一第二十三、二十四頁,青珊瑚館本第二十三頁同乾隆本,第二十四頁重刻,聞

〔一〕梅體萱(一八一五―一八七二),榜名梅棠,字子聘,號小素,江西 南城人,道光二十年進士,歷任工部主事、武昌府同知、鳳陽府知府。著有青珊瑚館詩鈔。

〔二〕梅體萱 曆算全書序,咸豐九年聞妙香室遞修本曆算叢書卷首,中國科學院自然科學史研究所藏。

妙香室本均重刻,二十三頁有大量墨丁,二十四頁亦與青珊瑚館本重刻後的頁面不同。

除上述具體差異外,縱觀全書,青珊瑚館印本狀況良好,修補、重刻不多,而閟妙香室本大量頁面版框邊角受損嚴重,殘版甚夥。板片在半年時間内遭受如此嚴重的損毁,較大可能是火災所致。

與青珊瑚館本相比,閟妙香室本流傳更廣。後者題名梅氏叢書,與梅瑴成所輯梅氏叢書輯要書名極易混淆。同治間,梅纘高便在僅知曉題名的情況下誤將梅氏叢書認作梅氏叢書輯要,待購得原書翻閲,方知是兼濟堂本曆算全書,大感失望,遂決意出資重刻梅氏叢書輯要。

光緒間,曆算全書書板流入敦懷書屋,得到再次修補印行。敦懷書屋是光緒間上海民間翻譯機構,印行晚清新學書數種。敦懷書屋本内封題“梅氏歷筭全書 / 乙酉春仲 / 免癡[一]題”(彩頁五),牌記作“光緒乙酉之春敦懷書屋印行 / 板存上海文宜書局”,國家圖書館藏有另一印本,“上海文宜書局”作“上海縹湘閣”,看來該書板在光緒間亦有遞藏,且經過不止一次刷印。在閟妙香室本基礎上,敦懷書屋本又做了若干修補,卷首錫山友人曆算書序第一頁、凡例第三頁、目録及三角法舉要前兩頁等若干版面均撤版重刻。

自雍正元年初刻以來,一直未曾重刻的頁面,由於屢次刷印,筆道粗厚,文字缺筆、模糊之處往往而有。即使如此,仍舊一再修版重印,一方面反映出曆算書校勘、刊版不易,利用舊有書板

〔一〕免癡,即金繼,字勉之,號免癡,吴縣人,流寓上海。善書畫。光緒四年,畫蘭千幅賤售以賑災,爲近代賣畫賑災第一人。

重印,不失爲一種經濟而實用之上策,另一方面也可以看出梅文鼎曆算全書在清代疇人中間有一定程度的需求。

由上述,可以得出曆算全書版本源流:

雍正二年本→雍正元年本→乾隆十四年梅汝培修補本→咸豐九年青珊瑚館修補本→咸豐九年閒妙香室修補本→光緒十一年敦懷書屋修補本

清乾隆間修四庫全書,四庫館臣在曆算全書與梅氏叢書輯要之間,選擇了先出的曆算全書,收入子部天文算法類中,而將梅氏叢書輯要列入存目。衆所周知,四庫館臣多以己意改書,曆算全書也遭到修改與調整。四庫全書本以浙江藏書家汪啓淑家藏雍正元年本曆算全書爲底本,館臣以魏荔彤刻本"序次錯雜,未得要領",遂"重加編次"[一],删去卷首序文、凡例,取消法原、法數、曆學、算學四類分法,按照曆學在前、算學在後的次序,將原二十九種七十餘卷釐次爲六十卷,而各書内容一本魏刻,略有文字正訛之不同,無大增改。四庫全書本與兼濟堂本子目次序之差異,詳見後文附表。

五、曆算全書與梅氏叢書輯要

(一) 梅氏叢書輯要版本概述

雍正二年初印本曆算全書錯訛頗多,元年本雖一一挖改,仍

〔一〕四庫全書總目卷一〇六子部天文算法類曆算全書。

存在一些訛誤。乾隆四年，梅瑴成臚列原書錯訛，撰兼濟堂曆算
書刊謬（以下簡稱刊謬）一卷，"俾觀覽原書者得以考，而魏公表
彰絕學之盛心亦可以無憾"[一]。刊謬分作五部分，依次爲"命名之
謬""凡例之謬""目録序次之謬""算法諸書之謬""曆法諸書之
謬"，從書名、凡例、目次直至正文，一一指摘其謬。梅瑴成在該書
序言中，首先指出曆算全書的刊行歷程坎坷，雖然勉强卒事，而錯
訛在所難免。其次指出各書卷端題"魏某刻，後學楊作枚學山訂
補"，與事實不符，梅氏原稿或已刊行，或爲整齊之書，無庸訂補。
又原書名爲"全書"，實際並未刻全，未刻尚多，宜名"叢書"。觀其
序言文字，尚屬平允。而在"命名之謬""凡例之謬"中，梅瑴成對
曆算全書的不滿、譏刺乃至憤激之意，於字間流露無遺。如論命
名之謬，指責原書各卷前列"魏荔彤輯，楊作枚訂補"，而每卷"皆
係成書，何纂輯之有"，至於"訂補二字，尤虛妄"。論凡例之謬，
言辭激烈地指責出自楊作枚之手的凡例所云"義之未明者闡之，
圖之未備者增之，文之缺略者補之"甚屬"渾淪之語"，"其意不
過欲自炫其功以誇居停耳，豈君子修辭立誠之道乎"！而楊作枚
爲人任校讎之役而"借以自刻其書"的行徑，尤其令梅瑴成耿耿
於懷。

　　乾隆十年，吳縣算學生丁維烈拜訪梅瑴成，談及梅氏曆算之
學，因言"坊市所有惟兼濟堂本，而校仇草率，編次參差，眉目不
清，裝潢易舛，閱者無從稽其完缺，初學難於理會"[二]，遂建議梅瑴

〔一〕梅瑴成 兼濟堂曆算書刊謬引。
〔二〕梅瑴成 曆算叢書輯要序，乾隆十年承學堂刻本曆算叢書輯要卷首，上海
圖書館藏。

成重刊此書。有感於此,梅瑴成於公務之暇,取雍正元年本,“另爲編次”,成曆算叢書輯要六十卷,並以己著赤水遺珍、操縵卮言附於卷末,付梓刊行。

乾隆二十六年,梅瑴成賦閑在家,取乾隆十年曆算叢書輯要板片,以梅氏叢書輯要爲名,重新修板刷印。與乾隆十年本相比,二十六年重印本做了如下改動:一是更改書名,將曆算叢書輯要更名爲梅氏叢書輯要。十年本內封爲半版,題“宣城梅氏厤筭叢書輯要／承學堂藏板”〔一〕,二十六年本改爲整版,上半欄刻篆體“御賜績學參微”四字,下半欄題“宣城梅氏叢書輯要”。二十六年本凡例、目錄中出現的“曆算叢書輯要”均改作“梅氏叢書輯要”。原書口所題“曆算叢書輯要”六字悉數剷除,不過由於疏忽,並未剷除盡净,卷七第十六頁,卷八第十九、二十頁,卷三十七第九、第十等五頁書口仍保留“曆算叢書輯要”字樣,而卷五十一第二十頁書口保留“叢書輯要”字樣。二是原書“曆”多作“厤”,與乾隆諱字“曆”爲異體字,字形相近,有觸諱之嫌,故將十年本“厤”字下半構件“日”剜除。三是删去十年本卷首施彦恪徵刻曆算全書啓、朱書徵刻曆算書啓兩篇啓文,又撤掉十年本序文,重撰序言,手書上版,字大如棗,內容大幅縮減,對算學生丁維烈隻字未提。北京教育學院圖書館藏有一部二十六年印本,內封鈐一紅印,文字如下:“自康熙以來,刻先徵君書者不下數十種,散布已久,間有訛字,無從改正。兹乾隆辛巳詳校重刊,覽者以大字序文本爲正。”(彩頁七)所謂“大字序文本”,即指乾隆二十六年重印本。

─────────

〔一〕與浙江圖書館藏二十六年本內封相同,參見彩頁六。

乾隆二十六年本印行以後，乾隆十年本曆算叢書輯要便流傳漸稀。梅毅成曾在增删算法統宗卷首歷代算學書目中提及此書，作"曆算叢書輯要"。增删算法統宗成書於乾隆二十二至二十五年間[一]，當時梅氏叢書輯要尚未印行。四庫館開，安徽巡撫曾進呈一部，收入四庫存目之中，從書名曆算叢書推測，應是乾隆十年初印本。以後十年本未見諸記載[二]，清後期重刻之底本，也均爲二十六年本。

梅毅成辭官後定居南京，梅氏叢書輯要書板一直藏於家。咸豐初年，太平天國戰亂波及南京，梅氏家藏書板"慘付劫火"[三]。梅文鼎七世孫梅纘高"慮家學就湮，欲謀補刻"，而適赴任山東 益都知縣，簿書鞅掌，無暇及之。同治十年，梅纘高引疾歸里，於坊間購得咸豐九年梅體萱遞修重印之梅氏叢書，翻閱後方知爲兼濟堂本，意甚不平，以"觀察之書幸未貽誤於當日，而小蘇之刻勢恐貽誤於將來"，遂取二十六年本梅氏叢書輯要，依照原書款識，尅日開雕，命子侄輩同加校勘，於同治十三年三月刻成。内封前半頁題篆字"御賜續學參微"，後半頁題"御賜承學堂／宣城梅氏叢書輯要／頤園藏板"（彩頁八）。卷首有梅纘高 同治十三年序，卷末有光緒二年閏五月溫葆深 跋。卷二十八幾何補編卷四所附通率表，各體比例數據多所改訂；卷五十七末"各省直北極出地及節氣早晚"後增刻梅壽祺按語。頤園重刊本在晚清頗流行，多次縮版

〔一〕李迪 梅文鼎評傳，南京大學出版社，二〇〇六年，第七七頁。
〔二〕今上海圖書館藏有一部全本，二〇二一年黃山書社 梅文鼎全集影印出版。
〔三〕梅纘高 重刻梅氏叢書輯要序，同治十三年梅纘高 頤園重刻本梅氏叢書輯要卷首，中國科學院自然科學史研究所藏。

石印，今所見有光緒丁亥鴻文書局本、光緒戊子龍文書局本、光緒間煥文書局本等。

（二）曆算全書與梅氏叢書輯要比較

針對曆算全書（以下簡稱全書）"校仇不精，編次紊亂"[一]之弊，梅氏叢書輯要（以下簡稱輯要）主要作了四個方面的工作，即"重爲釐正，汰其僞附，去其重複，正其魯魚"[二]。所謂"重爲釐正"，即重新編次，拋棄全書法原、法數、曆學、算學四類分法，僅以曆書、算書排次，以算書居前，曆書居後，"不明算數，則曆書不可得而讀"[三]，與四庫全書本曆居算前恰恰相反，前四十卷爲算書，後二十卷爲曆書。算書類以筆算居首，次籌算、度算釋例、少廣拾遺、方程論、句股舉隅、幾何通解、平三角舉要，以上皆"測面之術"；次方圓冪積、幾何補編，二者乃"測體之學"。至此，"算學之用於人事者畢矣"。又次弧三角舉要、環中黍尺、塹堵測量，三者乃"測天之用算也，而通於曆矣"，故居算書之末，而爲曆書之先導。曆書則以曆學駢枝爲首，爲"先人從學之權輿"，次論説之書曆學疑問、曆學疑問補；次致用之書交食、七政、五星管見、揆日紀要、恒星紀要。最後爲曆學答問、雜著二種，乃"古今中西曆算之説，互見錯陳，不可類附"，故另卷居於書末。

除子目順序調整外，同一書內的章節次序、篇目分合也有所

[一] 梅瓚高 重刻梅氏叢書輯要序。
[二] 梅毂成 增删算法統宗卷首書目，清 光緒三年江南製造總局刻本，中國科學院自然科學史研究所藏。
[三] 梅氏叢書輯要 凡例，下同。

調整。如方程論卷五原爲測量,卷六原爲以方程御雜法,輯要以
"測量非方程事,雖略具所兼,而非其粹"〔一〕,故倒置兩卷順序,以
方程御雜法移置卷五,測量移置卷六。又全書有火星本法一卷,
係合併火星本法圖説、七政前均簡法、上三星軌跡成繞日圓象三
種而成,輯要以其目次"前後顛倒,斷續舛誤"〔二〕,重新釐定,使之
稍具條理。全書本幾何補編卷二内容凌亂,輯要重新調整前後次
序。全書原有歲周地度合攷一卷,收録攷最高行及歲餘、西國月
日攷、地度弧角、里差攷、仰規覆矩五篇短帙,輯要以"歲周地度
合考係兼濟堂杜撰之名,因將歲周考及里差考二書輯爲一卷,遂
撰爲'合考'之名,甚爲舛謬"〔三〕,故將第二、第三種收入雜著,餘
入揆日紀要。又全書有揆日候星紀要一卷,收録六種短篇,輯要
以書名亦楊作枚杜撰,因拆分爲揆日紀要、恒星紀要兩種,各攝數
篇。又全書中曆學駢枝四卷與授時平立定三差詳説一卷原爲二
書,梅氏叢書輯要以二者"並爲闡明授時精義之書"〔四〕,而將後者
作爲曆學駢枝第五卷收入其中。

　對於楊作枚輯録附於原整齊之書後的梅文鼎零散原稿,輯要
多有刪減。如全書本平三角舉要卷五後附"解測量全義一卷十二
題加減法"一節,輯要以之"係弧三角以加減代乘除之法,宜附於
環中黍尺之後,不宜入此"〔五〕,刪去未録。全書本曆學駢枝卷首有

〔一〕梅氏叢書輯要卷十一方程論 目録。
〔二〕兼濟堂曆算書刊謬 曆法諸書之繆 火星本法
〔三〕梅氏叢書輯要 凡例。
〔四〕梅氏叢書輯要卷四十一曆學駢枝 目録
〔五〕兼濟堂曆算書刊謬 算法諸書之謬 平三角舉要。

“日月食食分定用分説”“月離定差距差説”等内容,係梅氏散稿
輯録,輯要將“月離定差距差説”移入曆學駢枝卷五平立定三差
詳説,餘皆删除。輯要與全書二者子目次序、篇章分合之不同,詳
見後文附表。

　　所謂“汰其僞附”,具體指删除句股正義與解八線割圓之根
兩種楊作枚所撰之書。梅瑴成在刊謬中曾直言不諱地批評楊作
枚:“爲人任校仇之役,而輒取自刻之書,已屬不宜。即欲附驥,
只應於本卷下注云‘此卷係某所撰,竊附於此’,庶爲近理。乃將
著作之主名分注,而大書己名,有是理乎?”[一]同時認爲解八線
割圓之根所論,不過六宗三要之法,而“六宗最精要者,爲理分中
末線,已備論於幾何補編中”[二],叢書中雖無此卷,但並無所缺。
至於句股正義,乃“借以自刻其書耳,並非本書有缺而待其增
補也”[三]。

　　所謂“去其重複”,即删除見於不同書内表述内容相同或相
近的内容。如籌算原七卷,輯要删去後兩卷,前五卷調整細目,合
併爲二卷。該書凡例云:“籌算原七卷,原書單行,自應詳備。今
同筆算匯爲叢書,則凡算學公理大法,無庸兩書並存,故只纂存二
卷,其已詳筆算者並省之,以免重複。”[四]全書本三角法舉要卷一
“比例”後有“三率法”,輯要删去,注云:“三率法詳筆算。”[五]全書

〔一〕兼濟堂曆算書刊謬 算法諸書之謬 句股闡微。
〔二〕兼濟堂曆算書刊謬 算法諸書之謬 解割圓之根。
〔三〕兼濟堂曆算書刊謬 凡例之謬。
〔四〕梅氏叢書輯要 凡例。
〔五〕梅氏叢書輯要卷十九平三角舉要卷一。

本火星本法"火星次均解"後有"三角用切線之理",輯要删去,注云:"三角用切線分外角之法,詳平三角舉要。"[一]全書本句股闡微卷四有理分中末線法,卷三"解幾何二卷第九題"下有"以句股法解理分中末線之根",輯要將兩處内容合併,收入幾何通解。同時,輯要對全書解法相同的算題予以删減,如方程論卷四"設問之誤辨"下"今有數五宗,不知其總"算例,輯要删;卷五"陰雲測法"下"假如測得辰星在金星後二度""假如廣福二船哨海""又假如二人同往西番公幹"三算例,輯要俱删。另外,對於表述繁複的三率比例式、用於驗算的"試法"、羅列計算結果的"計開"内容,也多有删減。

所謂"正其魯魚",即修訂全書的文字錯訛,這項工作在乾隆四年梅瑴成撰寫兼濟堂曆算書刊謬時便有集中體現,刊謬的成果均被輯要繼承。如三角法舉要卷五"三角測遠第一術"下"自丁數至癸",全書本"至"訛作"自",輯要本改;句股闡微卷二"句股積與弦較和求諸數"下"其闊皆六如半較",全書本"如"訛作"加",輯要本改。兹例尚多,不一一贅舉。輯要亦有因訛未改者,如三角法舉要卷三"三角容員第二術"下"六小形之句皆原形之周","周"原作"間",輯要本同,康熙本作"周";又卷五"三角測高第二術"下"丙戊當所測高","當所"原倒乙作"所當",輯要本同,康熙本作"當所"。

除上述四種情況外,輯要還删去了若干内容,如方圓冪積原附"橢圓解法",揆日候星紀要原附"客星説""彗星解""王良閣

〔一〕梅氏叢書輯要卷五十六七政卷二。

道攺”等,輯要均删去未録。春秋以來冬至攺,輯要整本删除。梅
縠成没有交代删除原因。

　　除删除外,也有少量新增内容。輯要根據勿庵曆算書目增加
了若干篇目解題,作爲小序放在卷首,如平三角舉要序、句股測量
解題、火星本法圖説解題、七政前均簡法解題等,基本照録勿庵曆
算書目解題。另外,輯要在句股舉隅中增加“句股和股弦和求諸
數”“句弦較股弦較求諸數”“句弦較弦和和求諸數”“句股較弦
和較求諸數”等四條句股和較問題,梅縠成在兼濟堂曆算書刊謬
中指出,梅文鼎舊稿中原有四類問題,“圖解詳明”,而楊作枚“並
棄置不録”〔一〕,因予補刻。又筆算第五卷,輯要在原稿基礎上增補
“開帶縱平方捷法”。

　　通過上述比對可知,輯要固然編次更具條例,更定全書若干
錯訛,但内容上作了大量删改,不若全書收録全面。二者相較,全
書更能保存梅文鼎著述原貌。另外,梅縠成對全書校讎不精、編
次紊亂的指摘,也有一定言過其實的成分。四庫館臣認爲二者
“雖編次不同,於文鼎書實無損益”〔二〕,故收録先刻的全書,而將後
出的輯要列入存目,對於二者之評價可見一斑。梅纘高所説輯要
出而全書“遂同於覆瓿”〔三〕,失於公允。今天看來,二書實可並行,
不可偏廢。

〔一〕兼濟堂曆算書刊謬 算法諸書之謬 句股闡微。
〔二〕四庫全書存目卷一〇七子部 天文算法類存目 曆算叢書。
〔三〕梅纘高 重刻梅氏叢書輯要序。

附表　曆算全書與梅氏叢書輯要比較

曆算全書（雍正元年本）		四庫全書本	梅氏叢書輯要（乾隆二十六年本）		勿庵曆算書目
書名	卷次	卷次	書名	卷次	
三角法舉要五卷		卷五〇至五四	平三角舉要	卷一九至二三	三角法舉要五卷
	附解測量全義				
句股闡微四卷	卷一句股正義	卷四六至四九			
	卷二		句股舉隅	卷一七	
	卷三解幾何原本之根		幾何通解	卷一八	用句股法解幾何原本之根一卷
	卷四幾何增解				幾何增解數則句股測量二卷
弧三角舉要五卷		卷七至八	弧三角舉要	卷二九至三三	弧三角舉要五卷
環中黍尺六卷	卷一至五	卷九至一一	環中黍尺	卷三四至三八	環中黍尺五卷
	卷六補遺續增				
塹堵測量二卷		卷六〇	塹堵測量	卷三九至四〇	塹堵測量二卷
方圓冪積一卷		卷五六	方圓冪積	卷二四	方圓冪積二卷

曆算全書 （雍正元年本）		四庫全 書本	梅氏叢書輯要 （乾隆二十六年本）		勿庵曆算書目
書名	卷次	卷次	書名	卷次	
幾何補編五卷	卷一至四	卷五七至五八	幾何補編	卷二五至二八	幾何補編四卷
	卷五				
解八線割圓之根一卷					
曆學疑問三卷		卷一至三	曆學疑問	卷四六至四八	曆學疑問三卷
曆學疑問補二卷		卷四至五	曆學疑問補	卷四九至五〇	
交會管見一卷		卷二五	交食	卷五四	交食管見一卷 交食作圖法訂誤一卷
交食蒙求三卷		卷二六至二八		卷五一至五三	交食蒙求訂補二卷 交食蒙求附說二卷 求赤道宿度法
揆日候星紀要一卷	求日影法	卷一九	揆日紀要	卷五七	測景捷法一卷 四省表影立成一卷
	四省表影立成				
	推中星法		恒星紀要	卷五八	

續表

曆算全書（雍正元年本）		四庫全書本	梅氏叢書輯要（乾隆二十六年本）		勿庵曆算書目
書名	卷次	卷次	書名	卷次	
揆日候星紀要一卷	二十八星宿黄赤道經緯度	卷一九			
	星數攷				
	三十雜星攷		雜著	卷六〇	三十雜星考一卷
歲周地度合攷一卷	西國月日考	卷一二			西國月日考一卷
	地度弧角				陸海鍼經一卷
	里差攷				分天度里一卷
	考最高行及歲餘		揆日紀要	卷五七	
	仰規覆矩				仰規覆矩一卷
春秋以來冬至攷一卷		卷一四			春秋以來冬至考一卷
諸方節氣加時日軌高度表一卷		卷一五	揆日紀要	卷五七	諸方節氣加時日軌高度表一卷
五星紀要一卷		卷一六	五星管見	卷五六下	
火星本法一卷	火緯本法圖説	卷一七	七政	卷五六	火緯本法圖説一卷
	七政前均簡法				七政前均簡法一卷

續表

曆算全書（雍正元年本）		四庫全書本	梅氏叢書輯要（乾隆二十六年本）		勿庵曆算書目
書名	卷次	卷次	書名	卷次	
火星本法一卷	上三星軌跡成繞日圓象	卷一七	七政	卷五六	上三星軌跡成繞日圓象一卷
七政細草補注一卷		卷一八		卷五五	七政細草補注三卷
仰儀簡儀二銘補注一卷		卷二〇至卷二四	雜著	卷六〇	
曆學駢枝四卷			曆學駢枝	卷四一至四四	曆學駢枝二卷元史曆經補注二卷
授時平立定三差詳說一卷		卷一三		卷四五	平立定三差詳說一卷
曆學答問一卷	答祠部李古愚先生	卷六	曆學答問	卷五九	答李祠部問曆一卷
	答嘉興高念祖先生				
	答滄州劉介錫茂才				答劉文學問天象一卷
	擬璇璣玉衡賦		雜著	卷六〇	
	學曆說				

續表

曆算全書 （雍正元年本）		四庫全書本	梅氏叢書輯要 （乾隆二十六年本）		勿庵曆算書目
書名	卷次	卷次	書名	卷次	
古算衍略一卷	古算器考	卷二九	筆算	卷五附	古算器考一卷
	方田通法				方田通法一卷
筆算五卷		卷三四至三八		卷一至五	勿庵筆算五卷
籌算七卷	卷一 基本算法	卷三〇至三三	籌算	卷六	勿庵籌算七卷
	卷二 開平方				
	卷四 開帶縱立方				
	卷三 開立方			卷七	
	卷五 開帶縱立方				
	卷六 開方捷法				
	卷七 開方分秒				
度算釋例二卷		卷三九	度算釋例	卷八至九	勿庵度算二卷 權度通幾一卷
方程論六卷		卷四〇至四五	方程論	卷一一至一六	方程論六卷
少廣拾遺一卷		卷五九	少廣拾遺	卷一〇	少廣拾遺一卷

六、梅文鼎曆算著作其他版本

　　前面已經論述了康熙間刊刻的梅氏曆算著作版本，以及曆算全書與梅氏叢書輯要的版本源流，本節主要介紹梅氏曆算著作其他版本情況。

（一）乾隆元年刻本宣城梅氏算法叢書

　　乾隆元年，江蘇鵰翮堂刻宣城梅氏算法叢書，彙編梅文鼎曆算著作五種。今日本國立公文書館藏有一全本，內封題"乾隆元年新鐫／環川張安谷校訂／宣城梅氏算法叢書／方程論　少廣拾遺　交食蒙求　交食管見　冬至攷／鵰翮堂藏板"（彩頁九），右下角鈐一陽文長方印："姑蘇閶門外上塘義慈巷口東首萃秀堂發兌"，左下角鈐一陰文方印："鵰翮堂圖書"。鵰翮堂、萃秀堂均是雍乾時期蘇州書坊〔一〕。張安谷，名宗楨（一六六九一？），字安谷，號囂囂子，江蘇吳縣人。此選刻本收錄梅文鼎五種著作，即方程論六卷、少廣拾遺一卷、交食蒙求訂補三卷、交會管見一卷（內封"交會"作"交食"）、冬至攷一卷，訂爲六册。正文書口題"梅氏曆算叢書"，卷首有鵰翮堂識語，云"梅氏書過多，環川張安谷先生删繁就簡而成此集，則價廉而易覽，故小坊請其書而剞劂之"〔二〕，簡單交代了緣起。識語後爲李光地甲申年所撰恭紀，原附曆學疑問

〔一〕葉瑞寶、張晞蘇州古籍印刷史略（續），蘇州市傳統文化研究會編傳統文化研究第一八輯，二〇一一年，第四四九頁。
〔二〕鵰翮堂宣城梅氏算法叢書序，乾隆元年鵰翮堂刻本宣城梅氏算法叢書卷首，日本國立公文書館藏。

卷首。此書雖爲坊刻，但刻印年代較早，頗有值得注意之處。此書刻於江蘇吳縣，即魏荔彤去官寄居之所，也是曆算全書印行之地。直觀感覺，此選刻本似乎應以曆算全書爲底本，而實際並非如此。

第一種方程論六卷，卷前有康熙己卯李鼎徵刻方程論序、吳雲梅勿菴先生方程序、康熙庚午潘耒方程論序及梅文鼎方程論自序，前兩序他書未見。卷端署"宛陵梅文鼎定九父著／環川張宗楨安谷較"。與曆算全書本相比，文字略有不同。如卷一"正名較數方程例"算例一前多"蓋以正負之分"一段文字，雍正元年本無；卷三"致用列位之法"第四問下"五色變四色"，鵬翮堂本作"五色之首色"，與雍正元年本不同，而同於雍正二年本。第二種少廣拾遺一卷，卷端無署名，內容與曆算全書本同，惟訂正訛字少許。第三種交食蒙求訂補三卷，卷端署"宣城梅文鼎定九學／姪孫瑴成惟寅、孫玕成肩琳校字／吳門張宗楨安谷校梓"，正文與曆算全書本大致相同，惟卷二無"日食三差圖"。第四種交會管見一卷，卷前小引後鈐兩枚墨色方章，一爲"梅印文鼎"，一爲"定九"，與康熙梅氏家刻本勿庵曆算書目卷首鈐印不同。與曆算全書本相較，卷末無"黃道九十度算法之理""月食圖訂誤"兩節。第五種春秋以來冬至攷，內容與曆算全書本同。以上兩種卷端無署名。

上述五種，方程論收錄了不見於他本的李序、吳序，推測其底本應是康熙三十八年李鼎徵泉州刻本。今泉州刻本已佚失，而此書保存原序，彌足珍貴。交食蒙求訂補卷端署名"姪孫瑴成惟寅、孫玕成肩琳校字"，由梅氏後人參與校字，推測其底本恐怕爲梅

氏家刻本。另外三種少廣拾遺、交會管見、春秋以來冬至攷，梅毅
成 兼濟堂曆算書刊謬均言爲"本家已刻之書"，即此三種有梅氏家
刻本流傳，而交會管見小引後有梅文鼎印鑒，正文相較曆算全書
有删减。由此可以推測，上述四種底本可能是梅氏家刻本。

(二) 乾隆四年刻本曆算合要

乾隆四年，真寧 范錫篆將筆算與李光地 曆象本要合爲一帙，
以曆算合要爲名，刊於北京 國子監。序云："我朝相國安溪 李
公……採定九 梅先生算法，集成全書，以覺萬事。" "予嘗獲是書，
而研窮有年矣。但慮夫習之者或浩博而難通，因於全集中擇取曆
象一册、筆算一册，彙爲一帙，付之剞劂，名曰曆算合要。"〔一〕此所
謂全書，即指康熙四十二至四十五年間，李光地、金世揚在保定所
刻梅文鼎曆算諸書，包括三角法舉要、弧三角舉要、塹堵測量、環
中黍尺、交食蒙求訂補、筆算、曆學駢枝七種。這七種著作又常與
康熙三十六年李光地所刻曆學疑問及康熙四十八年所刻曆象本
要合函收藏，通常被認作一套叢書。范錫篆 曆算合要所採擇的
二書，即出自這套叢書，也就是說曆算合要中筆算底本應爲李光
地 保定刻本。

(三) 光緒間求友齋刻本梅氏籌算、平三角舉要

光緒十三年，劉光蕡於陝西 求友齋學堂刊刻梅氏籌算三卷，

〔一〕范錫篆 曆算合要序，乾隆四年國子監刻本曆算合要卷首，中國科學院自
然科學史研究所藏。

跋云：“原書七卷，其孫文穆公去其與筆算重複者，定爲二卷。今未刻筆算，則加減法及命分、約分、開方分秒、隔差法，均學算所有事，不可闕也。定九先生發明算術，立法淺顯，設例詳盡，文似繁冗而非冗也，蓋反覆推明，惟恐人之不知也。今法例均依其舊，而平方、立方通用捷法，各附帶縱於其後，則文穆所定也。”〔一〕卷一爲算籌形制及基本算法；卷二爲開平方，包括開帶縱平方、開方分秒等術；卷三爲開立方，包括開帶縱立方、開立方分秒等術。整體結構依梅氏叢書輯要本，同時據曆算全書補充前者所删籌算加減乘除、命分、約分、開方分秒等法。

　　次年，劉光蕡又刻平三角舉要五卷。跋云：“取平三角舉要刻之，從兼濟堂本，故言三率及鈍鋭角形，較文穆公本特詳。三角必用八綫，原書無表，不便學者，今附焉。”〔二〕今核原書，求友齋刻本當以梅氏叢書輯要本爲底本，異文情況均與之相同。同時又根據曆算全書本，補充梅氏叢書輯要所删若干内容，如卷一增“三率”一節，卷二“鋭角形第二術第二支”增求甲全角、乙全角兩條，卷四補遺增“鈍角形用外角二”等六圖説。另，跋文所云三角八綫表，今本未見。

　　通過以上論述可知，劉光蕡在求友齋刊行的梅氏籌算與平三角舉要，均以梅氏叢書輯要爲底本，同時據曆算全書補入梅瑴成所删若干内容。

〔一〕劉光蕡刻梅氏籌算跋，光緒十三年陝西求友齋刊本梅氏籌算卷末，中國科學院自然科學史研究所藏。
〔二〕劉光蕡刻平三角舉要跋，光緒十四年陝西求友齋刊本平三角舉要卷末，中國科學院自然科學史研究所藏。

(四) 和刻本曆學疑問

日本 享保十一年（一七二六，雍正四年），雍正二年本曆算全書通過中國商船傳入日本，日本和算家中根元圭對全書進行了訓譯工作[一]。此後陸續有梅文鼎曆算著作傳入，對和算家的數學工作產生了重要影響。梅文鼎的著作在日本亦有刊刻，今見曆學疑問訓點本一種，日本 文政三年（一八二〇）據曆算全書本翻刻，扉頁題“大日本 文政三年飜刻／清 梅勿菴先生著／曆學疑問／齊政館藏版”，卷首有文政二年正三位式部大輔菅原長親 新刻曆學疑問序、少訥言清原宣明 曆學疑問序。正文眉批校記若干條，訂正原書錯訛，如李光地序“七政三統”，校記云：“‘七政’當作‘子駿’，劉歆字。李光地因歆父向字子政，誤作‘子政’，傳寫者又誤作‘七政’耳。”卷二“論回回曆正朔之異”條，“以十一個月爲一年”，校記云：“十一，‘一’當作‘二’。”

(五) 其他叢書本

嘉慶年間，吳省蘭輯刊藝海珠塵八集一百六十三種，竹集收錄二儀銘補注、曆學答問兩種，絲集收錄古算器考、曆學疑問補兩種。通過異文比對，可以斷定各書底本均爲梅氏叢書輯要本。

道光十五年，陝西 朝邑 李元春、劉際清纂刻青照堂叢書三編八十五種，次編收錄筆算五卷，所據底本爲曆算全書本。

光緒十四年，上海 大同書局石印巾箱本西學大成十二編，收

〔一〕馮立昇 中日數學交流史，山東教育出版社，二〇〇九年，第一七八頁。

書五十六種,其中子編算學類收平三角舉要五卷,丑編天學類收揆日候星紀要、五星紀要各一卷。平三角舉要卷端署"宣城 梅文鼎 定九著/錫山後學楊作枚 學山訂補",揆日候星紀要卷端署"宣城 梅文鼎著/錫山 楊作枚訂補",五星紀要卷端無署名。三者均以曆算叢書爲底本,平三角舉要卷五無"解測量全義"內容。

光緒二十三年,上海 鴻文書局石印巾箱本中西新學大全十九卷,收書九十一種。其中,七種著作題梅文鼎撰:揆日候星紀要、曆學疑問、曆學答問、七政、五星管見、天文要訣與儀銘補注。天文要訣實則爲梅瑴成 操縵卮言。另有一種五星紀要,題"金山 顧觀光主編",實際爲曆算全書本五星紀要,與梅氏叢書輯要本五星管見重出。從題名略微可以看出,七政、五星管見底本爲梅氏叢書輯要,揆日候星紀要、五星紀要底本則爲曆算全書。

光緒二十五年前後,徐樹勳在成都 算學書局陸續刻巾箱本算學叢書十八種,收錄平三角舉要五卷,扉頁題"烏程 徐氏據梅氏叢書本校刊",卷首有錫山友人楊學山曆算書序,可知此本係據咸豐九年閏妙香室本曆算全書刊刻。

另外,李儼先生舊藏算式集要刻本三種九卷,子目分別爲筆算須知五卷、籌算須知二卷、度算須知二卷,無署名,實即梅文鼎 筆算、籌算與度算釋例,所據底本爲梅氏叢書輯要本。算式集要實際爲光緒間一部算學譯著書名,傅蘭雅、江衡合譯,光緒三年江南製造局刊行。而"須知"之名,可能來自於傅蘭雅 格致須知,光緒八年至二十四年間編纂刊行,收書二十八種,各種均以"須知"爲名,頗爲流行。李儼舊藏的這部算式集要紙張不佳,印刷粗糙,應是光緒間"徒爲射利計"的書坊刻本。

以上是對本書基本情況的介紹。

整理者學識尚淺,雖用力勤勉,斟酌反復,然錯訛之處在所難免,質教方家,望批評指正。

二〇二一年十一月廿二日
定稿於中國科學院自然科學史研究所 李儼圖書館

整理凡例

（一）本次整理，以中國科學院文獻情報中心所藏雍正元年本曆算全書爲工作底本，以日本國立公文書館藏雍正二年曆算全書（簡稱"二年本"）、康熙間李光地、金世揚保定刻本（簡稱"康熙本"）、上海圖書館藏乾隆十年曆算叢書輯要（即梅氏叢書輯要，簡稱"輯要本"）、文淵閣四庫全書本曆算全書（簡稱"四庫本"）爲主要參校本，同時參考乾隆元年鵬翮堂本宣城梅氏算法叢書（日本國立公文書館藏）、康熙十九年觀行堂刻籌算傳抄本（中國科學院自然科學史研究所藏）等重要版本，並吸收了梅毅成兼濟堂曆算書刊謬（日本國立公文書館藏和抄本）的校勘成果。

（二）底本避諱字，徑改回本字。異體字一般改爲通行字。正文大小字，一般依據底本。圖表以外小字加〔　〕，以便區分。

（三）每種書前，以脚注形式附一段簡短按語，説明該書成書時間、版本情況等。

（四）每種書前或無目録，或僅有簡目，今悉依底本，並據正文重新編製全書總目和各册細目。

（五）梅氏叢書輯要對曆算全書較爲重要的删改調整，均在底本相應位置出注説明；對於不影響文意的文字增删、次序調整，不一一出注。

（六）全書涉及數學計算者，均一一予以校算。凡根據校算結果改正原書者,均出注説明。

　　(七)本書幾何圖和算式豎圖依照原書樣式重繪,原圖錯繪之處,酌情改繪,並出校記説明。圖中文字次序,悉依底本。

　　(八)算題較多者如方程論,算題前用阿拉伯數字標記序號,以便於閲覽查找。

　　(九)擇取有關梅文鼎曆算著述及生平事跡的重要資料,編入附録中。附録一爲據清華大學圖書館所藏康熙本點校整理的勿庵曆算書目;附録二爲梅文鼎曆算書序跋彙編,收録除底本外梅文鼎其他曆算著述版本的序跋提要三十篇;附録三爲梅文鼎傳記資料彙編,收録梅文鼎友人及後人撰寫的梅文鼎重要傳記文獻十二篇。

輯刊梅勿庵先生曆算全書小引[一]

　　勿庵先生當代鴻儒，學醇品粹，年彌高而德彌邵，道益隆而量益虛，實得理學正傳，更精研於曆算。老逢聖祖知遇，以書生而隆坐論，天子前席，公卿侍教，蓋異數奇榮也。先生沖雅高潔，迄以儒素終身，大業藏山，不輕問世，而人爭傳之。余獲接見憾晚，適嬰塵務，不能執經請益。歲在戊戌，偶攝法司，因與諸同人設館白下，延致先生訂正所著，欲共輸資刊行。先生既以寧澹爲志，不樂與俗吏久處，而世會[二]遷變，雲散蓬飛，竟未卒事。閱二載，僻居海中，官齋闃寂，復馳函敬求存稿，得十餘種。雖屢爲雅慕高賢者錄刻，然雜遝參錯，未成善本。笥中尚夥，又在耄年静攝，不能遽自校定。因嘉許慇懇，期爲檢發，不意哲人遂萎矣。嗚呼！歲月不待，時會難逢。嘆凋謝乎典型，慨朋儔之聚散，即一事而百感紛投矣。但劍已許君，井容自棄。於是復向翰編玉汝昆季搆得未刻者將二十種，俱以付梓。工未得完，余亦斥廢，更於憂患中竭蹶歲餘方竣，所延玫誤之客，則久已彈鋏他門矣。

────────

〔一〕此文亦見魏荔彤懷舫雜著續刻。雍正二年本前無此序。
〔二〕會，懷舫雜著續刻作“事”。

竊思曆所著者，天之象也；算所明者，物之數也。象數之學，天地造化之精微，人物理氣之終始也，烏容宣洩哉？故仙言丹成而魔來，史紀字作而鬼泣。彼幻異之術、文字之迹且然，況上通帝載而下括萬類之書乎？宜其傳之不易易也。今雖粗竟心志，而點畫之間，縱橫之際，動關精要，不容訛舛。余之固陋，茫如望洋，容更訪專家以就正焉。先叙輯刊之鄙意，蓋亦竊有不得已之思也。

夫治曆明時，書肇〔一〕唐虞；龍圖龜書，出於羲禹，皆中華古聖帝之垂教於天下萬世者也。術雖有詳略疏密，而理無可淆亂紛滋。況測天者原貴於隨時，而稽數者雖多方亦合一。安見法出於古人者必拙，物得於遠至者始貴乎？故當今日，明曆算，續絕學，自有勿庵先生此書具在，道不外於歷聖所傳，理自存於四海之內，法亦備此三十種中也。凡好新厭故，重邇輕邇者，亦可以由中以該西，尚目不尚〔二〕耳，弗立異而誌怪，將求奇於恒焉，庶不負先生九十餘年立言垂訓之意也夫。

旹雍正癸卯歲嘉平月，柏鄉魏荔彤念庭氏謹識。

〔一〕書肇，懷舫雜著續刻作“肇自”。
〔二〕尚，懷舫雜著續刻作“任”。

凡例十則

一　三代以後，治曆者有七十餘家，惟郭太史授時曆稱爲至精。近今西法入中國，測算之理尤備，然其布算之法、測驗之根，各有專書本論。兹編惟於曆算中廣求大圓之理，辨奥析疑，删煩補缺，俾上有以發古人未盡之蘊，下足以爲後賢考測之資，不敢勦襲陳言，以掠美沽名也。

一　今日而言曆算，必兼中西兩家。然拘守中法者，每是古而非今；過尊西説者，又舉末而遺本。不知中曆之略，惟藉西法以補之；西曆之巧，實原古法而精之，二者實相須而不可偏廢。兹於西法如幾何三角、割圓八線，以及一切測候之術，固必一一詳著其所以然。而中法如句股、方程、平立定差、簡儀仰儀之類，亦皆疏其根源，以徵古法之精當，不敢有拘俗見，取此失彼也。

一　曆算之書，昔人多載立成，本編惟一一發明其理，故凡遇一法，必求其根；每有一根，必究其理，且攷訂再三，了無疑義，方敢採録。徐太史於幾何原本云有“三不必”“五不能”，兹取意亦猶是爾。

一　度數之理，最爲艱深，往往有本論不足以發明，而必借他説以明之者。兹編遇立術隱奥處，不憚旁引曲證，宛轉反覆，以達其義。故圖形論説多有一見再見，然意義各有所屬,並非複沓,細閲自見。

　　一　歷算之學,頭緒最繁,故本編所録,亦非一種。
然或訂補西法,或疏明古歷,或兼中西兩家而考其異同,
辨其得失,皆有條理存焉。善讀者可合全部而觀其會通,
亦可由一種而搜其義蘊。理數精熟,自有左右逢源之樂。

　　一　梅勿庵先生大年登享,覃精歷算,著撰極富,立
説純正,布算詳明。壬午冬,聖祖仁皇帝徵召顧問,恩禮
優崇,蓋爲德業並懋之醇儒,不止爲歷算家名宿矣。其歷
算各種,如三角舉要、歷學疑問、方程、少廣、度算、筆算
等,昔年李相國、年中丞諸君子已相繼付梓行世,今是編
仍俱採入,不敢遺棄。其晚年諸稿,壬寅春玉汝、肩琳兩
君舉以付余,約計三十餘種,内已成書而待刊者十之四,
稿略具而未成書者十之六。余欲盡付剞劂,因延錫山楊
君學山至署,爲之訂補疏別,義之未明者闡之,圖之未備
者增之,文之缺略者補之,務使有倫有要,首尾貫通。既
以勿庵所著爲宗,而復有發明修飾之功,庶讀者不煩言而
解,期於不負勿庵相托之心,而學山好古勤求之志,亦可
嘉尚矣。

　　一　勿庵舊刻各種内有可類附者,亦增入一二。如
弧三角舉要,舊刻五卷,今增爲六是也。又勿庵言所未及
而理數必不可缺者,楊君亦爲補綴,如割圓八線之根一卷
是也。又如句股測量諸術,歷家所重,原稿零星散軼,今
增補爲四卷。餘編亦多類此,庶理數明晰,一覽了然。

　　一　各種内有簡帙繁重者,分爲若干卷,以便省讀。

其散見雜出者，則數種合爲一編，該以總名，免致煩絮。
然或分或合，皆歸於義蘊所存而已。

　　一　曆算之學，勿庵尚矣。然我朝聲教洋溢，人
文蔚起，博學多識之彥，比屋接庶。如吳江 王曉庵，青
州 薛儀甫，睢州 孔林宗，桐城 方位伯，錫山 楊定三、鮑燕
翼諸君子，皆深明曆算，各有著述，惜未得其全書爲憾。
然但有聞見，皆於各種內附集其語，與勿庵相印證。學
問之道，固無窮也。

　　一　本書序次，皆有條理。蓋曆算之學，明理爲要，
理一明，能知古人創立之意，能爲後人因改之資。若徒執
成法，鮮有能通變者。言理之書，如幾何、三角、方圓、塹
堵測量諸編是也，故先之。然理寓於數，理明必徵之數，
以求實用。割圓八線、對數比例，紀數之書也，故數表次
之。理數並通矣，然後可與言曆。曆者，理於以精，數於
以神者也，故曆學諸書次之。至於治曆必由於算，中法有
珠盤、籌策、少廣、方程，西法有筆算、度算、比例等術，皆
推步之資，而理數藉以顯明者也，故以算法終焉。

兼濟堂纂刻梅勿菴先生曆算全書總目

法原

平三角舉要五卷〔即三角法舉要〕[一]

句股闡微四卷[二]

弧三角舉要五卷

環中黍尺六卷[三]

塹堵測量二卷

方圓冪積一卷

幾何補編五卷

解割圓之根一卷[四]

法數

割圓八線之表一卷續出[五]

曆學

曆學疑問三卷

曆學疑問補二卷

〔一〕即三角法舉要，二年本無。
〔二〕二年本下有"首卷楊著"四小字。
〔三〕六卷，二年本作"五卷"。
〔四〕解割圓之根，二年本作"解八線之根"，下有"楊著"二小字。
〔五〕一卷，二年本作"二卷"，無"續出"二字。

交會管見一卷

交食蒙求三卷〔日食、月食〕

揆日候星紀要一卷

歲周地度合攷一卷

冬至攷〔一〕一卷

諸方〔二〕日軌高度表一卷

五星紀要一卷〔三〕

火星本法一卷

七政細草補注一卷

二銘〔四〕補注一卷

曆學駢枝四卷

平立定〔五〕三差解一卷

曆學答問一卷

算學

古算演略一卷

筆算五卷

籌算七卷

度算釋例二卷

方程論六卷

少廣拾遺一卷

〔一〕冬至攷，二年本作"春秋以來冬至攷"。

〔二〕二年本"諸方"下有"節氣加時"四字。

〔三〕五星紀要一卷，二年本作"五星要略二卷"，下有"楊著一卷"四小字。

〔四〕二年本"二銘"前有"仰儀簡儀"四字。

〔五〕二年本"平立定"前有"授時"二字。

錫山友人楊學山曆算書序[一]

　　錫山曆算書者，友人楊君學山所作，以成其祖定三先生之志者也[二]。其書有步日月五星之法，有説有圖，以推明步算之理。今[三]嘗謂曆學至今日大著，而其能知西法復自成家者，獨北海薛儀甫、吴江[四]王寅旭二家爲盛。薛書授於西師穆泥閣，王書則於曆書悟入，得於精思，似爲勝之。學山書多似吴江[五]。然如月離表法不與曆指相應，吴江與北海書皆深疑此事。而學山獨以穎妙心思探無窮底蘊，於朔望次輪之外再加小輪，定其半徑，著其算法，與表密合，蓋不啻超軼前人，發所未發矣[六]。寅旭與余同時，在江以南，而不相聞知，不能相與極論，每用爲恨。潘稼堂先生[七]屢相期至其家，悉致王書，屬爲校注而流通

〔一〕續學堂文鈔卷五收録，題作錫山友人曆算書跋。
〔二〕“友人”至“之志者也”，續學堂文鈔作“友人鮑燕（詒）〔翼〕、楊學山之所作，而學山之祖定三爲之裁定者也”。
〔三〕今，續學堂文鈔作“余”。
〔四〕吴江，續學堂文鈔作“嘉禾”，下同。
〔五〕學山書多似吴江，續學堂文鈔作“錫山書多本嘉禾”。
〔六〕“而學山獨以穎妙心思”至此，續學堂文鈔作“而錫山諸子能以再加小輪，與表密合，不啻青出於藍矣”。
〔七〕先生，續學堂文鈔作“太史”。

之〔一〕，以事未果。學山乃先得我心，可見吾黨中固自有人也。

庚寅之冬，偶有吳門之遊，學山同吾友秦子二南，挐舟過訪於陳泗源學署，出示此書，余亦以幾何補編相質。約即往二南園亭下榻，爲十日快聚，乃又牽於事，一交臂而失之。而錫山鮑君燕翼亦深於曆學〔二〕，其時適病卒，尤可悼惜。余每思再過吳下，而忽忽遂餘二載。今行年八十，且多病，不知能復出與否。三復其書，余之繫懷於學山，殆無虛日矣〔三〕。故以余抄本，因廣文顧君愚亭歸之，而留其原本，并叙其起因如此。

書凡八册，遡源星海四，王寅旭曆書圖注二，三角法會編二〔四〕。其餘句股、八線、測量、方程等各數種，皆有精思奧理，自成一家〔五〕。其火星論中謬采愚説，而極承推獎〔六〕。其書係客燕臺時，與錢塘友人袁惠子辨論而作，雖存稿草，未嘗多以示人，不知學山從何得之，而深信若此。然即此見學山之虛懷，與知心之有人矣〔七〕。此學甚孤，有

〔一〕而流通之，續學堂文鈔無。
〔二〕亦深於曆學，續學堂文鈔無。
〔三〕“三復其書”至此，續學堂文鈔無。
〔四〕“書凡八册”至此，續學堂文鈔作“書凡五册，溯源星海二，王寅旭野曆圖注二、三角法一”。
〔五〕“其餘句股”至此，續學堂文鈔無。
〔六〕“其火星論”至此，續學堂文鈔作“火星論中多采余説”。
〔七〕“而深信若此”至此，續學堂文鈔作“豈即袁君所授耶？然即此見袁君之虛懷與錫山諸君子之好學矣”。

從事焉者，或株守舊聞，各持一得之長，而不能相下，同方合志之友，古所難也，而又弗獲群萃州處，深爲究極[一]。因序此書，重爲冀倖。天不愛道，庶有以使之合併，而共明斯學於天壤乎[二]？

康熙壬辰臘月既望，勿菴梅文鼎書於坐吉山中，時年八十。

〔一〕深爲究極，續學堂文鈔作“以相與盡其才”。
〔二〕“天不愛道”至此，續學堂文鈔作“庶有以使之合并而成就之乎”。

兼濟堂纂刻梅勿菴先生曆算全書

三角法舉要 〔一〕

〔一〕勿庵曆算書目算學類著録，列爲中西算學通初編第五書。康熙十九年，梅文鼎友人蔡璿在南京觀行堂刻梅氏中西算學通初集，列爲第六種，題作三角法。據上述二書解題，梅文鼎初撰三角法，包括平三角、弧三角兩部分，後分別成書，即平三角舉要與弧三角舉要，前者入中西算學通初編，後者入續編。約康熙四十三年，直隸巡撫李光地初刻於保定，次年閏四月，進呈御覽。曆算全書本依康熙本行款再刻，卷首增梅文鼎錫山友人楊學山曆算書序及楊作枚三角法會編自序四紙，書口刻"三角法會編"。又在康熙本基礎上，增加"解測量全義"一目，附於卷五測量後。四庫全書本收入卷五十至卷五十四。梅瑴成兼濟堂曆算書刊謬云："此書係李相國所刻，無庸纂輯。惟卷末解測量全義一則係新增，中有夾雜語，想即其訂補者耶？"並以此目"係弧三角以加減代乘除之法，宜附於環中黍尺之後，不宜入此。"梅氏叢書輯要改書名爲平三角舉要，收入卷十九至卷二十三，刪除書末解測量全義內容，卷首有序，係録自勿庵曆算書目解題。是書在清代頗爲流行，版本衆多。除康熙本、全書本和輯要本外，還有光緒十四年劉光賁陝西求友齋刻本，題作平三角舉要，底本爲全書本；光緒二十四年徐樹勳成都算學書局刻算學叢書十九種本，底本亦爲全書本。光緒二十一年上海醉六堂石印西學大成（王西青等編），子編算學亦收録該書，題作平三角法舉要，據全書本收録，而刪去書末解測量全義內容。

三角法舉要目録

〔一〕附解測量全義，康熙本、二年本無。

三角法會編自序一^{〔一〕}

　　天下之物，其爲形也不類，然莫不託始於三角，何則？物之始生曰點，點未成形也。點引爲線，線亦未成形也。線展爲面，面者，以三線容有三角，而形成矣。自此以往，四角五角，迄乎無窮之形體，皆三角之所積也，故三角形實萬形之祖也。第三角形有二，一爲平面直線三角，一爲球面曲線三角。直線三角，算平面用之；曲線三角，算圓球用之。算圓之法不過邊與角相求，而必以圓之半徑爲準。其在平圓，則自圓心至於圓周，其半徑恒命爲一，所限之周即角也，所設諸直線即邊也。其在圓球，則自所設之點，四周至九十度爲界，其半徑亦恒命爲一，所容之弧即角也，所設諸曲線即邊也。角有直有銳有鈍，直者九十度，以内爲銳，以外爲鈍，算正角易，算銳鈍兩角難。邊有等有小有大，等者九十度，以内爲小，以外爲大，算等邊易，算大小兩邊難。算平圓，即以所設之直線立法；算立圓，必依所設之曲線，更求諸曲線相當之弦矢割切各線立法。故算平圓易，算立圓難。從事天學者，能算圓球形，

〔一〕雍正元年本及<u>乾隆</u>十四年<u>梅汝培</u>修補本無此序，<u>咸豐</u>九年間<u>妙香室</u>遞修本有此序，而有大片矩形墨圍，不可卒讀。今據<u>雍正</u>二年本録文。

能算圓球之鋭鈍角形，能算圓球之鋭鈍角又三邊不等形，而三角形之變盡矣。挾是術也以往，如鳥之傅兩翼，泠泠[一]然上天下地，何所不至哉？

余賦性素僻，於世故未有所留意，惟於天學不憚研窮，更於天學中之三角形法，頗窮蛇竇，輒不揣愚昧，一一詳衍而類別之。既立其算法於前，使有數之可紀，更圖其形狀於後，使有象之可求，且爲之清其條理，欲一覽而得其概可也；并爲之詳其節目，欲逐件以搜其蘊，亦無不可也。迄今已四易稿，更寒暑。雖象數無窮，此中之奇秘，未窺者固多，然此一書也，亦足以見苦心之所至矣。幸高明者教之。

時康熙歲次癸巳仲春之月，楊作枚 敏齋謹識。

〔一〕泠泠，原作“冷冷”，據文意改。

三角法舉要卷一

宣城梅文鼎定九著

柏鄉魏荔彤念庭輯　男　乾斅一元

士敏仲文

士說崇寬同校正

錫山後學楊作枚學山訂補

測算名義

古用句股，有割員、弧背、弦矢諸名。今用三角，其類稍廣，不可以不知。爰摘綱要，列於首簡。

點

點如針芒，無長短闊狹可論。然算從此起，譬如算日月行度，只論日月中心一點。此點所到，即爲躔離真度。

線

線有弧、直二種，皆有長短而無闊狹。自一點引而長之，至又一點止，則成線矣。

弧
線

〔凡弧線必中規。〕

線　直

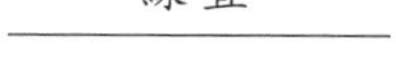

〔凡直線必中繩。〕

平
行
直
線

〔凡平行線必相距等。〕

如測日月相距度，皆自太陽心算至太陰心，是爲弧線。如測日月去人遠近，皆自人目中一點算至太陽太陰天，是爲直線。

凡句股三角之法俱論線，線兩端各一點，故線以點爲其界。

面

面有方員各種之形，皆有長短，有闊狹，而無厚薄，故謂之幂，幂者所以冒物。如量田疇界域，只論土面之大小，不言深淺。

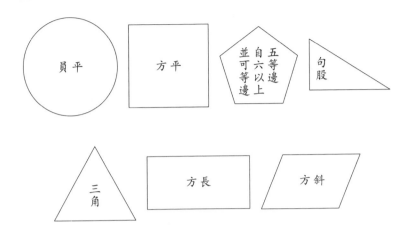

面之方員各類，皆以線限之，故面以線爲界。〔面之線亦曰邊。〕惟員面是一線所成，乃弧線也。若直線，必三線以上始能成形。

體

體或方或員，其形不一，皆有長短，有闊狹，又有厚薄。〔或淺深高下之類。〕

員體如球如柱，方體如櫃如斗，或如員塔方塔，皆以面爲界。〔圖後。〕

〔方錐截之，則如覆斗。〕

以上四者，〔謂點、線、面、體。〕略盡測量之事矣。然其用皆在線，如論點則有距線，論面則有邊線，論體則有棱線。〔面與面相得則成棱線。〕凡所謂長短、闊狹、厚薄、淺深、高下，皆以線得之。三角法者，求線之法也。

長短、闊狹、厚薄等類，皆以量而得。而量者必於一線正中，若稍偏於兩旁，則其度不真矣。故凡測量所求者，皆線也。

三角形

欲明三角之法，必詳三角之形。

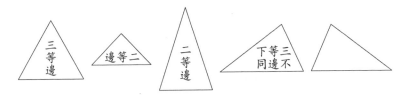

兩直線不能成形，成形者必三線以上。而三線相遇則有三角，故三角形者，形之始也。

〔四邊形可分爲兩。〕

〔五邊形可分爲三。〕

〔六邊形可分爲四，餘可類推。〕

多線皆可成形，析之皆可成三角。至三角則無可析矣，故三角能盡諸形之理。

凡可算者爲有法之形，不可算者爲無法之形。三角者，有法之形也。不論長短、斜正，皆可以求其數，故曰有法。若無法之形,析之成三角則可量,故三角者,量法之宗也。

角

三角法異於句股者,以用角也,故先論角。

兩線相遇則成角。〔平行兩直線不能作角,何也? 線既平行,則雖引而長之,至於無窮,終無相遇之理,角安從生? 是故作角者,必兩線相遇,必不平行也。〕

角有三類:一正方角,一銳角,一鈍角。

〔正十字,角四,角皆方。〕

〔半十字,方角二。〕

〔同上。〕

〔隅十字，方角一。〕

如右圖，以兩線十字縱橫相遇，皆爲正方角。〔亦曰直角，亦曰方角。〕

如右圖，以兩線斜相遇，則一爲銳角，一爲鈍角。

凡銳角，必小於正方角；凡鈍角，必大於正方角。

正方角止一，銳角、鈍角則有多種，而算法生焉。

弧

角在小形與在大形，無以異也，故無丈尺可言，必量之以對角之弧。

法以角之端爲員心，用規作員。員周分三百六十度，乃視本角所對之弧於全員三百六十度中得幾何度分。其弧分所對正得九十度者，爲正方角。〔九十度者，全員四之一，謂之象限。〕若所對弧分不滿九十度者，爲銳角。〔自八十九度以至一度，並銳角也。〕所對弧分在九十度以上者，爲鈍角。〔自九十一度至百七十九度，並鈍角也。〕

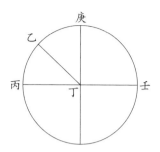

如圖，丁爲角，即用爲員心，以作員形。其庚丁丙角，
〔凡論角度，並以中一字爲所指之角。此言庚丁丙，即丁爲角也。〕所對者
庚丙弧，在全員爲四之一，正得象限九十度，是爲正方角。

若乙丁丙角，所對者乙丙弧，在象限庚丙弧之內，小
於象限九十度，是爲銳角。

又乙丁壬角，所對乙庚壬弧，過於壬庚弧，〔壬庚亦象限
九十度弧，故庚丁壬亦方角。〕大於象限九十度，是爲鈍角。

角之度生於割員。

割員弧矢

有弧則有矢，弧矢者，古人割員之法也。

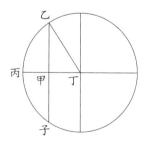

如圖，以乙子直線割平員，則成弧矢形。

所割乙丙子員分如弓之曲，古謂之弧背。以弧背半之，則爲半弧背。〔如乙丙。〕

通弦正弦

割員直線如弓之弦，謂之通弦。〔如乙子。〕

通弦半之，古謂之半弧弦，今曰正弦。〔如乙甲。〕

矢線〔一〕

正弦以十字截半徑成矢，〔如丁丙橫半徑爲乙甲正弦所截，成甲丙矢。〕謂之正矢。〔二〕

〔以上二條，俱仍前圖。〕

正弧餘弧正角餘角

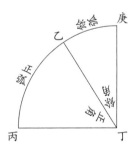

所用之弧度爲正弧，以正弧減象限，爲餘弧。〔如庚丙象限內減乙丙正弧，則其餘乙庚爲餘弧。〕

〔一〕矢線，輯要本作"正矢大矢"。
〔二〕輯要本此下有"全徑內減去正矢，餘謂之大矢。如戊丙全徑內減去甲丙正矢，餘戊甲爲大矢"。

正弧所對爲正角。〔如正弧乙丙對乙丁丙角，則爲正角。〕

以正角減正方角^{〔一〕}，爲餘角。〔如以乙丁丙正角去減庚丁丙方角，則其餘乙丁庚角爲餘角^{〔二〕}。〕

正弦餘弦正矢餘矢

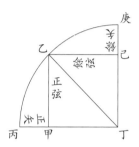

有正弧正角，即有正弦，〔如乙甲。〕有正矢，〔如甲丙。〕亦即有餘弦，〔如乙己。〕有餘矢。〔如己庚。〕

正弦、正矢、餘弦、餘矢，皆乙丙弧所有，亦即乙丁丙角所有。

自一度至八十九度，並得爲乙丙，並得爲正弧，即正餘弦矢畢具。

若用乙庚爲正弧，則乙丙反爲餘弧。

角之正餘亦同。

〔一〕以正角減正方角，輯要本作“餘弧所對”。
〔二〕“如以”句，輯要本作“如餘弧庚乙對乙丁庚角，則爲餘角”。

割線切線

每一弧一角，各有正弦、餘弦、正矢、餘矢，已成四線於平員内。〔古人用句股割員，即此法也，蓋此四線已成倒順二句股。〕

再引半徑透於平員之外，與切員直線相遇，爲割線、切線，而各有正餘，復成四線，〔正割、正切、餘割、餘切，復成倒順二句股。〕共爲八線，故曰割員八線也。

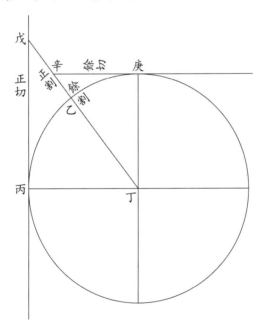

如圖，庚乙丙平員切戊丙直線於丙，又引乙丁半徑透出員周外，使兩線相遇於戊，則戊丙爲乙丙弧之正切線，亦即爲乙丁丙角之正切線，而戊丁爲乙丙弧之正割線，亦即爲乙丁丙角之正割線。

又以平員切庚辛直線於庚，與乙丁透出線相遇於辛，則庚辛爲乙丙弧之餘切線，亦即爲乙丁丙角之餘切線，而辛丁爲乙丙弧之餘割線，亦即爲乙丁丙角之餘割線。

割員八線

凡用一弧，即對一角；用一角，亦對一弧，故可互求。

凡一弧，即有八線，〔正弦、正矢、正割、正切、餘弦、餘矢、餘割、餘切。〕角亦然〔一〕。

凡一弧之八線，即成倒順四句股，角亦然。

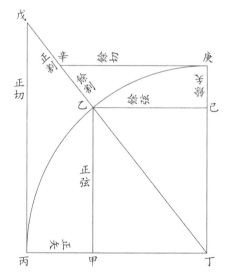

如圖，庚丙象弧共九十度，庚丁丙爲九十度十字正方角。任分乙丙爲正弧，乙丁丙爲正角，則乙庚爲餘弧，乙

〔一〕“凡用一弧”至“角亦然”，輯要本作“凡用一角，即對一弧，即有八線。弧亦然”。

丁庚爲餘角。

正弦〔乙甲同丁己〕 正矢〔甲丙〕 正切〔戊丙〕 正割〔戊丁〕

餘弦〔乙己同丁甲〕 餘矢〔庚己〕 餘切〔辛庚〕 餘割〔辛丁〕

以上八線，爲乙丙弧所用，亦即爲乙丁丙角所用。〔自一度至八十九度，並同。〕若用乙庚弧，亦同此八線，但以餘爲正，以正爲餘。

両順句股等角圖

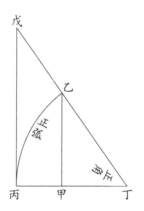

乙甲丁句股形，乙丁〔半徑。〕爲弦，乙甲〔正弦。〕爲股，丁甲〔餘弦。〕爲句。

戊丙丁句股形，戊丁〔正割。〕爲弦，戊丙〔正切。〕爲股，丙丁〔半徑。〕爲句。

以上両順句股形，同用乙丁甲角，故其比例等。〔凡句股形，一角等，則餘角並等。〕

兩倒句股等角圖

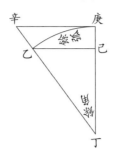

乙己丁倒句股形，乙丁〔半徑。〕爲弦，己丁〔正弦。〕爲股，乙己〔餘弦。〕爲句。

辛庚丁倒句股形，辛丁〔餘割。〕爲弦，丁庚〔半徑。〕爲股，辛庚〔餘切。〕爲句。

以上兩倒句股形，同用乙丁己角，故其比例亦等。

順倒兩句股等邊等角圖

乙甲丁句股形，乙丁〔半徑。〕爲弦，乙甲〔正弦。〕爲股，甲丁〔餘弦。〕爲句。

丁己乙倒句股形，乙丁〔半徑。〕爲弦，己丁〔正弦。〕爲股，乙己〔餘弦。〕爲句。

此倒順兩句股形，等邊又等角，〔倒形之丁角即順形丁角之餘,倒形之乙角即順形乙角之餘。〕竟如一句股也。準此論之,則倒順四句股之比例,亦無不等矣。

角度

凡三角形,併三角之度,皆成兩象限。〔共一百八十度。〕

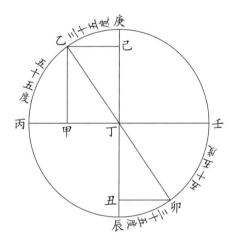

假如乙甲丁句股形,其丁角五十五度,〔當乙丙弧。〕則乙角必三十五度,〔當乙庚餘弧。〕兩角共一象限九十度。其甲角正方,原係九十度,合三角成一百八十度。

乙角何以必三十五度也?試引乙丁弦過心至卯,則卯丁丑角與丁乙甲角等,〔卯丁乙同爲一線,丁丑線又與乙甲平行,則所作之角必等。〕而卯丁丑固三十五度也,則乙角亦三十五度矣。

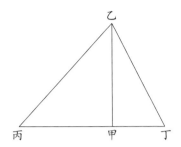

　　又假如丙乙丁三角形,從乙角作乙甲直線至丁丙邊,
分爲兩句股形。〔乙甲丁、乙甲丙。〕準前論,乙甲丁句股形,以
乙分角與丁角合之,成一象限九十度;又乙甲丙句股形,
以乙分角與丙角合之,成一象限九十度。然則以乙全角
〔即兩分角之合。〕與丁、丙兩角合之,必兩象限一百八十度矣。
〔乙爲鈍角,並同。〕

　　以此推知,三角形有兩角,即知餘角。〔併兩角,以減半周
一百八十度得之。〕

　　句股形有一角,即知餘角。〔句股原有正方角九十度,則餘兩
角共九十度,故得一可知其二。〕

相似形

　　既知角,可以論形。有兩三角形,其各角之度相等,
則爲相似形,而兩形中各邊之比例相等。〔謂此形中各邊自相
較之比例,亦如彼形中各邊自相較之比例也。〕

比例

　　兩數相形則比例生。比例者,或相等,或大若干,

或小若干,乃兩數相比之差數也。有兩數於此,又有兩數於此,數雖不同,而其各兩數自相差之比例同,謂之比例等。

或兩小數相等,又有兩大數相等,是爲相等之比例。數雖有大小,其相等之比例均也。或兩小數相差三倍,又有兩大數亦相差三倍,是爲三倍之比例;或兩小數相差爲一倍有半,又有兩大數相差亦一倍有半,是爲一倍有半之比例。數雖有大小,其爲三倍之比例及一倍有半之比例均也。

論八線之比例有二:

一爲八線自相生之比例。

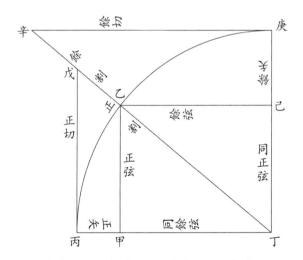

乙甲丁小句股形與戊丙丁大句股形相似,〔見前條。〕故以半徑乙丁比正弦乙甲,若割線戊丁與切線戊丙之比例也。〔此爲以小弦比小股,若大弦與大股。〕股求弦亦同。

又以半徑丙丁比正切戊丙，若餘弦甲丁與正弦乙甲之比例也。〔此爲以大句比大股，若小句比小股。〕股求句亦同。餘倣此。

以故凡八線中但得一線，則餘皆可求，觀圖自明。

一爲八線算他形之比例。

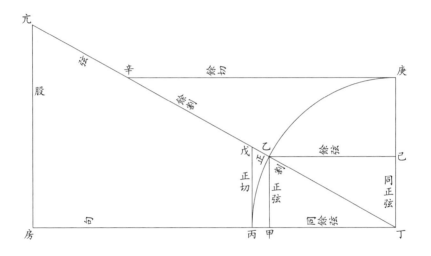

乙丁甲角所有八線，爲表中原設之數；亢丁房句股形，爲今所算之數。

或先有丁角，有亢丁弦，而求房丁句，則爲以乙丁半徑比甲丁餘弦，若亢丁弦與房丁句也。〔以角與句求弦亦同。〕以上是用八線以求他形。

或先有亢丁弦，有亢房股，而求丁角，則爲以亢丁弦比亢房股，若乙丁半徑與丁角之正弦乙甲也。〔得乙甲，得丁角矣。〕或先有亢房股與房丁句，而求丁角，則爲以亢房股

比房丁句,若丁庚半徑與庚辛餘切也。〔得庚辛,亦得丁角。〕
以上二者,是用他形轉求八線。

　　總而言之,皆以先有兩數之比例,爲後兩數之比例。
其乘除之法,皆依三率也〔一〕。

三率

　　三率算術,古謂之異乘同除,今以句股解之。

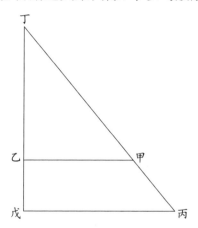

　　丁戊大股〔十四尺〕,丙戊大句〔十一尺二寸〕,截丁乙小股
〔十尺〕。問:乙甲截句。

　　答曰:八尺。

　　術以所截小股乘大句,得數爲實。以大股爲法除之,
即得截句。

〔一〕輯要本此下有"三率法詳筆算"六小字,删後"三率"一節。

異乘同除圖

原有股十四尺 爲法　　　原句十一尺二寸

同名相除　　異名相乘　　乘得一百一十二尺 爲實

截小股十尺　　　　　　　截句八尺 法除實得截句

　　若先以原股〔十四尺〕除原句〔十一尺二寸〕,得八寸,爲每一尺之句。再以截股〔十尺〕乘之,亦得八尺。但先除後乘,多有不盡之數,故改用先乘後除,乃古九章中通用之綱要也。

　　先乘後除何以又謂之異乘同除?曰:今但有截股,而不知句,故以原有之句乘之,股與句異名,故曰異乘;然後以原有之股除之,股與股同名,故曰同除。

　　然則又何以謂之三率?曰:本是以原有之股與句比今截之股與句,共四件也。然見有者只三件,〔原有之股與句,及今截之股。〕故必以見有之三件相爲乘除,而得所不知之第四件,故曰三率。

三率乘除圖式

一率	原有股十四尺	爲法
二率	原有句十一尺二寸	相乘爲實
三率	今截股十尺	
四率	所求截句八尺	法除實得所求

　　術曰:以原股比原句,若截股與截句也。

　　凡言"以"者爲一率,言"比"者爲二率,言"若"

者爲三率，言"與"者爲四率。

二率、三率常相乘爲實，一率常爲法，法除實得四率，四率乃所求之數。其三率者，所以求之也。

三率與異乘同除，非有二理，但以橫列爲異。然數既平列，即可以四率爲法，除二、三相乘之實，而得一率；并可以一率、四率相乘爲實，用二率爲法除之，而得三率；或用三率爲法除之，亦得二率。是故一、四、二、三之位可以互居，〔四可爲一，二可爲三。〕法實可以迭用。〔二與三可居一、四之位，一與四可居二、三之位。〕變動不居，惟用所適，而各有典常。於異乘同除之理，尤深切而著明者也。

三率互用圖

反之	更之	又反之
一句八尺	一股十尺	一句十一尺二寸
二股十尺	二句八尺	二股十四尺
三句十一尺二寸	三股十四尺	三句八尺
四股十四尺	四句十一尺二寸	四股十尺

右並以二率、三率相乘爲實，一率爲法除之，而得四率。

八線表

八線爲各弧各角之句股所成，故八線表者，即句股形之立成數也。古人用句股開方，已盡測量之理。然句股弦皆邊線耳,邊之數無方,放之則彌四遠,近之則陳几案,故所傳算術,皆以一端示例而已,不能備詳其數也。今變而用角,則有弧度三百六十以限之,而以象限盡全周,有合於舉一反三之旨。又析象限之度各六十分,凡爲句股形二千七百,角度五千四百,〔九十度之分五千四百,而句股形並有兩角,故其形二千七百,而角數倍之。〕爲正弦,爲切線,爲割線,共一萬六千二百,〔三項各五千四百,正餘互用也。〕而句股之形略備,用之殊便也。

鋭角分兩句股,鈍角補成句股。然惟有八線表中豫定之句股,故但得其角度,則諸數歷然,可於無句股中尋出句股矣。

半徑全數

全數即半徑也,不言半徑而言全數者,省文也。凡八線生於角度,而有角有弧,則有半徑,八線之數皆依半徑而立也。半徑常爲一,〔或五位,則爲一萬;或六位,則爲十萬。〕則正弦常爲半徑之分,〔正弦必小於半徑。〕而不得爲全數,惟半徑可稱全數也。〔割、切二線皆依正弦而生,亦皆有畸零,不得爲全數。〕

用全數爲半徑,有數善焉,一立表時易於求數也,一用表時便於乘除也。〔三率中全數爲除法,則但降位,可省一除;若全數爲乘法,則但升位,可省一乘。〕

曆書中多言"全數",〔或但曰"全"。〕以從省便。今算例中直云"半徑",以欲明比例之理,故質言之。

一卷補遺

正弦爲八線之主

割圓之法，皆作句股於圓内，以先得正弦，故古人祇用正弦，亦無不足。今用割、切諸線，而皆生於正弦。

古割圓圖[一]

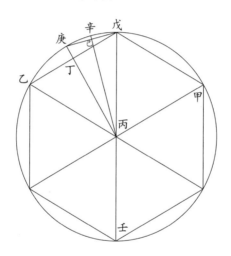

平圓徑二尺，〔即戊壬。〕半之一尺，〔即戊丙，庚丙等。〕爲圓裏六弧之一面。〔即乙戊。〕半徑〔戊丙〕爲弦，半面〔戊丁〕爲句，句弦求股，得股〔丁丙〕。轉減半徑〔庚丙〕，得餘〔庚丁〕爲小句。半面〔戊丁〕又爲小股，句股求弦，得小弦〔戊庚〕，是爲割六弧成十二弧之一面。如是累析爲二十四弧、四十八弧，至九十六弧以上，定爲徑一尺，周三尺一寸四

─────────────

〔一〕原無圖名，據康熙本補。

分有奇。

論曰：九章算經載劉徽割圓術，大略如此。其以半徑爲六弧之一面，與八線理合。半徑恒爲一，即全數；半面爲股，則正弦也。

趙氏割圓圖

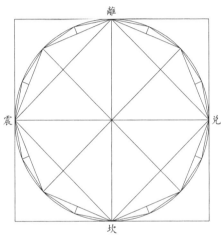

平方徑十寸，其積百寸，內作同徑之平圓，平圓內又作平方，正得外方之半，其積五十寸。平方開之，得七寸〇七有奇，〔即離震等四等面之通弦。〕乃自四隅之旁增爲八角曲圓，爲第一次。〔即八等面通弦。〕至第二次則爲曲十六，〔即十六等面通弦。〕第三次爲曲三十二。每次加倍，至十二次則爲曲一萬六千三百八十四，於是方不復方，漸變爲圓矣。其法逐節以大小句股弦幂相求，至十二次所得小弦，以一萬六千三百八十四乘之，得三十一寸四分一釐五毫九絲二忽，爲徑十寸之圓周，與祖沖之徑一百一十三、周三百五十五合。

論曰：元趙友欽革象新書所撰乾象周髀法，大略如此，所得周徑與西術同。其逐節所求皆通弦，所用小股皆正弦也。

又論曰：劉徽、祖冲之以割六弧起數，趙友欽以四角起數。今西術作割圜八線以六宗率，則兼用之。可見理之至者先後一揆，法之精者中西合轍。西人謂古人但知徑一圍三，未深攷也。

又論曰：中西割圜之法，皆以句股法求通弦，通弦半之爲正弦。割圜諸率皆自此出，總之爲句股之比例而已。

鈍角正弦〔一〕

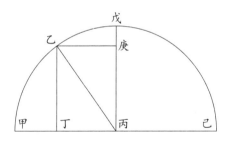

鈍角不立正弦，而即以外角之正弦爲正弦。

鈍角之正弦在形外，即外角之正弦也，故乙丙己鈍角與乙丙甲外角同以乙丁爲正弦。〔以鈍角減半周得外角，假如鈍角一百二十度，其所用者即六十度之正弦。〕乙丁線能爲乙丙甲角正弦，又能爲乙丙己鈍角正弦。八線表止於象限以此。〔因

〔一〕輯要本此條與次條“鈍角餘弦”合爲一目，題作“鈍角正弦餘弦”。

鈍角與外角同正弦，故表雖一象限，而實有半周之用。〕

鈍角餘弦

鈍角既以外角之正弦爲正弦，即以外角之餘弦爲餘弦。

如前圖，乙庚爲外角〔乙丙甲〕餘弦，而即爲鈍角〔乙丙己〕餘弦。

捷法：以正角〔戊丙己〕減鈍角〔乙丙己〕，得餘角〔戊丙乙〕，即得餘弦。

過弧 [一]

鈍角之弧爲過弧。

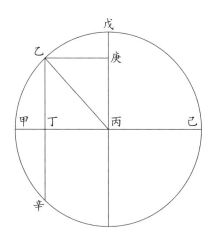

己戊爲象限弧，而乙戊己爲乙丙己鈍角之弧，是越象限

[一] 輯要本此條與次條"大矢"合爲一目，題作"過弧大矢"。

弧而過之也，故曰過弧。

大矢

鈍角之矢爲大矢。

如前圖，以乙丁辛弦分全圓，即全徑亦分爲二，則丁甲爲小半圓〔乙甲辛〕之徑，謂之正矢；丁己爲大半圓〔乙己辛〕之徑，謂之大矢。大矢者，鈍角所用也。鈍角與外角同用乙丁正弦、乙庚餘弦，所不同者惟矢。〔乙丙己角用大矢丁己，乙丙甲角用正矢丁甲。〕

捷法：以乙庚〔即丁丙。〕餘弦加己丙半徑，即得丁己大矢。〔若以餘弦減半徑，亦得正矢。〕

正角以半徑全數爲正弦

八線起〇度一分，至八十九度五十九分，並有正弦。而九十度無正弦，非無正弦也，蓋即以半徑全數爲其正弦。故凡算三角，有用半徑與正弦相爲比例者，皆正角也。〔其法與鋭角形、鈍角形用兩正弦爲比例同理，並詳後卷。〕

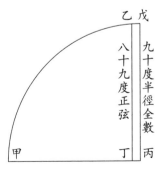

　　八十九度奇之正弦，至九九九九九而極。迨滿一象限，始能成半徑全數。是故半徑全數者，正角九十度之正弦也，其數爲一〇〇〇〇〇。

三角法舉要卷二

算　例

三角形有三類：

　　一曰句股形，即直角三邊形也，有正方角一，餘並銳角。

　　一曰銳角形，三角並銳。

　　一曰鈍角形，三角内有鈍角一，餘並銳角。

以上三類，總謂之三角形，其算之各有術。

句股形第一術　有一角一邊求餘角餘邊

内分二支：

　　一先有之邊爲弦。

　　一先有之邊爲句。〔或先有股，亦同。〕

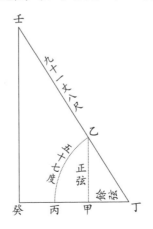

假如〔壬癸丁〕句股形,有丁角〔五十七度〕,壬丁弦〔九十一丈八尺〕,求餘角餘邊。

　　一求癸丁邊。

　　　術曰:以半徑全數比丁角之餘弦,若壬丁弦與癸丁句。〔半徑即丁乙,餘弦即甲丁。以丁乙比甲丁,若壬丁比丁癸。〕

一率〔原設弦〕	半徑		一〇〇〇〇〇	爲法
二率〔原設句〕	丁角〔五十七度〕	餘弦	〇五四四六四 [一]	相乘爲實
三率〔今有弦〕	壬丁邊		九十一丈八尺	
四率〔今所求句〕	癸丁邊		五十丈	法除實得所求

　　一求壬癸邊。

　　　術曰:以半徑比丁角之正弦,若壬丁弦與壬癸股。

一率〔原設弦〕	半徑		一〇〇〇〇〇	爲法
二率〔原設股〕	丁角〔五十七度〕	正弦	〇八三八六七	相乘爲實
三率〔今有弦〕	壬丁邊		九十一丈八尺	
四率〔今所求股〕	壬癸邊		七十七丈	法除實得所求

　　一求壬角。

以丁角〔五十七度〕與象限九十度相減,得餘三十三度,爲壬角。

　　計開:

先有之三件:

癸正方角〔九十度〕　丁角〔五十七度〕　壬丁弦〔九十一丈八尺〕

今求得三件:

癸丁句〔五十丈〕　壬癸股〔七十七丈〕　壬角〔三十三度〕

　　右例先得弦,以求句股也,是爲句股形第一術之第

〔一〕輯要本"〇五四四六四"下小字注"八線表內五十七度相對之數,他倣此"。

一支〔一〕。

假如〔壬癸丁〕句股形，有丁角〔六十二度〕，癸丁句〔二十四丈〕，求餘角餘邊。

　一求壬角。

以丁角〔六十二度〕與象限相減，得餘二十八度，爲壬角〔二〕。

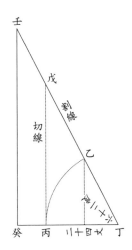

〔戊丙丁句股形，以戊丙切線爲股，丙丁半徑爲句，戊丁割線爲弦，是丁角原有之線。〕

〔今壬癸丁句股形既同丁角，則其比例等。〕

　一求壬丁邊。

　　術爲以半徑比丁角之割線，若癸丁句與壬丁弦。

一〔原設句〕　半徑　　　　　一〇〇〇〇〇　　爲法

二〔原設弦〕	丁角〔六十二度〕割線	二一三〇〇五	
三〔今有句〕	癸丁邊	二十四丈	相乘爲實
四〔所求弦〕	壬丁邊	五十一丈一尺	法除實得所求

　　一求壬癸邊。

　　　術爲以半徑比丁角之切線，若癸丁句與壬癸股。

一〔原設句〕	半徑	一〇〇〇〇〇	爲法
二〔原設股〕	丁角〔六十二度〕切線	一八八〇七三	
三〔今有句〕	癸丁邊	二十四丈	相乘爲實
四〔所求股〕	壬癸邊	四十五丈一尺	法除實得所求

　　　計開：

　　先有之三件：

　　癸正方角　丁角〔六十二度〕　癸丁句〔二十四丈〕

　　今求得三件：

　　壬角〔二十八度〕　壬丁弦〔五十一丈一尺〕

　　壬癸股〔四十五丈一尺〕

　　　右例先得句，以求弦及股也；或先得股，以求弦及句，亦同。是爲句股形第一術之第二支。

句股形第二術　　有邊求角

　　亦分二支：

　　　一先有二邊。

　　　一先不知正方角而有三邊。〔新增。〕

　　假如〔壬癸丁〕句股形，有壬丁弦〔一百零二丈二尺〕，癸丁句〔四十八丈〕，求二角一邊。

　　　一求丁角。

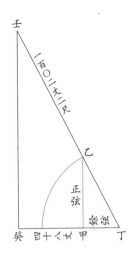

術爲以壬丁弦比癸丁句,若半徑乙丁與丁角之餘弦
甲丁。

一　壬丁邊　　一百〇二丈二尺　　今有之弦爲法
二　癸丁邊　　〇四十八丈　　　　今有之句
三　半徑　　　一〇〇〇〇〇　　　原設之弦　　相乘爲實
四　丁角餘弦　〇四六九四七[一]　法除實得所求原設句

依術求得丁角六十二度。〔以所得餘弦檢表即得。〕

　一求壬角。

以丁角〔六十二度〕與象限相減,得餘二十八度,爲壬角。

　一求壬癸邊。

術爲以半徑比丁角之正弦,若壬丁弦與壬癸股。

〔一〕〇四六九四七,原作"〇四六九六六",各本皆同。按:以二率四十八丈乘
三率,除以一率一百〇二丈二尺,當得〇四六九四七,即六十二度餘弦值。據
演算改。

一　半徑　　　　　　一〇〇〇〇〇
二　丁角〔六十二度〕正弦　〇八八二九五
三　壬丁邊　　　　　一百〇二丈二尺
四　壬癸邊　　　　　〇九十丈〇二尺三寸

計開：

先有之三件：

壬丁弦〔一百〇二丈二尺〕　癸丁句〔四十八丈〕　癸正方角

今求得三件：

丁角〔六十二度〕　壬角〔二十八度〕　壬癸股〔九十丈〇二尺三寸〕

　　右例以邊求角，而先知方角，故只用二邊也。是爲句股形第二術之第一支。〔此先有二邊爲弦與句，故用正餘弦；若先有者是句與股，則用切線。其比例之理一也。〕

　　假如〔壬癸丁〕三角形，有壬丁邊〔一百〇六丈〕，壬癸邊〔九十丈〕，癸丁邊〔五十六丈〕，求角。

　　一求癸角。

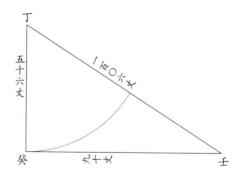

　　術以壬丁大邊與丁癸邊相加得〔一百六十二丈〕爲

總，又相減得〔五十丈〕爲較，以較乘總，得〔八千一百丈〕爲實。以壬癸邊〔九十丈〕爲法除之，仍得〔九十丈〕，與壬癸邊數等，即知癸角爲正方角。

依術求得癸角爲正方角，定爲句股形。

一求丁角。

術爲以丁癸邊比壬癸邊，若半徑與丁角之切線。

一　丁癸句　　五十六丈

二　壬癸股　　九十丈

三　半徑　　　一〇〇〇〇〇

四　丁角切線　一六〇七一四

依術求得丁角五十八度〇六分。〔以所得切線檢表即得。〕

一求壬角。

以丁角〔五十八度〇六分〕與象限相減，得餘三十一度五十四分，爲壬角。

計開：

先有三邊：

壬丁邊〔一百零六丈〕　壬癸邊〔九十丈〕　癸丁邊〔五十六丈〕

求得三角：

癸正方角　丁角〔五十八度零六分〕　壬角〔三十一度五十四分〕

右例亦以邊求角，而先不知其爲句股形，故兼用三邊。是爲句股形第二術之第二支。

銳角形第一術　　有兩角一邊求餘角餘邊

假如〔乙丙丁〕銳角形,有丙角〔六十度〕,丁角〔五十度〕,丙丁邊〔一百二十尺〕。

先求乙角。

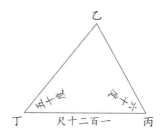

術以丙角〔六十度〕、丁角〔五十度〕相併,得〔一百一十度〕,以減半周一百八十度,餘七十度,爲乙角。

次求乙丁邊。

術爲以乙角正弦比丙丁邊,若丙角正弦與乙丁邊。

一　乙角〔七十度〕正弦　　九三九六九

二　丙丁邊〔即乙角對邊〕　一百二十尺

三　丙角〔六十度〕正弦　　八六六〇三

四　乙丁邊〔即丙角對邊〕　一百一十尺〇六寸

次求乙丙邊。

術爲以乙角正弦比丙丁邊,若丁角正弦與乙丙邊。

一　乙角〔七十度〕正弦　　九三九六九

二　丙丁〔乙角對邊〕　　　一百二十尺

三　丁角〔五十度〕正弦　　七六六〇四

四　乙丙〔丁角對邊〕　　〇九十七尺八寸

計開：

先有之三件：

丙角〔六十度〕　丁角〔五十度〕　丙丁邊〔一百二十尺〕

今求得三件：

乙角〔七十度〕　乙丁邊〔一百一十尺零六寸〕

乙丙邊〔九十七尺八寸〕

　　右例先有之邊在兩角之間也。若先有之邊與一角相對，亦同。蓋三角形有兩角，即有第三角，故無兩法。

鋭角形第二術　　有一角兩邊求餘角餘邊

此分二支：

　一先有之角與一邊相對。

　一先有之角不與邊相對。

假如〔甲乙丙〕鋭角形，有丙角〔六十度〕，甲丙邊〔八千尺〕，甲乙邊〔七千零三十四尺〕。

　　先求乙角。

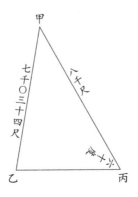

術爲以甲乙邊比甲丙邊,若丙角正弦與乙角正弦。

一　甲乙〔丙角對邊〕　　七千〇三十四尺

二　甲丙〔乙角對邊〕　　八千尺

三　丙角〔六十度〕正弦　八六六〇三

四　乙角正弦　　　　　　九八四九六

檢正弦表,得乙角八十度〇三分。

次求甲角。

以丙角、乙角相併,得〔一百四十度〇三分〕,以減半周,餘三十九度五十七分,爲甲角。

次求乙丙邊。

術爲以乙角之正弦比甲角之正弦,若甲丙邊之與乙丙邊。

一　乙角〔八十度〇三分〕正弦　　九八四九六

二　甲角〔三十九度五十七分〕正弦　六四二一二

三　甲丙〔乙角對邊〕　　八千尺

四　乙丙〔甲角對邊〕　　五千二百一十五尺

計開:

先有之三件:

丙角〔六十度〕　甲丙邊〔八千尺〕　乙甲邊〔七千〇三十四尺〕

今求得三件:

乙角〔八十度〇三分〕　甲角〔三十九度五十七分〕

乙丙邊〔五千二百一十五尺〕

右例有兩邊一角而角與一邊相對,是爲銳角形第二術之第一支。

假如〔甲乙丙〕銳角形，有甲丙邊〔四百尺〕，乙丙邊〔二百六十一尺〇八分〕，丙角〔六十度〕，角在兩邊之中，不與邊對，求甲乙邊。

先求中長線，分爲兩句股形。

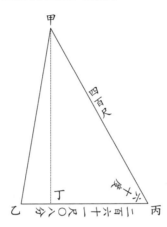

術爲以半徑比丙角正弦，若甲丙邊與甲丁中長線。

一　半徑　　　　　　　　一〇〇〇〇〇
二　丙角〔六十度〕正弦　〇八六六〇三
三　甲丙邊　　　　　　　四百尺
四　甲丁中長線　　　　　三百四十六尺四寸一分

次求丙丁邊。〔即所分甲丁丙形之句，而甲丙爲之弦。〕

術爲以半徑比丙角餘弦，若甲丙邊與丙丁邊。

一　半徑　　　　　　　　一〇〇〇〇〇
二　丙角〔六十度〕餘弦　〇五〇〇〇〇
三　甲丙邊　　　　　　　四百尺
四　丙丁邊　　　　　　　二百尺

次求乙丁邊。〔即所分甲丁乙形之句,而甲丁爲之股。〕

以丙丁與丙乙相減,餘六十一尺〇八分,爲乙丁。

次求丁甲乙分角。〔即分形甲丁乙句股之甲角。〕

術爲以甲丁中長線比乙丁分邊,若半徑與甲分角切線。

一　甲丁中長線　　三百四十六尺四寸一分

二　乙丁分邊　　　〇六十一尺〇八分

三　半徑　　　　　一〇〇〇〇〇

四　甲分角切線　　〇一七六三三

檢切線表,得一十度,爲甲分角。

末求甲乙邊。

術爲以半徑比甲分角割線,若甲丁中長線與甲乙邊。

一　半徑　　　　　　　　一〇〇〇〇〇

二　甲分角〔十度〕割線　　一〇一五四三

三　甲丁中長線　　　　　三百四十六尺四寸一分

四　甲乙邊　　　　　　　三百五十一尺七寸五分

求甲全角。

以丙角〔六十度〕之餘角三十度,〔即分形甲丁丙之甲分角。〕與求到甲分角〔一十度〕相併,得四十度,爲甲全角。

求乙角[一]。

以甲分角〔一十度〕減象限,得八十度,爲乙角。〔或併丙、

〔一〕"求甲全角""求乙角"二條,輯要本删。

甲二角以減半周,亦同。〕

計開:

先有之三件:

甲丙邊〔四百尺〕　乙丙邊〔二百六十一尺〇八分〕

丙角〔六十度〕

今求得三件:

甲乙邊〔三百五十一尺七寸五分〕　甲角〔四十度〕

乙角〔八十度〕

右例有兩邊一角,而角在兩邊之中,不與邊對,故用分形以取句股。是爲鋭角形第二術之第二支。

又術〔新增。〕　用切線分外角

假如〔甲乙丙〕鋭角形,有甲丙邊〔四百尺〕,乙丙邊〔二百六十一尺〇八分〕,丙角〔六十度〕。此即前例,但徑求甲角。

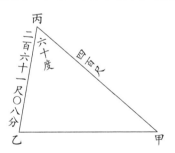

術以〔甲丙、乙丙〕兩邊相併爲總,相減爲較。又以丙角〔六十度〕減半周,得外角〔一百二十度〕,半之,得半外角〔六十度〕。檢其切線,依三率法,求得半較角,以減半外角,得甲角。

一　兩邊總　　　六百六十一尺〇八分

二　兩邊較　　　一百三十八尺九寸二分

三　半外角切線　一七三二〇五

四　半較角切線　〇三六三九七

　　檢切線表，得〔二十度〕，爲半較角，轉與半外角〔六十度〕相減，得甲角四十度。

　　次求乙角。

併甲、丙二角共〔一百度〕，以減半周，得餘八十度，爲乙角。

　　次求甲乙邊。

一　甲角〔四十度〕正弦　六四二七九

二　丙角〔六十度〕正弦　八六六〇三

三　乙丙邊　　　　　　二百六十一尺〇八分

四　甲乙邊　　　　　　三百五十一尺七寸五分

銳角形第三術　有三邊求角

假如〔甲乙丙〕銳角形，有乙丙邊〔二十丈〕，甲丙邊〔一十七丈五尺八寸五分〕，乙甲邊〔一十三丈〇五寸〕。

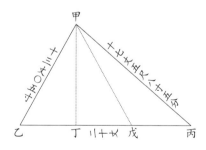

術曰：任以〔乙丙〕大邊爲底，從甲角作甲丁虛垂

線至底,分爲兩句股形:

一甲丁丙形,以甲丙邊爲弦,丁丙爲句。

一甲丁乙形,以甲乙邊爲弦,丁乙爲句。

兩弦相併爲總,相減爲較。兩句相併〔即乙丙邊原數。〕爲句總。求兩句相減之數爲句較。

術爲以句總比弦總,若弦較與句較也。

一　兩句之總〔即乙丙〕　　二十丈

二　兩弦之總　　　　　　三十丈〇六尺三寸五分

三　兩弦之較　　　　　　四丈五尺三寸五分

四　兩句之較〔即丙戊〕　六丈九尺四寸六分

　求分形之兩句。

以句較〔六丈九尺四寸六分〕減句總,〔二十丈,即乙丙。〕餘乙戊〔一十三丈〇五寸四分〕,半之,得丁乙〔即戊丁。〕六丈五尺二寸七分,爲〔甲丁乙〕分形之句。

又以戊丁〔六丈五尺二寸七分〕加句較,〔六丈九尺四寸六分,即戊丙。〕得丁丙一十三丈四尺七寸三分,爲〔甲丁丙〕分形之句。

　求丙角。

術爲以甲丙弦比丁丙句,若半徑與丙角之餘弦。

一　甲丙邊　　一十七丈五尺八寸五分

二　丁丙分邊　一十三丈四尺七寸三分

三　半徑　　　一〇〇〇〇〇

四　丙角餘弦　〇七六六一六

　檢餘弦表,得丙角四十度。

求甲角。

術先求分形大半之甲角。

以丙角〔四十度〕減象限，餘五十度，爲〔丁甲丙〕分形之甲角。

次求分形小半之甲角。

術爲以甲乙弦比丁乙句，若半徑與分形甲角之正弦。

一　甲乙邊　　　一十三丈〇五寸

二　丁乙分邊　　〇六丈五尺二寸七分

三　半徑　　　　一〇〇〇〇〇

四　甲分角正弦　〇五〇〇一五

檢正弦表，得三十度，爲〔丁甲乙〕分形之甲角。

併分形兩甲角，〔先得五十度，後得三十度。〕得共八十度，爲甲全角。

求乙角。

併丙、甲二角共〔一百二十度〕，以減半周，得餘六十度，爲乙角。

計開：

先有三邊：

甲丙邊〔一十七丈五尺八寸五分〕　乙丙邊〔二十丈〕

乙甲邊〔一十三丈〇五寸〕

求得三角：

丙角〔四十度〕　甲角〔八十度〕　乙角〔六十度〕

鈍角形第一術　　有兩角一邊求餘角餘邊

假如〔乙丙丁〕鈍角形,有丙角〔三十六度半〕,乙角〔二十四度〕,丁乙邊〔五十四丈〕。

先求丁角。

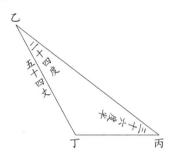

術以丙、乙二角併之,共〔六十度半〕,以減半周,得餘一百一十九度半,爲丁鈍角。

次求乙丙邊。

術爲以丙角正弦比丁角正弦,若乙丁邊與乙丙邊。

一　丙角〔三十六度三十分〕正弦　　五九四八二

二　丁角〔一百十九度三十分〕正弦　八七〇三六

三　乙丁邊　　　　　　　　　　　五十四丈

四　乙丙邊　　　　　　　　　　　七十九丈〇一寸

右所用丁角正弦,即六十度半正弦,以鈍角度減半周用之。凡鈍角並同。

求丁丙邊。

術爲以丙角正弦比乙角正弦,若乙丁邊與丁丙邊。

一　丙角〔三十六度三十分〕正弦　　五九四八二

二　乙角〔二十四度〕正弦　　　　　四〇六七四

三　乙丁邊　　　　　　　　五十四丈

四　丁丙邊　　　　　　　　三十六丈九尺二寸

　計開：

先有之三件：

丙角〔三十六度半〕　乙角〔二十四度〕　丁乙邊〔五十四丈〕

今求得三件：

丁鈍角〔一百一十九度半〕　乙丙邊〔七十九丈〇一寸〕

丁丙邊〔三十六丈九尺二寸〕

鈍角形第二術　　有一角兩邊求餘角餘邊

亦分二支：

　一先有對角之邊。

　一先有二邊，皆角旁之邊，而不對角。

假如〔甲乙丙〕鈍角形，有乙角〔九十九度五十七分〕，甲丙對

邊〔四千尺〕，甲乙邊〔三千五百一十七尺〕。

　　求丙角。

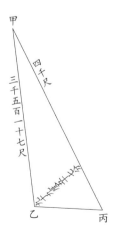

術爲以甲丙對邊比甲乙邊,若乙角正弦與丙角正弦。

一　甲丙邊　　　　　　四千尺

二　甲乙邊　　　　　　三千五百一十七尺

三　乙角〔九十九度五十七分〕正弦　九八四九六〔即八十度三分正弦〕

四　丙角正弦　　　　　八六六〇三

　　檢表,得丙角六十度。

　求甲角。

併乙、丙二角〔共一百五十九度五十七分〕,以減半周,得餘二十度〇三分,爲甲角。

　　求乙丙邊。

　　術爲以乙角之正弦比甲角之正弦,若甲丙對邊與乙丙邊。

一　乙角〔九十九度五十七分〕正弦　九八四九六〔一〕

二　甲角〔二十度零三分〕正弦　三四二八四

三　甲丙邊　　　　　　四千尺

四　乙丙邊　　　　　　一千三百九十二尺

　計開:

先有之三件:

乙鈍角〔九十九度五十七分〕　甲丙邊〔四千尺〕

甲乙邊〔三千五百一十七尺〕

今求得三件:

〔一〕九八四九六,原作"九八四六九",各本皆同,據前文"求丙角"改。

丙角〔六十度〕　　甲角〔二十度〇三分〕

乙丙邊〔一千三百九十二尺〕

　　右例有兩邊一角，而先有對角之邊，是爲鈍角形第二術之第一支。

　　假如〔乙丁丙〕鈍角形，有乙丁邊〔一千零八十尺〕，乙丙邊〔一千五百八十二尺〕，乙角〔二十四度〕。角在兩邊之中，不與邊對。

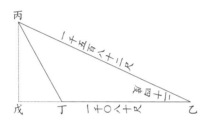

　　術先求形外之虛垂線，補成正方角。從不知之丙角作虛垂線於形外，如丙戊；亦引乙丁線於形外，如丁戊。兩虛線遇於戊，成正方角。

　　術爲以半徑比乙角正弦，若乙丙邊與丙戊。

一　半徑　　　　　　　　一〇〇〇〇〇

二　乙角〔二十四度〕正弦　〇四〇六七四

三　乙丙邊　　　　　　　一千五百八十二尺

四　丙戊邊〔即虛垂線〕　　〇六百四十三尺

　　又以半徑比乙角之餘弦，若乙丙邊與乙戊。

一　半徑　　　　　　　　一〇〇〇〇〇

二　乙角〔二十四度〕餘弦　〇九一三五五

三　乙丙邊　　　　　　　一千五百八十二尺

四　乙戊邊〔即乙丁引長線〕　一千四百四十五尺

以原邊乙丁〔一千〇八十尺〕與引長乙戊邊相減,得丁戊〔三百六十五尺〕,爲形外所作虛句股形之句。〔則先得丙戊垂線爲股,而原邊丁丙爲之弦。〕

求丁丙邊。

依句股求弦術,以丙戊股自乘〔四十一萬三千四百四十九尺〕、丁戊句自乘〔一十三萬三千二百二十五尺〕併之,得數〔五十四萬六千六百七十四尺〕爲實。平方開之,得弦七百三十九尺,爲丁丙邊。

求丙角。

術爲以丁丙邊比丁乙邊,若乙角正弦與丙角正弦。

一　丁丙邊　　　　　〇七百三十九尺
二　丁乙邊　　　　　一千〇八十尺
三　乙角〔二十四度〕正弦　四〇六七四
四　丙角正弦　　　　五九四四二

檢表,得丙角三十六度二十九分。

求丁角。

併乙、丙二角共〔六十度二十九分〕,以減半周,得餘一百一十九度三十一分,爲丁鈍角。

計開:

先有之三件:

乙丁邊〔一千零八十尺〕　乙丙邊〔一千五百八十二尺〕

乙角〔二十四度〕

今求得三件:

丁丙邊〔七百三十九尺〕　丙角〔三十六度二十九分〕

丁鈍角〔一百一十九度三十一分〕

　　右例有兩邊一角,而兩邊並在角之兩旁,不與角
對。是爲鈍角形第二術之第二支。

又術〔新增。〕　用切線分外角

　　假如〔乙丙丁〕鈍角形,有丁乙邊〔五百四十尺〕,丙乙邊
〔七百九十一尺〕,乙角〔二十四度〕。角在兩邊之中,不與邊對。

　　求丙角。

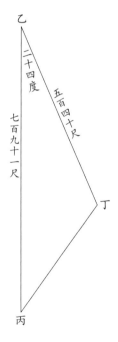

　　以〔丁乙、丙乙〕兩邊相併爲總,相減爲較。又以乙角
〔二十四度〕減半周,得外角〔一百五十六度〕,半之,得半外角

〔七十八度〕。檢其切線，得四七〇四六三。

術爲以邊總比邊較，若半外角切線與半較角切線。

一　兩邊之總　　一千三百三十一尺

二　兩邊之較　　〇二百五十一尺

三　半外角切線　四七〇四六三

四　半較角切線　〇八八七一九

檢表，得半較角〔四十一度三十五分〕，以轉減半外角〔七十八度〕，得餘三十六度二十五分，爲丙角。

求丁角。

併乙、丙二角共〔六十度二十五分〕，以減半周，得一百一十九度三十五分，爲丁鈍角。

求丁丙邊。

術爲以丙角正弦比乙角正弦，若乙丁邊與丁丙邊。

一　丙角〔三十六度二十五分〕正弦　五九三六五

二　乙角〔二十四度〕正弦　　　　　四〇六七四

三　乙丁邊　　　　　　　　　　　　五百四十尺

四　丁丙邊　　　　　　　　　　　　三百六十九尺九寸
　　　　　　　　　　　　　　　　　八分

計開：

先有之三件：

丁乙邊〔五百四十尺〕　丙乙邊〔七百九十一尺〕

乙角〔二十四度〕

今求得三件：

丙角〔三十六度二十五分〕　丁鈍角〔一百一十九度三十五分〕

丁丙邊〔三百六十九尺九寸八分〕

鈍角形第三術　　有三邊求角〔新式。〕

假如〔乙丙丁〕鈍角形,有乙丙邊〔三百七十五尺〕,乙丁邊〔六百〇七尺〕,丁丙邊〔三百尺〕。

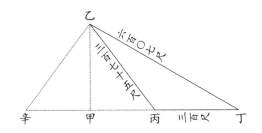

　　術自乙角作虛垂線至甲,又引丁丙線橫出遇於甲,而成正方角,則成乙甲丁句股形。

　　又引橫線至辛,使甲辛如丙甲,成乙甲辛句股形,則丁辛爲兩句之總,而所設丁丙邊爲兩句之較。

　　又乙丁邊爲大形〔乙甲丁〕之弦,乙丙邊爲小形〔乙甲辛,即乙甲丙。〕之弦,兩弦相併爲總,相減爲較。

　　術爲以句較比弦較,若弦總與句總。

一　句較〔即丁丙邊〕　　　　三百尺

二　弦較〔即乙丁内減乙丙之餘〕　　二百三十二尺

三　弦總〔即乙丁、乙丙二邊相併〕　九百八十二尺

四　句總　　　　　　　　　七百五十九尺四寸

　　以句較〔三百尺〕減所得句總〔七百五十九尺四寸〕,餘數〔四百五十九尺四寸〕半之,得數〔二百二十九尺七寸〕,爲小

形之句甲丙。

以甲丙〔小形之句〕加丁丙較〔三百尺〕，得數〔五百二十九尺七寸〕，爲大形之句甲丁。

求丁角。〔用乙甲丁大形。〕

術爲以乙丁弦比丁甲句，若半徑與丁角之餘弦。

一　乙丁弦　　六百〇七尺

二　甲丁句　　五百二十九尺七寸

三　半徑　　　一〇〇〇〇〇

四　丁角餘弦　〇八七二六五

檢表，得丁角二十九度一十四分。

求丙角。〔用乙甲丙小形。〕

術爲以甲丙句比乙丙弦，若半徑與丙角之割線。

一　甲丙句　　二百二十九尺七寸

二　乙丙弦　　三百七十五尺

三　半徑　　　一〇〇〇〇〇

四　丙角割線　一六三二五六

檢表，得丙角〔五十二度一十四分〕，爲本形之丙外角。以減半周，得丙鈍角一百二十七度四十六分。

求乙角。

併丁、丙二角所得度分〔共一百五十七度〕，以減半周，得餘二十三度，爲乙角。

計開：

先有三邊：

乙丙邊〔三百七十五尺〕　乙丁邊〔六百〇七尺〕

丁丙邊〔三百尺〕

求得三角：

丁角〔二十九度一十四分〕　丙鈍角〔一百二十七度四十六分〕

乙角〔二十三度〕

　　右例鈍角形三邊求角，作垂線於形外，徑求鈍角，乃新式也。若以大邊爲底，從鈍角分中長線，同銳角第三術。

三角法舉要卷三

内容外切〔三角測量之用，在邊與角，而其内容外切，亦所當明，故次於算例之後。〕

内容有二：曰本形，曰他形。

　一三角求積。

　　積謂之冪，亦謂之面，乃本形所有。

　一三角容員。

　一三角容方。

　　以上皆形内所容之他形。

外切惟一：

　一三角形外切之員。

三角求積第一術

底與高相乘，折半見積。

内分二支：

　一句股形，即以句股爲底爲高。

　一鋭角、鈍角形，任以一邊爲底，而求其垂線爲高。

假如句股形，甲乙股〔一百二十尺〕，乙丙句〔三十五尺〕，求積。

術以甲乙股、乙丙句相乘〔四千二百尺〕,折半得積。

凡求得句股形積二千一百尺。

如圖,甲乙股與乙丙句相乘,成甲乙丙丁長方形,
其形半實半虛,故折半見積。

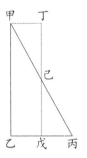

或以句折半〔十七尺半〕乘股,亦得積〔二千一百尺〕。

如圖,乙丙句折半於戊,以乙戊乘甲乙,成甲乙戊
丁形,是移丙戊己補甲丁己也。

或以股折半〔六十尺〕乘句,亦得積〔二千一百尺〕。

如圖,甲乙股折半於己,以己乙乘乙丙,成己乙丙
丁形,是移甲己戊補戊丁丙也。

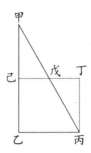

　　右句股形以句爲底，以股爲高。若以股爲底，則句又爲高，可互用也。

　　句股形有立有平，若平地句股，以句爲闊，以股爲長，其理無二。

　　論曰：凡求平積，皆謂之冪。其形如網目，又似窗櫺之空，皆以橫直相交如十字，亦如機杼之有經緯而成布帛，故句股是其正法。何也？句股者，方形斜剖之半也，折半則成正剖之半方形矣。其他銳角、鈍角，或有直無橫，有橫無直，必以法求之，使成句股，然後可算。故句股者，三角法所依以立也。

　　假如銳角形，甲乙邊〔二百三十二尺〕，甲丙邊〔三百四十尺〕，乙丙邊〔四百六十八尺〕，求積。

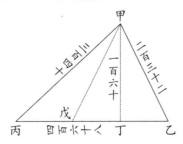

術先求垂線，用銳角第三術，任以乙丙邊爲底，以甲丙、甲乙爲兩弦。兩弦之較數〔一百零八尺〕、總數〔五百七十二尺〕相乘〔六萬一千七百七十六尺〕爲實，以乙丙底爲法除之，得數〔一百三十二尺〕轉減乙丙，餘數〔三百三十六尺〕半之，得乙丁〔一百六十八尺〕。依句股法，以乙丁自乘〔二萬八千二百二十四尺〕與甲乙自乘〔五萬三千八百二十四尺〕相減，餘數〔二萬五千六百尺〕平方開之，得甲丁垂線〔一百六十尺〕。以甲丁垂線折半，乘乙丙底，得積。

凡求得銳角形積三萬七千四百四十尺。

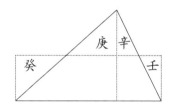

如圖，移辛補壬，移庚補癸，則成長方形，即垂線折半乘底之積。

右銳角形任以乙丙邊爲底，取垂線求積。若改用甲乙或甲丙邊爲底，則所得垂線不同，而得積無異，故可以任用爲底。

假如鈍角形，甲乙邊〔五十八步〕，甲丙邊〔八十五步〕，乙丙邊〔三十三步〕，求積。

術求垂線立於形外，用鈍角第三術，以乙丙爲底，甲乙、甲丙爲兩弦，總數〔一百四十三步〕、較數〔二十七步〕相乘〔三千八百六十一步〕爲實，乙丙底爲法除之，得數〔一百一十七步〕，

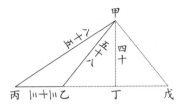

内減乙丙，餘數〔八十四步〕折半〔四十二步〕，爲乙丁。〔即乙丙引長邊。〕依句股法，乙丁自乘〔一千七百六十四步〕、甲乙自乘〔三千三百六十四步〕相減，餘數〔一千六百步〕平方開之，得甲丁〔四十步〕，爲形外垂線。以乙丙底折半〔十六步半〕乘之，得積。

凡求得鈍角形積六百六十步。

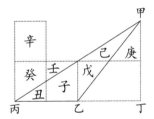

如圖，甲乙丙鈍角形，移戊補庚，移庚、己補壬、癸，又移壬、子補辛，成辛癸丑長方，即乙丙底折半乘中長甲丁之積。

右鈍角形以乙丙爲底，故從甲角作垂線。若以甲乙爲底，則自丙角作垂線，亦立形外，而垂線不同，然以之求積並同。若以甲丙爲底，從乙角作垂線，則在形内，如銳角矣。其垂線必又不同，而其得積無有不同。故亦可任用一邊爲底。

凡用垂線之高乘底見積，必其線上指天頂，底線之橫下應地平，兩線相交，正如十字。故其所乘之冪積，皆成小平方，可以虛實相補，而求其積數。鈍角形引長底線以作垂線，立於形外，則兩線相遇，亦成十字正方之角矣。

總論曰：三角形作垂線於內，則分兩句股；鈍角形作垂線於外，則補成句股，皆句股法也。

三角求積第二術

以中垂線乘半周得積，謂之以量代算。

假如鈍角形，乙丙邊〔五十八步〕，甲乙邊〔一百一十七步〕，甲丙邊〔八十五步〕，求積。

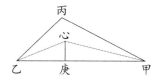

術平分甲、乙兩角，各作線會於心，從心作十字垂線至乙甲邊，〔如心庚。〕即中垂線也。乃量取中垂線〔心庚〕得數〔一十八步〕，合計三邊而半之〔一百三十步〕，爲半周。以半周乘中垂線，得積。

凡求得鈍角形積二千三百四十步。

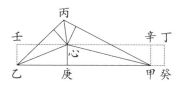

又術：如前取中垂線〔心庚〕爲闊，半周爲長，〔如乙癸及丁壬。〕別作一長方形，〔如乙壬丁癸。〕即與〔甲乙丙〕鈍角形等積。

解曰：凡自形心作垂線至各邊皆等，故中垂線乘半周，爲一切有法之形所公用。方員及五等面、六等面至十等面以上，並同。故以中垂線爲闊，半周爲長，其所作長方形即與三角形等積。

又解曰：中垂線至邊，皆十字正方角，即分各邊成句股形，以乘半周得積，即句股相乘折半之理。

附分角術

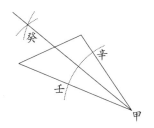

有甲角，欲平分之。

術以甲角爲心，作虛半規，截角旁兩線，得辛、壬二點。乃自辛自壬各用爲心，作弧線相遇於癸。作癸甲線，即分此角爲兩平分。

三角求心術

如上分角術，於甲角平分之，於乙角又平分之。兩平分之線必相遇成一點，此一點即三角形之心。

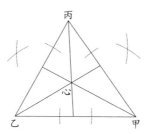

解曰：試再於丙角如上法分之，則亦必相遇於原點。

三角求積第三術

以三較連乘，又乘半總，開方見積。

假如鈍角形，甲乙邊〔一百一十六尺〕，甲丙邊〔一百七十尺〕，乙丙邊〔二百三十四尺〕，求積。

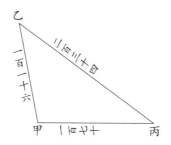

術合計三邊而半之〔二百六十尺〕，爲半總。以與甲乙邊相減，得較〔一百四十四尺〕；與甲丙邊相減，得較〔九十尺〕；與乙丙邊相減，得較〔二十六尺〕。三較連乘，〔以兩較相乘得數，又以餘一較乘之也。〕得數〔三十三萬六千九百六十尺〕。又以半總乘之^{〔一〕}，得數〔八千七百六十萬零九千六百尺〕。平方開之，得積。

〔一〕半總乘之，“乘”原作“較”，據康熙本、二年本、輯要本改。

凡求得鈍角形積九千三百六十尺。

若係鋭角,同法。

解曰:此亦中垂線乘半周之理,但所得爲冪乘冪之數,故開方見積。詳"或問"。

三角容員第一術

以弦與句股求容員徑。〔此術惟句股形有之,凡句、股相併爲和,以和與弦併爲弦和和,以和與弦相減爲弦和較。〕

假如〔甲乙丙〕句股形,甲丙句〔二十步〕,乙甲股〔二十一步〕,乙丙弦〔二十九步〕,求容員徑。

術以句股和〔四十一步〕與弦相減,得數,爲容員徑。

凡求得内容員徑一十二步。

解曰:此以弦和較爲容員徑。

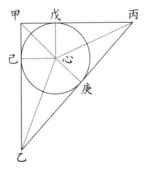

如圖,從容員心作半徑至邊,又作分角線至角,成六小句股形,則各角旁之兩線相等。〔如丙戊、丙庚兩線在丙角旁,則相等;乙庚、乙己在乙角旁,甲戊、甲己在甲角旁,並兩線相等。〕其在正方角旁者,〔甲戊、甲己。〕乃弦和較也。〔於乙丙弦内,分丙庚以對丙戊,又分乙庚以對乙己,則其餘爲甲戊及甲己,此即句股和與乙丙弦相較之數也。〕**然即爲內容員徑,何也?各角旁兩線並自相等,而正方角旁之兩線又皆與容員半徑等。**〔正方角旁兩小形之角,皆平分方角之半,則句股自相等,而甲戊等心戊,甲己等心己。〕**然則弦和較者,正方角旁兩線**〔甲戊、甲己〕**之合,即容員兩半徑**〔心戊、心己〕**之合也,故弦和較即容員徑也。**

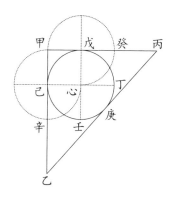

　　試以甲戊爲半徑作員,則戊心亦半徑,而其全徑〔癸戊甲〕與容員徑〔丁心己〕等。以甲己爲半徑作員,則己心亦半徑,而其全徑〔辛己甲〕與容員徑〔戊心壬〕亦等。

三角容員第二術

以周與積求容員徑。

內分二支:

　　一句股形,以弦和和爲用。〔亦可用半。〕

　　一銳角、鈍角形,以全周半周爲用。

假如〔甲乙丙〕句股形,甲丙句〔一十六步〕,甲乙股〔三十步〕，乙丙弦〔三十四步〕，求容員徑。

術以句股相乘得數〔四百八十步〕爲實，併句股弦數〔共八十步〕爲法除之，得數倍之，爲容員徑。

凡求得容員徑一十二步。

解曰：此以弦和和除句股倍積，得容員半徑也。

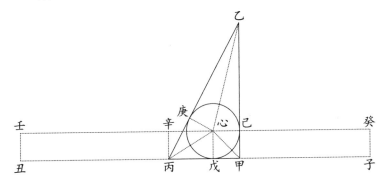

如圖，從容員心作對角線，分其形爲三。〔一甲心丙，一甲心乙，一丙心乙。〕乃於甲丙句線兩端各引長之，截子甲如乙甲股，截丙丑如丙乙弦，則子丑線即弦和和也。乃自員心作癸壬直線與丑子平行，兩端各聯之，成長方。又作辛丙線，分爲三長方形，其闊並如員半徑，其長各如句如股如弦，而各爲所分三小形之倍積。〔甲辛長方如甲丙句之長，而以心戊半徑爲闊，即爲甲心丙分形之倍。甲癸長方如乙甲股之長，而以同心己之半徑爲闊，即爲乙心甲形之倍。丙壬長方如丙乙弦之長，而以同心庚之半徑爲闊，即爲乙心丙形之倍。〕合之即爲本形倍積，與句股相乘同也。〔句股相乘爲倍積，見“求積”條。〕故以弦和和除句股相乘積，得容員半徑。

假如〔甲乙丙〕句股形，甲丙句〔八十八尺〕，甲乙股〔一百零五尺〕,乙丙弦〔一百三十七尺〕,求容員徑。

　　術以句股相乘而半之,得積〔四千六百二十尺〕爲實,併句、股、弦數而半之〔一百六十五尺〕,爲法除之,得數倍之,爲容員徑。

　　凡求得内容員徑五十六尺。

　　解曰:此以半周除句股形積,而得容員半徑也。〔半周即弦和和之半。〕

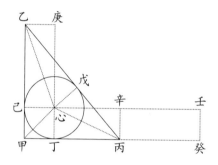

　　如圖,從容員心分本形爲六小句股,則同角之句股各相等,可以合之而各成小方形。〔同甲角之兩句股,成丁己小方形。同丙角之兩句股,可合之成丁辛長方形,以心辛丙形等丙戊心也。同乙角之兩句股,可合之成己庚長方形,以乙庚心形等心戊乙也。〕乃移己庚長方爲辛癸長方,則癸甲即同半周,而癸己大長方即爲半周乘半徑,而與句股積等也。〔六小形之句,皆原形之周[一]。變爲長方,則兩兩相得,而各用其半,是半周也。癸甲及壬己之長並半周;壬癸及己甲、辛

〔一〕六小形之句皆原形之周,各本皆同。按:六小形之句指本形所分六小句股之句乙己、乙戊、戊丙、丁丙、甲丁、甲己,六段相併,合原句股形周長。"皆"似當作"合"或"得"。

丙之闊^(一)並同心丁，是半周乘半徑也。辛癸長方與己庚等積，即與乙角旁兩句股等積。又丁辛長方與丙角旁兩句股等積，再加丁己形，即與原設乙甲丙句股形等積矣。〕然則以句股相乘而半之者，句股形積也。故以半周除之，即容員半徑矣。

　　或以弦和和除四倍積，得容員全徑，並同前論。

　　論曰：句股形古法以弦和較爲容員徑，與弦和和互相乘除，乃至精之理。測員海鏡引伸其例，以爲測望之用，其變甚多。三角容員蓋從此出，故爲第一支。

　　假如〔甲乙丙〕銳角形，乙丙邊〔五十六尺〕，甲丙邊〔七十五尺〕，甲乙邊〔六十一尺〕，求容員徑。

　　術以乙丙邊爲底，求得甲丁中長線〔六十尺〕。〔○法見"求積"。〕以乘底，得數〔三千三百六十尺〕，倍之〔六千七百二十尺〕爲實，合計三邊〔共一百九十二尺〕爲法除之，得容員徑。

　　凡求得内容員徑三十五尺。

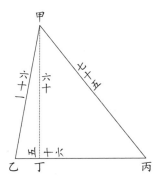

　　解曰：此以全周除四倍積，得容員徑也。

―――――――――

〔一〕闊，原作“間”，輯要本同，據康熙本改。

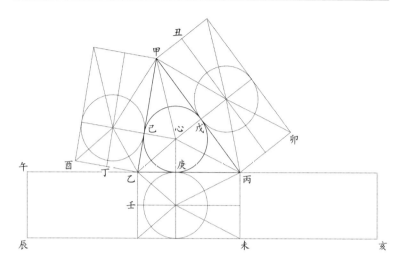

　　如圖，自容員心作對角線，分爲小三角形三，各以員
半徑爲高，各邊爲底。若於各邊作長方，而各以邊爲長，
半徑爲闊，必倍大於各小三角形。〔如壬丙長方倍大於丙心乙形，
丙丑長方倍大於丙心甲形，甲丁長方倍大於甲心乙形。〕又作加一倍之
長方，則四倍大於各小三角。〔如未乙長方倍大於丙壬長方，必四
倍於丙心乙三角。則卯甲亦四倍於丙心甲，而甲酉亦四倍於甲心乙。〕於是
而通爲一大長方，〔移卯甲長方爲亥丙，移甲酉爲乙辰，則成亥午大長
方形矣。〕必四倍原形之冪，而以三邊合數爲長，以容員之徑
爲闊。然則以中長線乘底而倍之者，正爲積之四倍也，以
三邊除之，豈不即得員徑乎？

　　　或以全周除倍積，得容員半徑；或以半周除積，得
　　容員半徑，並同。

　　　若鈍角形，亦同上法。

　　　論曰：鋭角、鈍角並以周爲法，此與句股形用弦和和

同,但必先求中長線,故爲第二支。

三角容員第三術

以中垂線爲員半徑,曰以量代算。

假如〔甲乙丙〕三角形,求容員徑。〔既不用算,故不言邊角之數。〕

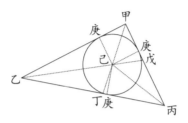

如求積術,均分甲乙二角之度,各作虛線交於己,即己爲容員之心。

次以己爲心,儘一邊爲界,運規作員,此員界必切三邊。

於是從己心向三邊各作十字垂線,必俱在切員之點而等,爲員半徑。知半徑,知全徑矣。〔半徑各如己庚線。〕

論曰:此容員心即三角形之心。〔故以容員半徑乘半總,即得積也。〕

又案:此術亦句股及銳、鈍兩角通用。

三角容員第四術

用三較連乘。

假如〔甲乙丙〕鈍角形,乙丙邊〔四百三十二尺〕,甲丙邊〔五百尺〕,甲乙邊〔一百四十八尺〕,求容員徑。

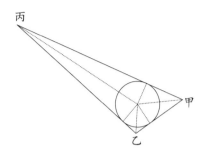

術以半總〔五百四十尺〕求得乙丙邊較〔一百〇八尺〕、甲丙邊較〔四十尺〕、乙甲邊較〔三百九十二尺〕，三較連乘，得數〔一百六十九萬三千四百四十尺〕。以半總除之，得數〔三千一百三十六尺〕。四因之〔一萬二千五百四十四尺〕爲實，平方開之，得容員徑。

　　凡求得內容員徑一百一十二尺。

　　銳角同法。

　　解曰：此所得者，爲容員徑上之自乘方幂，故開方得徑。

三角容方第一術

合底與高除倍積，得容方徑。

內分二支：

　　一句股形，即以句、股爲底爲高。〔即句股和也，其容方依正方角。〕

　　一三角形，以一邊爲底，求其垂線爲高。〔句股形以弦爲底，銳角形三邊皆可爲底，鈍角形以大邊爲底，其容方並依爲底之邊。〕

　　假如〔甲乙丙〕句股形，甲丙股〔三十六尺〕，乙丙句〔一十八尺〕，求容方。依正方角，而以容方之一角〔一〕切於弦。

―――――――

〔一〕角，輯要本作“徑”。

術以句、股相乘得數〔六百四十八尺〕爲實，以句股和〔五十四尺〕爲法除之，得所求。

求到內容方徑一十二尺。

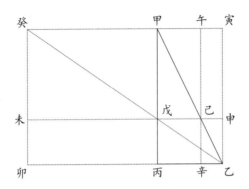

如圖，作寅乙線與股平行，作寅甲線與句平行，成寅丙長方，爲句股形倍積。次引寅甲線橫出截之於癸，引乙丙句橫出截之於卯，使引出兩線〔甲癸及丙卯。〕皆如甲丙股，仍作卯癸線聯之。

乃從癸作斜線至乙，割甲丙股於戊，則戊丙爲所求容方之邊。又從戊作申未橫線，與上下兩線平行，割甲乙弦於己，則己戊爲所求容方之又一邊。末從己作午辛立線，割丙乙句於辛，則己辛及辛丙又爲兩對邊。而四邊相等，爲句股形內所容之方。

解曰：寅卯大長方以癸乙斜線分兩句股則相等，而寅戊與戊卯兩長方等，則寅丙長方與申卯長方亦等。〔寅丙內減寅戊，而加相等之戊卯，即成申卯。〕夫寅丙者，句股倍積；而申卯者，句股和乘容方徑也。〔乙丙句、丙卯股合之爲申卯形之長，申乙及未卯並同方徑爲闊。〕故以句股和除倍積，得容方徑。

又解曰：寅丙長方分兩句股而等，則寅戊與午丙兩長方等。〔寅己與己丙既等，則於寅戊內減寅己，而加相等之己丙，即成午丙。〕而寅戊原等戊卯，則午丙亦與戊卯等。夫午丙形之丙甲與戊卯形之丙卯皆股也，則兩形等積又等邊矣。其長等，其闊亦等，〔甲丙與丙卯既等，則辛丙與戊丙亦等。〕而對邊悉等，即成正方形。

論曰：此以句爲底，股爲高也。若以股爲底，句爲高，所得亦同。其容方依正方角，乃古法也。三角以底闊合中長除積，蓋生於此。是爲第一術之第一支。

假如〔甲乙丙〕句股形，乙丙弦二十八尺，其積一百六十八尺，求容方。依弦線，而以容方之兩角切於句股。

術以弦除倍積〔三百三十六尺〕，得對角線〔一十二尺〕，與弦相併〔四十尺〕爲法，倍積爲實，法除實，得所求。

求到容方徑八尺四寸。

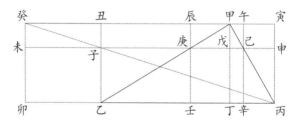

如圖，作寅丑線與乙丙弦平行，又作寅丙及丑乙與甲丁對角線平行，成丑丙長方，爲句股形倍積。次引乙丙弦至卯，引寅丑線至癸，使癸丑及卯乙並同甲丁，仍作癸卯線聯之。

　　次從癸向丙作斜線，割丑乙線於子。遂從子作申未線與乙丙弦平行，割甲乙股於庚，割甲丙句於己，則庚己為容方之一邊。末從庚作辰壬線，從己作午辛線，並與甲丁平行，而割乙丙弦於壬於辛。則辛壬及庚壬及己辛三線並與庚己等，而成正方。

　　解曰：寅子長方與子卯長方等積，〔癸丙線分寅卯形為兩句股而等，則兩句股內所作之方必等。〕午壬長方又與寅子等，〔寅丁形以甲丙線分為兩句股，則寅己與己丁等；又丑丁形以甲乙線分為兩句股，則丑庚與丁庚等。若移寅己作己丁，移丑庚作丁庚，則午丁等寅戌，而辰丁等丑戌，合之而午壬等寅子。〕則午壬亦與子卯等，而午壬之邊〔午辛及辰壬〕、子卯之邊〔卯乙及未子〕，並等甲丁對角線，則兩形〔午壬、子卯。〕等積又等邊矣。其長等，其闊亦等，〔辰壬既等卯乙，則辛壬亦等子乙，而庚壬及己辛亦不得不等。〕故四線必俱等也。

　　又解曰：寅子既與子卯等，則寅乙必與申卯等。〔於寅乙內移寅子居子卯之位，即成申卯。〕而寅乙者，倍積也；申卯者，底偕中長乘容方徑也。〔乙丙弦也，卯乙即甲丁對角中長線也，合之為丙卯之長。其兩端之闊申丙及未卯，並同方徑。〕故合弦與對角線為法，以除倍積，得容方徑。

　　論曰：此以一邊為底，中長線為高也。既以一邊為底，其容方即依此一邊，而以兩方角切餘二邊也。句股形，故以弦為底。若銳角形，則任以一邊為底，但依大邊則容方轉小，亦如句股形依方角之容方必大於依弦線之容方也。鈍角形但可以大邊為底，其求之則皆一法也。

是爲第一術之第二支。

三角容方第二術

以圖算。

內分二支：

一以法截中長線，得容方徑。〔句股形即截其邊。〕

一以法截兩斜邊，得容方邊。〔句股形即截其弦。〕

假如銳角形求容方，任以一邊爲底。

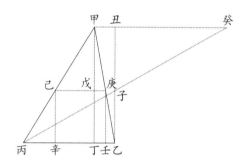

　　如圖，以乙丙最小邊爲底，先從對角甲作中長垂線至丁。又從乙角作丑乙立線，與甲丁平行而等。乃從甲角作橫線過丑至癸，截丑癸亦如甲丁。乃從癸向丙角作斜線，割丑乙立線於子。末以子乙之度截中長線〔甲丁垂線。〕於戊，即戊丁爲容方之徑。〔從戊作己庚，又從己作線至辛，從庚作線至壬，成庚己辛壬，即所求容方。〕

　　解曰：甲戊與戊丁，若甲丁與乙丙。〔子丑癸句股與子乙丙形有子交角，必相似。則丑子句與子乙句，若丑癸股與乙丙股。而丑子原與甲戊等，子乙與戊丁等，丑癸與甲丁等，則甲戊與戊丁，亦若甲丁與乙丙。〕

又甲戊與己庚,若甲丁與乙丙。〔甲己庚三角爲甲丙乙之截形,必相似,則甲戊與己庚,若甲丁與乙丙。〕合兩比例觀之,則甲戊與戊丁,若甲戊與己庚,而己庚即戊丁。

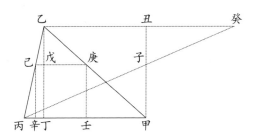

〔以次大邊爲底。〕

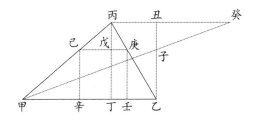

〔以大邊爲底。〕

以上並鋭角形。

凡鋭角三邊並可爲底,而皆一法。

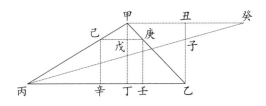

假如鈍角形求容方,則惟有大邊可爲底,法同鋭角。

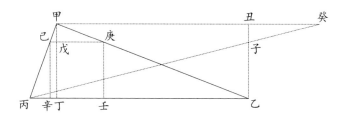

假如句股形求容方，以弦爲底，法亦同鈍、銳兩角。

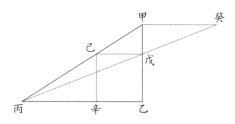

〔句股形以股爲底。〕

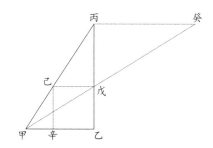

〔句股形以句爲底。兩者任用，其所得容方並同。〕

假如句股形求容方，以股爲底，則於句端甲作橫線與股平行，而截之於癸，使癸甲如甲乙句。乃自癸向丙作斜線，割甲乙句於戊，則戊乙即容方之一邊。末作己戊與股平行，作己辛與句平行，即成容方。〔或以句爲底，則從股端丙作丙

癸横線與股等，亦作癸甲斜線，割丙乙股於戊，其所得容方亦同。圖如左[一]。〕

論曰：銳角、鈍角皆截中長線爲容方徑，句股形以弦爲底亦然。惟句股形以句爲底，即截其股爲容方徑。〔用股爲底即截句。〕不另求中長，而與截中長之法並同。是爲第二術之第一支。

假如乙丙丁三角，求容方，依乙丙邊爲底。

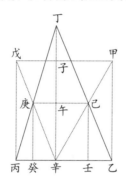

如圖，以乙丙底作正方形，〔即甲乙丙戊方。〕又作丁辛對角線，次作甲辛及戊辛兩斜線，割原形之兩斜線於己於庚，乃作己庚線，爲所求容方之一邊。〔末作己壬及庚癸兩線，成小方形於形內，即所求。〕

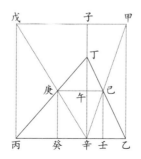

解曰：甲戊與己庚，若子辛與午辛也，〔己庚辛三角形爲甲戊辛之切形，則其橫與直之比例相等。〕而甲戊與子辛同爲方徑而等，則己庚與午辛亦同爲小方徑而等。

若底上方形大，則其徑亦大於對角線，則如第二圖。引丁辛線至子，其理亦同。

有此二法，則三邊並可爲底。

鈍角形用大邊爲底，句股形用弦爲底，並同第二圖。

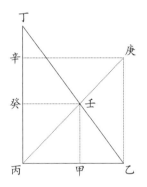

若句股形以句爲底，求容方。如圖，即用乙丙句作〔丙辛庚乙〕方形，從方角庚向丙作斜線，割丁乙弦於壬。從壬作癸壬及甲壬二線，即所容方。〔或用股上方，則引出句邊如股。〕

解曰：庚丙線分丙角爲兩平分，則其橫直線自相等，〔壬癸與癸丙相等，壬甲與甲丙相等，則四線皆等。〕而成正方。嘉禾陳礦庵用分角法求容方，與此同理。

論曰：此皆以底上方形爲法，而得所求小方也。故不論頂之偏正，其所得容方並同。惟句股容方依正方角，則中長線與原邊合而爲一。法雖小異，其用不殊。是爲第二術之第二支。

三角形外切平員第一術

句股形以弦爲徑。

假如甲乙丙句股形,乙丙弦長四尺五寸二分,求外切員。

術以弦折半取心,得半徑二尺二寸六分,其弦長四尺五寸二分,即外切平員全徑。以平員周率三五五乘之,徑率一一三除之,得員周一十四尺二寸。

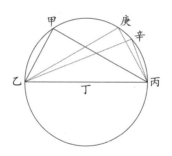

如圖,乙丙員徑即句股形之弦,折半於丁,即員心也。以乙丁半徑爲度,從丁心運規作員,必過甲,而句股形之三角,皆切員周矣。

論曰:凡平員徑上從兩端各作直線,至員周相會,則成正方角,〔如乙丙徑之兩端於丙於乙各作直線會於甲,則甲角必爲正角。〕而爲句股形。〔假令兩線相遇於庚,即成庚乙丙句股形,於辛亦然,以其皆正角故也。〕故不問句股長短,而並以其弦爲外切員之徑。

又論曰：徑一百一十三而周三百五十五，此鄭端清世子所述祖冲之術也。〔見律呂精義。〕按古率周三徑一，李淳風等釋古九章，以爲術從簡易，舉大綱而言之，誠爲通論。諸家所傳徑五十周一百五十七，則魏劉徽所改，謂之“徽率”。徑七周二十二，則祖冲之所定，謂之“密率”。由今以觀，冲之自有兩率。〔一爲七與二十二，一爲一一三與三五五。〕蓋以其捷者爲恒用之須，而存其精者明測算之理，亦可以觀古人之用心矣。

三角形外切平員第二術

分邊取員心，内分二支，並以圖算。

一句股形，但分一邊，即得員心。〔其心在弦。〕

一銳角形、鈍角形，並分二邊，可得員心。〔銳角形員心在形内，鈍角形員心在形外。〕

假如甲乙丙句股形，求外切員。

術任於句或股平分之，作十字正線，此線過弦線之點，即爲員心。

如圖，甲乙丙形，以甲乙股平分於戊，從戊作庚丁正十字線至乙丙弦，即分弦爲兩平分，而丁即員心。從丁運規作外切員，則甲乙丙三點並切員周，而乙丁、丙丁、庚丁皆半徑。

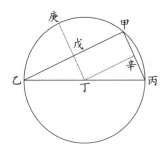

論曰：若平分甲丙句於辛，從辛作十字正線，亦必至丁，故但任分其一邊，即可得心。

又論曰：若依第一術，先得丁心，從丁心作直線與句平行，即此線能分股線爲兩平分。〔如丁庚線與甲丙句平行過甲乙股，即平分股線於戊。〕若與股平行而分句線，亦然。〔如丁辛線與甲乙股平行，即分句線於辛。〕

　　右句股形外切平員之心在弦線中央。

假如銳角形，求形外切員。

術任以兩邊各平分之作十字線，引長之，必相遇於一點，即爲員心。

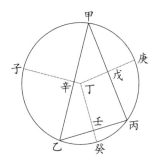

如圖，甲乙丙銳角形，任以甲丙邊平分之於戊，作庚

戊丁十字線。又任以乙丙邊平分之於壬,作癸壬丁十字線。兩直線稍引長之,相遇於丁。以丁爲心作員,則甲乙丙三角並切員周,而丁癸、丁庚皆半徑。

論曰:試於餘一邊再平分之,作十字正線,亦必會於此點,故此點必員心。〔如甲乙邊再平分之於辛,作子辛丁十字線,亦必相遇於丁點。〕

　　右銳角形外切平員之心在形之內。

　　假如鈍角形,求形外切員。術同銳角。

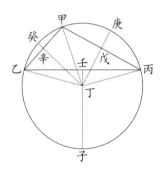

如圖,甲乙丙形,甲爲鈍角,任分甲丙於戊,分甲乙於辛,各作十字線會於丁心。從丁作員,則丁庚、丁癸皆半徑,而三角並切員周。若用大邊平分於壬,作壬丁子線亦同。

論曰:試於丁心作線至丙至乙至甲,必皆成員半徑,與丁庚、丁癸同,故丁爲員心也。

　　右鈍角形外切平員之心在形之外。

總論曰:此與容員之法不同,何也?內容員之心即三角形之心,故其半徑皆與各邊爲垂線,而不能平分其邊。

然從心作線至角,即能分各角爲兩平分,此分角求心之法所由以立也。外切員之心非三角形之心,其心或在形内,或在形外,距邊不等,而能以十字線剖各邊爲兩平分,此分邊求心之法所由以立,蓋即三點串員之法也。

附三點串員

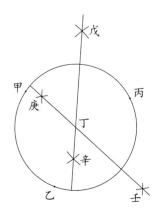

有甲、乙、丙三點,欲使之並在員周。

術任以甲爲心作虛員分;用元度,以丙爲心,亦作虛員分。兩員分相交於戊於辛,作戊辛直線。又任以乙爲心,以丙爲心,各作同度之虛員分,相交於庚於壬,作庚壬直線。兩直線相遇於丁,以丁爲心作員,則三點並在員周。

員周有三點不知其心,亦用此法。

三角法舉要卷四

或問〔三角大意,略具首卷中,而入算取用,仍有疑端。喜同學之好問,事事必求其所以然,故不憚爲之詳複,以暢厥旨。〕

一三角形用正弦爲比例之理

一和較相求之理

一用切線分外角之理

一三較連乘之理

　附三較求角

三角形用正弦爲比例之理[一]

問:各角正弦與各邊皆不平行,何以能相爲比例?曰:凡三角形,一邊必對一角。其角大者正弦大,而所對之邊亦大;角小者正弦小,而所對之邊亦小。故邊與邊之比例,如正弦與正弦也。

――――――――

〔一〕原無標題,係整理者據本卷目録所加,全卷同。

兩正弦爲兩邊比例圖

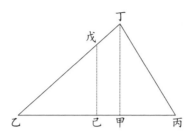

乙丙丁三角形，丁乙邊大，對丙角；丁丙邊小，對乙角。術爲以丁乙邊比丁丙邊，若丙角之正弦與乙角之正弦。

解曰：試以丁丙爲半徑，作丁甲線爲丙角正弦。又截戊乙如丁丙半徑，作戊己線爲乙角正弦。丁甲正弦大於戊己，故丁乙邊亦大於丁丙。

問：丁甲何以獨爲丙角正弦也？曰：此以丁丙爲半徑故也。若以丁乙爲半徑，則丁甲即爲乙角之正弦。

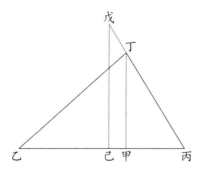

如圖，用丁乙爲半徑，作丁甲線爲乙角正弦。又引丙丁至戊，令戊丙如丁乙半徑，作戊己線爲丙角正弦。即見

乙角之正弦丁甲小於戊己,故丁丙邊亦小於丁乙。

　　解曰:正弦者,半徑所生也,故必兩半徑齊同,始可以較其大小。前圖截戊乙如丁丙,此圖引丁丙如丁乙,所以同之也。

　　三正弦遞相爲三邊比例圖

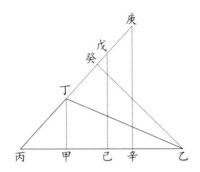

　　乙丁丙鈍角形,丁鈍角對乙丙大邊,丙次大角對乙丁次大邊,乙小角對丁丙小邊,其各邊比例皆各角正弦之比例。

　　試以乙丁爲半徑,作丁甲線爲乙小角之正弦。又引丙丁邊至戊,使戊丙如乙丁,作戊己線爲丙角之正弦。又展戊丙線至庚,使庚丙如乙丙,作庚辛線爲丁鈍角之正弦。〔如此則三邊皆若弦,三正弦皆若股。〕其比例爲以乙丙大邊〔同庚丙。〕比乙丁次邊,〔同戊丙。〕若丁鈍角之正弦庚辛與丙角之正弦戊己。

　　又以乙丁次大邊〔同戊丙。〕比丁丙小邊,若丙角之正弦戊己與乙角之正弦丁甲。

　　又以丁丙小邊比乙丙大邊,〔同庚丙。〕若乙小角之正弦丁甲與丁鈍角之正弦庚辛。

　問：庚辛何以爲丁角正弦？曰：凡鈍角，以外角之正弦爲正弦。試作乙癸線爲丁角正弦，〔乙丁癸角，外角也，故其正弦即爲丁鈍角正弦。〕必與庚辛等，何也？庚丙辛句股形與乙丙癸形等，〔庚丙弦既同乙丙，又同用丙角，辛與癸又同爲方角，故其形必等。〕則庚辛必等乙癸。而乙癸既丁角正弦矣，等乙癸之庚辛又安得不爲丁角正弦乎？〔凡取正弦，必齊其半徑。此以丁甲爲乙角正弦，是用乙丁爲半徑也。而取丙角正弦戊己，必引戊丙如乙丁，其丁角正弦庚辛，又即外角之正弦乙癸，是三半徑皆乙丁也。〕

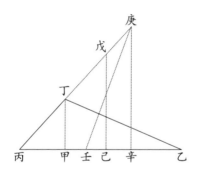

　試取壬丙如丁丙，作庚壬線，即同乙丁半徑，則壬角同丁角，壬外角即丁外角，而庚辛正弦之半徑仍爲乙丁。〔庚壬同乙丁故。〕

　此以庚壬當乙丁，易乙丁丙形爲庚壬丙，則庚辛正弦亦歸本位，與前圖互明。

　試以各角正弦同居一象限較其弧度。

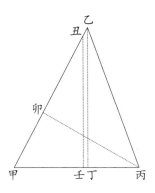

如圖，甲乙丙形，丙角最大，其正弦乙丁亦最大，所對甲乙邊亦最大。甲角次大，其正弦丑壬亦次大，所對乙丙邊亦次大。乙角最小，其正弦丙卯亦小，所對丙甲邊亦最小。〔丙、乙二角正弦，並乙丙爲半徑。甲角取正弦，截丑甲如乙丙，亦以乙丙爲半徑。〕

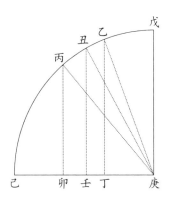

乃別作一象弧，〔如戊己。〕仍用乙丙爲半徑，〔取戊庚如乙丙。〕而以先所得各角之餘弦取度，於丁作乙丁爲丙角之正弦，於壬作丑壬爲甲角之正弦，於卯作丙卯爲乙角之正

弦，即各如元度，而各角之差數覩矣。〔戊庚半徑既同乙丙，則
丁庚即丁丙，而爲丙角餘弦；又壬庚即甲壬，爲甲角餘弦；卯庚即卯乙，爲乙
角餘弦。〕

解曰：角無大小，以弧而知其大小。今乙丁正弦其
弧乙己，是丙角最大也。丑壬正弦其弧丑己，是甲角次大
也。丙卯正弦其弧丙己，是乙角最小也。而對邊之大小
亦如之，故皆以正弦爲比例也。

或疑鈍角之度益大，其正弦反漸小，而其所對之邊則
漸大，何以能相爲比例乎？曰：此易知也。凡鈍角正弦即
外角之正弦，而外角度原兼有餘兩角之度，故鈍角之正弦
必大於餘兩角，而得爲大邊之比例也。

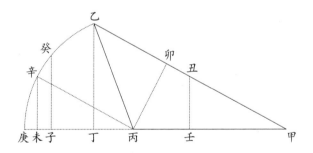

如乙丙甲鈍角形，丙鈍角最大，其正弦乙丁亦最大，
而所對乙甲邊亦最大。乙角次大，其正弦丙卯亦次大，而
所對甲丙邊亦次大。甲角最小，其正弦丑壬亦小，而所對
乙丙邊亦最小。〔截甲丑如乙丙，從丑作丑壬，即甲角正弦。〕

乃從乙作乙庚弧，〔以丙爲心，乙丙爲半徑。〕爲丙外角之
度。又作辛丙半徑與甲乙平行，分乙庚弧度爲兩，則辛庚

即甲角之弧度,其餘辛乙亦即乙角之弧度。從辛作辛未
正弦與丑壬等,又自庚截癸庚度如辛乙,則癸庚亦乙角之
弧,作癸子正弦與丙卯等。此顯丙外角之度,兼有乙、甲
兩角之度,其正弦必大於兩角正弦也。雖丙鈍角加大,而
外角加小,則乙、甲兩角必又小於外角,又何疑於鈍角正
弦必爲大邊比例乎?

　　試更以各角切員觀之,則各角之對邊皆爲其對弧之
通弦。

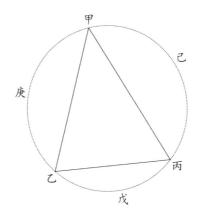

　　如圖,三角形以各角切員,則乙丙邊爲丙戊乙弧之通
弦而對甲角,甲丙邊爲丙己甲弧之通弦而對乙角,甲乙邊
爲乙庚甲弧之通弦而對丙角,則是各角之對邊即各角對
弧之通弦也。夫通弦者,正弦之倍數,則三邊比例即三正
弦之比例矣。

　　又試以各邊平分之,則皆成各角之正弦。

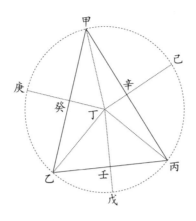

於前圖內,更以各邊所當之弧皆平分之,〔丙戊乙弧平分於戊點,丙己甲弧平分於己點,乙庚甲弧平分於庚點。〕自員心〔丁〕各作半徑至其點,即分各邊爲兩平分。〔以丁壬戊半徑分乙丙邊於壬,以丁辛己半徑分甲丙邊於辛,以丁癸庚半徑分甲乙邊於癸,則所分之邊皆爲兩平分。〕則弧之平分者,即原設各角之度;而邊之平分者,即皆各角之正弦。〔丙丁戊角以丙戊爲弧,丙壬爲正弦,而丙丁戊角原爲丙丁乙角之半,必與甲角同大,故丙戊半弧即甲角之本度,丙壬半邊即甲角之正弦,乙丁戊角亦然。準此論之,則甲丁己角原爲甲丁丙角之半,必與乙角同大,故甲己半弧即乙角之本度,甲辛半邊即乙角之正弦,己丁丙角亦然。又乙丁庚角原爲乙丁甲角之半,必與丙角同大,故乙庚半弧即丙角之本度,乙癸半邊即丙角之正弦,庚丁甲角亦然。〕夫分其邊之半,即皆成正弦,則邊與邊之比例,亦必如正弦與正弦矣。〔全與全若半與半也。〕

問:三角之本度皆用半弧,何也?曰:量角度必以角爲員心,眞度乃見。今三角皆切員邊,則所作通弦之弧皆倍度也，故半之乃爲角之本度。

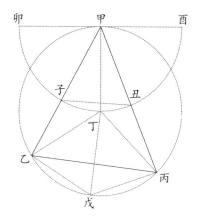

如圖，以甲角爲心，甲丁爲半徑作員，則其弧丑丁子乃甲角之本度也，而平分之丙戊及戊乙兩弧，並與丑丁子弧等。〔試作戊丙及乙戊兩弦，必相等，又並與丑子弦等。凡弦等者，弧亦等。〕故乙戊丙弧必爲甲角之倍度。〔餘角類推。〕

和較相求之理

問：三邊求角，何以用和較相乘也？曰：欲明和較之用，當先知和較之根。凡大小兩方，以其邊相併謂之和，相減謂之較。和較相乘者，兩方相減之餘積也。

如圖，甲癸小方，丁癸大方。於大方内依小方邊作己庚橫線，又取己辛如小方邊，作辛壬線，成己壬小方，與甲癸等。大方内減己壬小方，則所餘者爲乙庚及庚壬兩長方形。夫乙己及丁庚及庚辛並兩邊之較也，甲己庚則和也，若移庚壬長方爲乙甲長方，即成丁甲大長方，而爲較

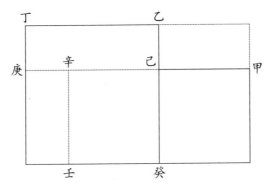

乘和之積。故凡兩方相減之餘積爲實,以和除之得較,以
較除之亦得和矣。

　　依此論之,若有兩方形相減,又別有兩方相減,而其
餘積等,則爲公積。故以此兩方之和較相乘爲實,而以彼
兩方之和爲法除之,得彼兩方之較;或以彼兩方之較爲法
除之,亦必得和。

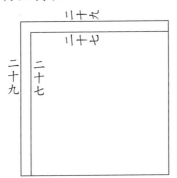
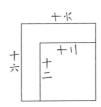

〔如圖,有方二十九之冪八百四十一與方二十七之冪七百二十九相
減,成較二乘和五十六之積。又有方十六之冪二百五十六與方十二之冪
一百四十四相減,成較四乘和二十八之積。兩積同爲一百一十二,故以先
有之較二、和五十六相乘爲實,以今有之和二十八爲法除之,即得較四,爲

今所求數。〕

　是故三角形以兩弦之和乘較爲實，以兩分底之和爲
法除之得較者，爲兩和較相乘同積也。兩和較相乘同積
者，各兩方相減同積也。

　何以明之？曰：凡三角形以中長線分爲兩句股，則兩
形同以中長線爲股，而各以分底線爲句，是股同而句不同
也。句不同者，弦不同也，弦大者句亦大，弦小者句亦小。
故兩弦上方相減，必與兩句上方相減之餘積等，而兩和較
相乘亦等。

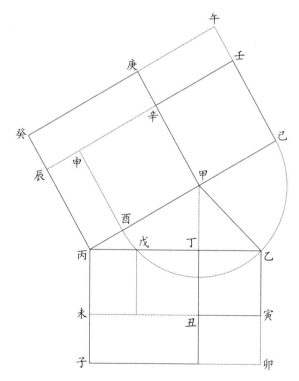

如圖,甲乙丙三角形,以甲丁中長線分爲兩句股形,則丙乙爲兩句之和,〔未寅及子卯並同。〕丙戊爲兩句之較,〔未子及寅卯並同。〕未卯長方爲兩句之較乘和也。又丙己爲兩弦之和,〔辰壬同。〕酉丙爲兩弦之較,〔辰癸及辛庚、壬午並同。〕癸壬長方爲兩弦之較乘和也。此兩長方必等積。

問:兩弦上方大於兩句上方,何以知其等積?曰:依句股法,弦上方幂必兼有句股上方幂,是故甲丙弦幂内〔即癸甲大方。〕必兼有甲丁股、丙丁句兩幂,乙甲弦幂内〔即辛己小方。〕亦兼有甲丁股、乙丁句兩幂。則是甲丁股幂者,兩弦幂所同也,其不同者句幂耳。〔股幂既同,則弦幂相減時,股幂俱對減而盡,使非句幂不同,已無餘積。〕然則兩弦幂相減之餘積,〔於癸甲大方内減己辛相同之申甲小方,所餘者癸辛、申丙兩長方成罄折形。〕豈不即爲兩句幂相減之餘積乎?〔於丁子方内減丁寅相同之戊丑小方,所餘者丑子及戊未兩長方成罄折形。〕由是言之,兩和較相乘之等積信矣。〔於弦幂相減之癸辛申丙罄折形内,移申丙補庚壬,即成和較相乘之癸壬長方。又於句幂相減之丑子未戊罄折形内,移戊未補丑卯,即成和較相乘之未卯長方。兩罄折形既等積,則兩長方亦等積。〕

問:和較之列四率,與諸例不同,何也?曰:此互視法也。同文算指謂之變測,古九章謂之同乘異除,乃三率之別調也,何則?凡異乘同除,皆以原有兩率之比例爲今兩率之比例,其首率爲法,必在原有兩率之中。互視之術則反以原有之兩率爲二爲三,以自相乘爲實,其首率爲法者,反係今有之率,與異乘同除之序相反,故曰“別調”也。

然則又何以仍列四率?曰:以相乘同實也。三率之術,二三相乘與一四相乘同實,故可以三率求一率。〔二三相乘,以一除之得四,以四除之即仍得一。若一四相乘,以二除之亦可得三,以三除之亦仍得二。〕互視之術以原有之兩率自相乘,與今有之兩率自相乘同實,故亦以三率求一率。〔原兩率自相乘,以今有之率除之,得今有之餘一率。若今兩率自相乘,以原有之率除之,亦即得原有之餘一率。〕但三率之術以比例成其同實,互視之術則以同實而成其比例。既成比例,即有四率,故可以列而求之也。

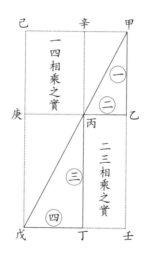

如圖,長方形對角斜剖成兩句股,則相等,而其中所成小句股亦相等,〔甲壬戊與甲己戊等,則甲乙丙與甲辛丙等,丙丁戊與丙庚戊等,並長方均剖故也。〕即所成長方之積亦必相等。〔於甲壬戊句股形内,減去相等之甲乙丙及丙丁戊兩小句股,存乙丙丁壬長方;又於甲己戊句股形内,減去相等之甲辛丙及丙庚戊兩小句股,存辛己庚丙長方。所減之數等,則所存之數亦等。故兩長方雖長闊不同,而知其必爲等積。〕今以甲乙爲首率,乙丙爲次率,丙丁爲三率,丁戊爲四率,則乙丁長方〔即乙丙丁壬形。〕爲二三相乘之積,〔此形以乙丙二率爲闊,丙丁三率爲長,是二率三率相乘也。〕辛庚長方〔即辛己庚丙形。〕爲一四相乘之積。〔此形以辛丙爲長,丙庚爲闊,而辛丙原同甲乙,乃一率也;丙庚原同丁戊,乃四率也,是一率、四率相乘也。〕既兩長方相等,則二三相乘與一四相乘等實矣。此列率之理也。

一　甲乙

二　丙乙

三　丙丁

四　戊丁

在異乘同除本術,則甲乙及丙乙爲原有之數,丙丁爲今有之數,戊丁爲今求之數。其術爲以原有之甲乙股比原有之丙乙句,若今有之丙丁股與戊丁句也。故於原有中取丙乙句與今有之丙丁股,以異名相乘爲實,又於原有中取同名之甲乙股爲法除之,即得今所求之丁戊句。是先知四率之比例,而以乘除之,故成兩長方。〔二率乘三率成乙丁長方,以首率除之,必變爲辛庚長方。〕故曰“以比例成其同實”也。

互視之術則乙丙與丙丁爲原有之數,甲乙爲今有之數,丁戊爲今求之數。術爲以乙丙較乘丙丁和之積,若丙庚較〔即丁戊。〕乘丙辛和〔即甲乙。〕之積。故以原有之乙丙較、丙丁和自相乘爲實,以今有之甲乙和〔即辛丙。〕爲法除之,即得今所求之丁戊較。〔即丙庚。〕是先知兩長方同積,而以四率取之,故曰“以同實成其比例”也。

　　然則又何以謂之互視？曰：三率之用，以原有兩件自相比之例，爲今有兩件自相比之例，是視此之差等爲彼之差等，如相慕效，故大句比大股若小句比小股。〔大句小於大股幾倍，小句亦小於小股幾倍；又大句大於小句幾倍，大股亦大於小股幾倍。〕

互視之用，以原有一件與今一件相比之例，爲今又一件與原又一件相比之例，是此視彼之所來以往，彼亦視此之所往以來，如互相酬報，故弦之較比句之較，反若句之和比弦之和，〔弦之和大於句，故句之較反大於弦；若和之數弦大於句幾倍，則較之數句大於弦亦幾倍。〕是以別之爲互視也。

三率圖

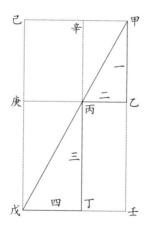

　　〔如圖，以甲乙爲一率，丙乙爲二率，丙丁爲三率，丁戊爲四率。作甲戊弦，成兩句股。次引甲乙及丁戊會於壬，成乙丁長方，爲二三相乘之積。亦引乙丙至庚，引丁丙至辛，作甲辛及戊庚線，並引長之，會於己，成辛庚長方，爲一四相乘之積。是先有比例而成同實之長方。〕

互視圖

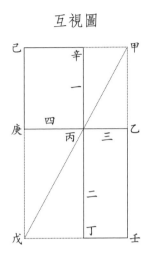

〔如圖，乙丙乘丙丁爲乙丁長方，辛丙乘丙庚爲辛庚長方，兩長方以角相連於丙。次引己辛及乙壬會於甲，引己庚及壬丁會於戊，乃作甲戊線，則辛丙與丙丁若乙丙與丙庚。是先知同實而成其比例也。〕

用切線分外角之理

問：三角形兩又術用外角切線，何也？曰：此分角法也。一角在兩邊之中，則角無所對之邊，邊無所對之角，不可以正弦爲比例。今欲求未知之兩角，故借外角分之也。然則何以用半較角？曰：較角者，本形中未知兩角之較也。此兩角之度合之，即爲外角之度，必求其較角，然後可分。而較角不可求，故求其半，知半較，知全較矣。此用半較角之理也。

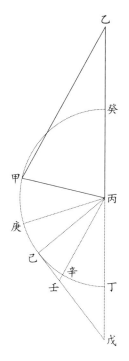

　　如圖，甲丙乙形先有丙角，則甲丙丁爲外角。外角內作丙辛線與乙甲平行，則辛丙丁角與乙角等，辛丙甲角與甲角等。其辛丙庚角爲兩角之較，而辛丙己角其半較也，己丙丁及己丙甲皆半外角也。以半較角與半外角相減，成乙角；〔於丁丙己內減辛丙己，其餘丁丙辛，即乙角度。〕若相加，亦成甲角。〔於己丙甲加辛丙己，成辛丙甲，即甲角度。〕

　　半較角用切線何也？曰：此比例法也。角與所對之邊，並以正弦爲比例。今既無正弦可論，而有其所對之邊，故即以邊爲比例。〔角之正弦可以例邊，則邊之大小亦可以例角。〕是故乙丁者兩邊之總也，乙癸者兩邊之較也，而戊己者半外角之切線也,壬己者半較角之切線也。以乙丁比乙癸,若戊己與壬己,故以切線爲比例也。

　　然則何以不徑用正弦?曰:凡一角分爲兩角,則正弦因度離立,不同在一線,不可以求其比例。其在一線者,惟切線耳。而邊之比例與切線相應,切線比例又原與正弦相應,故用切線,實用正弦也。

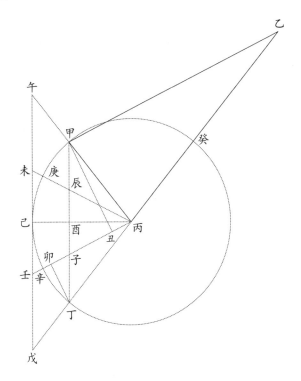

　　如圖,甲丙丁外角,其弧甲己丁,於辛作辛丙線,分其角爲兩。則小角之弧丁辛,其正弦卯丁;大角之弧辛甲,其正弦甲丑。〔小角正弦當乙角之對邊甲丙,大角正弦當甲角之對邊乙丙。〕

今欲移正弦之比例於一線，先作甲丁通弦，割分角線於子，則子甲與子丁，若甲丑與卯丁。〔甲丑子與丁卯子兩句股形有子交角等，丑、卯皆正角，即兩形相似而比例等。然則子甲者大形之弦，子丁者小形之弦；而甲丑者大形之股，卯丁者小形之股也。弦與弦若股與股，故子甲比子丁，若丑甲與卯丁。〕而甲丁即兩正弦之總，〔甲丁爲子甲、子丁之總，亦即爲甲丑、卯丁之總。〕辰子即兩正弦之較。〔以子丁減子甲，其較辰子，是辰子爲子甲、子丁之較，亦即爲甲丑、卯丁之較。〕平分甲丁，半之於酉，則酉丁爲半總，酉子爲半較，其比例同也。〔全與全若半與半，故甲丁與辰子爲兩正弦之總與較，則半之而爲酉丁與酉子，亦必若兩正弦之總與較。〕

於是作午戊切員線，〔引平分線丙酉至己，分甲己丁弧於己。自己作午戊線，與己丙爲十字垂線，即此線爲切員線。〕與甲丁平行。引諸線至其上，〔引丙甲至午，引丙丁至戊，引丙辰割庚點至未，引丙卯割辛點至壬。〕則午戊切線上比例，與甲丁通弦等，而正弦之比例在切線矣。〔先以甲丁與辰子當兩正弦之總與較，今午戊與未壬亦可當兩正弦之總與較，則先以酉丁與酉子爲半總半較者，今亦以己戊與己壬爲半總半較矣。〕故曰“用切線實用正弦”也。〔切線與正弦所以能同比例者，以有通弦作之合也。〕

三較連乘之理

問：三較連乘之理。曰：亦句股術也。以句股爲比例，而以三率之理轉換之，則用法最精之處也，故三較連乘，即得容員半徑上方乘半總之積。

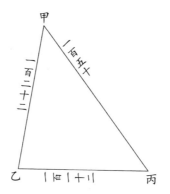

假如甲乙丙三角形，甲丙邊〔一百五十〕，甲乙邊〔一百二十二〕，乙丙邊〔一百一十二〕。術以半總〔一百九十二〕較各邊，得甲丙之較〔四十二〕，甲乙之較〔七十〕，乙丙之較〔八十〕。三較連乘，得數〔二十三萬五千二百〕，即容員半徑自乘又乘半總之積也。

置三較連乘數，以半總除之，得數〔一千二百二十五〕。平方開之，得容員半徑〔三十五〕。倍之，得容員徑〔七十〕。

置三較連乘數，以半總乘之，得數〔四千五百一十五萬八千四百〕。平方開之，得三角形積〔六千七百二十〕。

若如常法，求得中長線〔一百二十〕，以乘乙丙底而半之，所得積數亦同。

然則何以見其爲句股比例？曰：試從形心如法作線，分爲六句股形。〔形心即容員心。〕又引甲丙邊至卯，使卯丙如乙戊；引甲乙邊至辰，使乙辰如己丙，則甲卯、甲辰並半總，〔六小句股形之句，各於其兩相同者而取其一，即成半總。〕而丙卯爲甲丙邊之較，〔即乙戊或乙辛。〕乙辰爲甲乙邊之較，〔即己丙或

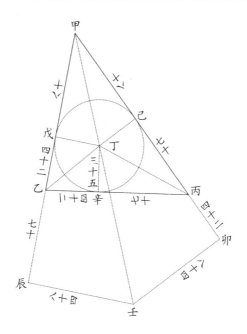

辛丙。〕甲己爲乙丙邊之較,〔己丙同辛丙,又丙卯同乙辛,則卯己同乙
丙,而甲己爲其較。若用辰戊以當乙丙,則甲戊爲較,亦同。〕又從卯作卯
壬十字垂線至壬,〔此線與丁己員半徑平行。〕引甲丁分角線出
形外,遇於壬,成甲卯壬大句股形,與甲己丁小句股之比
例等。〔從辰作辰壬線,成甲辰壬大句股,與甲戊丁小句股爲比例,亦同。〕
術爲以丁己比壬卯,若甲己與甲卯也。次以丁己自乘方
爲一率,以丁己乘壬卯之長方爲次率,則其比例仍若甲
己三率與甲卯四率也。〔乘之者並丁己,故所乘之丁己與壬卯比例
不變也。〕

　以數明之,甲己八十,甲卯一百九十二,爲二倍四分
比例;丁己三十五,壬卯八十四,亦二倍四分比例;丁己自

乘一千二百二十五，丁己乘壬卯二千九百四十，亦二倍四分比例，故曰比例等。

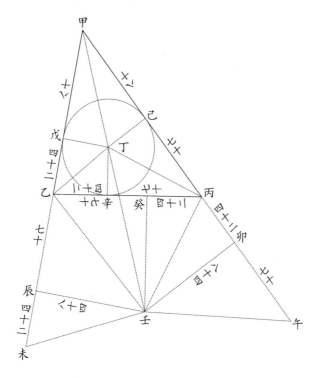

又移辛點至癸，截丙癸如丙卯，則乙癸亦如乙辰。引丙卯至午，使卯午同乙辰；〔亦同乙癸。〕引乙辰至未，使辰未同丙卯，〔亦同丙癸。〕則午丙及未乙並同乙丙。又作丙壬、乙壬、午壬、未壬四線，成午丙壬及乙未壬及乙丙壬，各三角形皆相等。〔丙卯壬句股形與未辰壬等，則丙壬必等未壬；又午卯壬句股形與乙辰壬等，則午壬等乙壬，而午丙壬及乙未壬兩三角形必等矣。其乙丙壬三角形既以乙丙與兩三角形同底，又同用丙壬、乙壬兩弦，亦不得不等。〕

於是自癸作癸壬垂線，〔卯壬、辰壬並垂線，故癸壬亦必垂線。〕成丙
癸壬句股形，與丙卯壬形等。即成癸丙卯壬四邊形，與丁
己丙辛小四邊形爲相似形。〔卯與癸俱方角，而小形之己與辛亦方
角，則大形之丙角與壬角合之，亦兩方角也；而小形之丙角原爲大形丙角之外
角，合之，亦兩方角也，則小形之丙角與大形之壬角等。而小形之丁角亦與大
形之丙角等，是大小兩形之四角俱等，而爲相似形。〕則丁己丙句股形
與丙卯壬形亦相似，而比例等。〔大小兩四邊形各均剖其半，以成
句股，則其相似之比例不變，全與全若半與半也。〕術爲以丁己比己丙，
若丙卯與卯壬也。

一　丁己

二　己丙

三　丙卯　　即甲丙之較戊乙

四　卯壬

凡三率法中，二三相乘，一四相乘，其積皆等。則己
丙乘丙卯之積，即丁己乘卯壬之積，可通用也。先定以丁
己自乘比丁己乘卯壬，若甲己與甲卯。今以三率之理通
之，爲以丁己自乘比己丙乘丙卯，亦若甲己與甲卯。

一　丁己自乘方　　　即容員半徑自乘

二　己丙乘丙卯長方　即甲乙之較乘甲丙之較[一]

三　甲己　　　　　　即乙丙之較

四　甲卯　　　　　　即半總

復以三率之理轉換用之，則三較連乘之積，〔以己丙較

―――――――――

〔一〕下“較”字，原誤作“數”，據康熙本改。

乘戊乙較爲二率,又以甲己較爲三率乘之,是二三相乘,即三較連乘。〕即容
員半徑自乘方乘半總之積也。〔以丁己半徑自乘爲首率,以甲卯半
總爲四率乘之,是一四相乘也。凡一四相乘,必與二三相乘之積等。〕

　　以數明之,丁己〔三十五〕、卯壬〔八十四〕相乘,得二千
九百四十;己丙〔七十〕、丙卯〔四十二〕相乘,亦二千九百四十,故
可通用。

　　己丙乘丙卯〔二千九百四十〕,又以甲己〔八十〕乘之,得
二十三萬五千二百;丁己自乘〔一千二百二十五〕,又以甲卯
〔一百九十二〕乘之,亦二十三萬五千二百,故可通用。

附三較求角

　　問:三較之術可以求角乎? 曰:可。其所求角,皆先
得半角,即銳、鈍通爲一術矣。

　　術曰:以三邊各減半總得較,各以所求角對邊之較乘
半總爲法,以餘兩較各與半徑全數相乘,又自相乘爲實。
法除實得數,平方開之,爲半角切線。檢表得度,倍之爲
所求角。

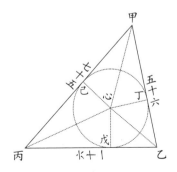

假如甲乙丙三角形,甲丙邊〔七十五〕,甲乙邊〔五十六〕,乙丙邊〔六十一〕,與半總〔九十六〕各相減,得甲丙之較〔二十一〕,甲乙之較〔四十〕,乙丙之較〔三十五〕。

今求乙角,術以乙角所對邊甲丙之較〔二一〕乘半總〔九六〕,得數〔二〇一六〕爲法。以餘兩較〔甲乙較四〇、乙丙較三五。〕各乘半徑全數,又自相乘,得數〔一四〇〇〇〇〇〇〇〇〇〇〇〇〇〇〕爲實。法除實,得數〔六九四四四四四四四四〕。平方開之,得數〔八三三三三〕爲半角切線。檢表〔三十九度四十八分一十九秒〕,倍之,得乙角〔七十九度三十六分三十八秒〕。

次求丙角,術以丙角所對邊甲乙之較〔四〇〕乘半總,得數〔三八四〇〕爲法。餘兩較〔甲丙二一、乙丙三五。〕各乘半徑全數,又自相乘,得數〔七三五〇〇〇〇〇〇〇〇〇〇〇〕爲實。法除實,得數〔一九一四〇六二五〇〇〕。平方開之,得半角切線〔四三七五〇〕。檢表〔二十三度三十七分五十二秒半〕,倍之,得丙角〔四十七度一十五分四十五秒〕。

次求甲角,術以甲角所對邊乙丙之較〔三五〕乘半總,得數〔三三六〇〕爲法。餘兩較〔甲丙二一、甲乙四〇〕各乘半徑全數,又自相乘,得數〔八四〇〇〇〇〇〇〇〇〇〇〇〇〕爲實。法除實,得數〔二五〇〇〇〇〇〇〇〇〕。平方開之,得半角切線〔五〇〇〇〇〕。檢表〔二十六度三十三分五十三秒〕,倍之,得甲角〔五十三度〇七分四十六秒〕。

問:前條用三較連乘,今只用一較爲除法,何也?曰:前條求總積,故三較連乘。今有專求之角,故以對邊之較爲法也。然則用對邊何也?曰:對邊之較在所求角之兩

旁,爲所分小句股形之句。今求半角切線,故以此小句爲
法也。

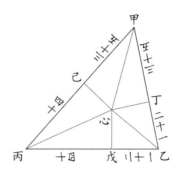

　　如求乙半角,則所用者角旁小句股,〔心戊乙或心丁乙。〕
其句〔乙戊或乙丁。〕並二十一,即對邊甲丙之較也。術爲以
乙戊比心戊,若半徑與乙角〔小形之角,即半角也。〕之切線。

　　其與半總相乘,何也?曰:將以半總除之,又以小
形句〔即對邊之較。〕除之。今以兩除法〔一半總;一對邊之較,即
小形句。〕相乘,然後除之,變兩次除爲一次除也。〔古謂之
異除同除。〕

　　用兩次除亦有説乎?曰:前條三較連乘,必以半總除
之,而得容員半徑之方冪。今欲以方冪爲用,故亦以半總
除也。然則又何以對邊之較除?曰:非但以較除也,乃以
較之冪除也。何以言之?曰:原法三較連乘爲實,今只以
兩較乘,是省一乘也。既省一對邊之較乘,又以對邊之較
除之,是以較除兩次也,即如以較自乘之冪除之矣。

　　餘兩較相乘,先又各乘半徑,何也?曰:此三率之精
理也。凡線與線相乘除,所得者線也;冪與冪相乘除,所

得者冪也。先既定乙戊句爲首率,心戊股〔即容員半徑。〕爲次率,半徑爲三率,乙角切線爲四率。而今無心戊之數,惟三較連乘中有心戊〔即容員半徑。〕自乘之冪,〔即三較連乘半總除之之數。〕故變四率並爲冪,以乙戊句冪爲首率,〔即對邊之較除兩次。〕心戊股冪爲次率,〔即半總除連乘數。〕半徑之冪爲三率,〔即半徑自乘。〕得半角切線之冪爲四率。〔即分形之乙角。〕

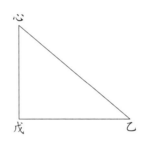

一　乙戊　　　今用乙戊自乘
二　心戊　　　心戊自乘
三　半徑　　　半徑自乘
四　乙角切線　切線自乘

故得數開方,即成切線。

又術:以三較連乘,半總除之,開方爲中垂線。〔即容員半徑。〕以半徑全數乘之爲實,各以所求角對邊之較除之,即得半角切線。

一　乙戊〔乙角對邊之較〕　丙戊〔丙角對邊之較〕　甲己〔甲角對邊之較〕
二　心戊中垂線　　心戊中垂線　　心己中垂線〔亦即心戊〕
三　半徑全數　　　半徑全數　　　半徑全數
四　乙半角切線　　丙半角切緣　　甲半角切線

此即用前圖可解，乃本法也。

論曰：常法三邊求角，倘遇鈍角，必於得角之後又加審焉，以鈍角與外角同一八線也。今所得者既爲半角，則無此疑，實爲求角之捷法。

四卷補遺

問：以邊求角，〔句股第二術。〕因和較乘除而知正角，乃定其爲句股形，何也？曰：古法句弦較乘句弦和，開方得股。今大邊〔壬丁〕與小邊〔癸丁〕以和較相乘爲實，癸壬邊爲法除之，而仍得癸壬，是適合開方之積也。則大邊、小邊之和較，即句、弦之和較，而癸爲正角，成句股形矣。〔凡句股形，弦爲大邊而對正角。今丁壬邊最大，即弦也，故所對之癸角爲正角。〕

試再以丁壬與壬癸之和較求之。

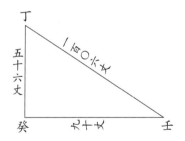

如法，用丁壬、壬癸相加得和〔一百九十六丈〕，相減得較〔一十六丈〕，較乘和〔三千一百三十六丈〕爲實，丁癸〔五十六丈〕爲法除之，亦仍得五十六丈。何則？股弦較乘和，亦開方得句故也。

然則句股弦和較之法又安從生？曰：生於割圜。

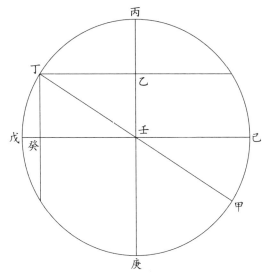

試以丁壬弦爲半徑，作戊丁丙己圜。全徑二百一十二，半徑一百〇六，乙丁正弦九十，〔即癸壬股。〕乙壬餘弦五十六，〔即癸丁句。〕丙乙正矢五十，〔即句弦較。〕乙庚大矢一百六十二。〔即句弦和。〕正矢乘大矢，得數八千一百，開方得正弦。〔即句弦和乘較，開方得股。〕

然則此八千一百者，既爲正矢、大矢相乘之積，又爲正弦自乘之積，故以正弦自乘爲實，而正矢除之，可以得大矢；大矢除之，亦得正矢。〔即乙丁股自乘爲實，而以句弦較丙乙除之，得乙庚爲句弦和；若以句弦和除之，亦得句弦較。〕

更之，則正矢乘大矢爲實，以正弦除之，仍得正弦矣。〔即句弦較丙乙乘句弦和乙庚爲實，以乙丁股爲法除之，而仍復得股。〕

論曰：句股形在平圜內，其半徑恒爲弦。若正弦餘弦，則爲句爲股，可以互用，故其理亦可互明。〔以丁壬及丁癸二邊取和較求壬癸邊，爲句弦求股；以丁壬及壬癸二邊取和較求丁癸邊，爲股弦求句，一而已矣。〕

　　問：數則合矣，其理云何？曰：仍句股術也。

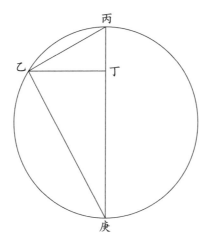

　　如上圖，於圓徑兩端〔如丙如庚。〕各作通弦線，至正弦〔丁乙〕之銳，〔如庚乙、丙乙。〕成丙乙庚大句股形。又因中有正弦，成大小兩句股形〔乙丁庚爲大形，乙丙丁爲小形。〕而相似。〔以乙丁線分正角爲兩，則小形乙角爲大形乙角之餘，而與庚角等，即大形乙角亦與小形丙角等，故兩形相似。〕則乙丁正弦既爲小形之股，又爲大形之句，其比例爲丙丁〔小形句〕與乙丁〔小形股〕，若乙丁〔大形句〕與丁庚〔大形股〕也。故正矢〔丁丙〕乘大矢〔丁庚〕，與正弦〔乙丁〕自乘等積。〔丙庚全徑爲正弦所分，其一丁丙正矢爲小形之句，而乙丁正弦爲其股；其一丁庚大矢爲大形之股，而乙丁正弦爲其句。〕

一　丁丙正矢　小形句

二　乙丁正弦　小形股

三　乙丁正弦　大形句

四　丁庚大矢　大形股

凡二率、三率相乘，與一、四相乘等積，故乙丁自乘，即與丁丙、丁庚相乘等積也。

論曰：凡割圓算法，專恃句股，古法、西法所同也。故論句股者必以割圓，而論割圓者仍以句股。如根株華實之相須，乃本法，非旁證也。

或疑切線分外角以正弦為比例，恐不可施於鈍角，作此明之。

鈍角形用外角一〔一〕

甲丙乙鈍角形，先有丙角及丙甲、丙乙二邊，求餘角。

一率　丁乙〔邊總〕

二率　癸乙〔邊較〕

三率　己戊〔半外角切線〕

四率　壬己〔半較角切線〕

論曰：試作壬丙線與乙甲平行，分外角為兩，則壬丙丁即乙角，其正弦卯丁；又甲丙壬即甲角，其正弦甲丑。以兩句股〔丑子甲、卯子丁〕相似之故，能令兩正弦〔丑甲、卯丁〕之比例移於通弦，以成和較，〔丑甲與卯丁既若子甲與子丁，則丁甲即兩正弦之和，辰子即兩正弦之較。〕而半外角、半較角之算以生，〔半

_____

〔一〕圖見下頁。

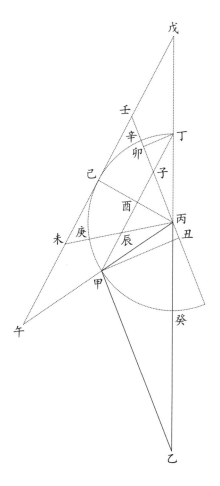

外角爲和，半較角爲較，並與兩正弦之和較同比例，即與兩邊之和較同比例。〕
並如銳角。

　　又論曰：此所分大角爲鈍角，故甲丑正弦作於形外。
然雖在形外，而引分角線至丑，適與之會，即能成丑子甲句
股形，與卯子丁相似，而生比例。

鈍角形用外角二

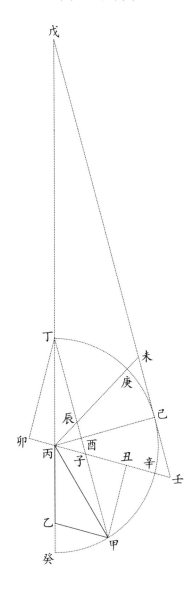

〔丙乙甲形先有丙角，求餘角。法爲邊總丁乙與邊較乙癸，若半外角切線戊己與半較角切線未己。〕

〔此亦因所分爲鈍角，故卯丁正弦在形外。又大邊爲半徑，故乙癸較亦在形外，而丁乙爲和，餘並同前。〕

鈍角形用外角三^(一)

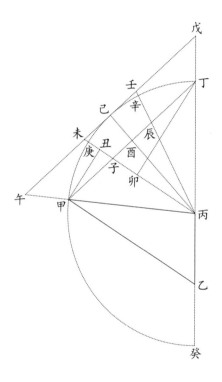

〔丙甲乙形，先有丙角，求餘角。法爲邊總丁乙與邊較乙癸，若半外角切線己戊與半較角切線己壬。此因先得鈍角，故所分之内反無鈍角，而正弦所

───────

〔一〕以下六圖及圖説，輯要本删。

作之小句股並在外角之内,同銳角法矣。〕

〔又以正角觀之。〕

句股形用外角一

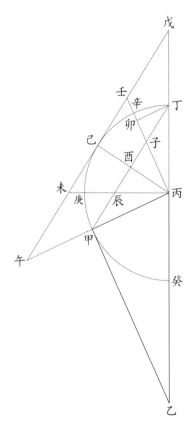

〔丙甲乙形,先得丙角及丙甲句、乙丙弦。如法作丙壬線與乙甲股平行,分外角爲兩,則句弦和丁乙與句弦較癸乙,若半外角切線己戊與半較角切線己壬。此以丙甲爲半徑作外角弧,而即用丙甲爲正弦,知所得爲正角。〕

句股形用外角二

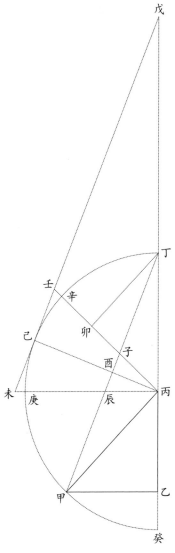

〔甲乙丙形，先得丙角，求餘角。如法作丙庚線與乙甲句平行，次截辛丁

如庚甲,作辛丙線,分外角爲兩,則小角之正弦卯丁,大角之正弦即丙甲,而成兩句股相似,爲切線比例。法爲句弦和丁乙與句弦較乙癸,若半外角切線己戊與半較角切線己壬。此以丙甲爲半徑作外角弧,而即用丙甲爲正弦,知辛丙甲爲正角。而丁辛同庚甲,即辛丙甲同丁丙庚,又即同丙乙甲,而乙爲正角矣。以乙正角減外角,餘爲甲角。〕

　論曰:右並以先不知其爲句股形,故求之而得正角。凡正角之弧九十度,別無正弦,而即以半徑全數爲正弦,得此明之。

句股形用外角三

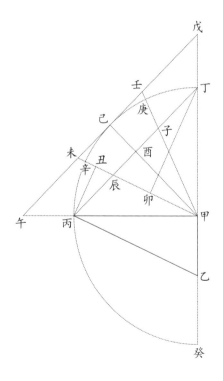

〔甲乙丙形,先有正角,求餘角。法爲句股和丁乙與句股較癸乙,若半外角切線戊己與半較角切線己壬。〕

論曰:此因先得者爲正角,故其外角亦九十度,而半外角四十五度之切線,即同半徑全數。餘並同前。

又論曰:句股形求角本易,不須外角,而外角之用,得此益明。

〔又仍徵之銳角,以盡其變。〕

銳角形

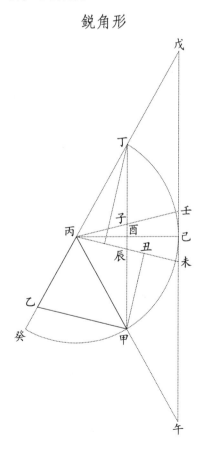

〔以大邊爲半徑作外角弧，分角線丙未與次大邊平行。邊總乙丁與邊較乙癸，若半外角切線戊己與半較角切線壬己。〕

銳角形

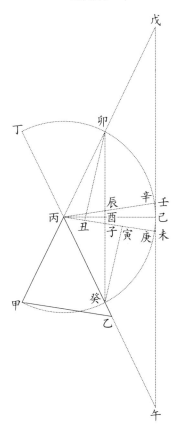

〔以次大邊爲半徑作外角弧，分角線丙未與小邊乙甲平行。大邊總丁癸與邊較乙癸，若半外角切線己戊與半較角切線己壬。〕

問：平三角形以一邊爲半徑，得三正弦比例，不識大邊亦可以爲半徑乎？〔小邊、次邊爲半徑，已具前條，故云。〕曰：可。

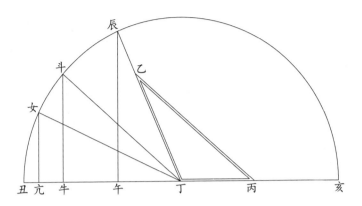

　　如乙丙丁鈍角形，引乙丁至辰如乙丙大邊，而用爲半
徑，以丁爲心，作丑辰亥半弧。從辰作辰午，爲丁鈍角正
弦。又作丁斗半徑與乙丙平行，則斗牛爲丙角正弦。又
截女丑弧如辰斗，作女丁半徑，則女亢爲乙角正弦。合而
觀之，丁角正弦〔辰午〕最大，故對邊乙丙亦大；丙角正弦
〔斗牛〕居次，故對邊乙丁亦居次；乙角正弦〔女亢〕最小，故
對邊丁丙亦小。

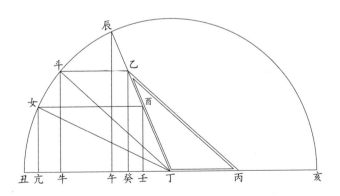

　　又問：若此則三邊任用其一，皆可爲半徑而取正弦，

是已，然此乃同徑異角之比例也。若以三邊爲弦，三正弦爲股，則同角異邊之比例也。兩比例之根不同，何以相通？曰：相通之理，自具圖中，乃正理，非旁證也。試於前圖用乙丁次邊爲弦，其股乙癸與斗牛平行而等，則丙角正弦也。又截酉丁如丁丙小邊爲弦，其股酉壬與女亢平行而等，則乙角正弦也。又辰丁大邊爲弦，〔即乙丙。〕其股辰午原爲丁大角正弦也。於是三邊並爲弦，三對角之正弦並爲股，成同角相似之句股形，而比例皆等，可以相求矣。

一	大邊〔乙丙，即辰丁〕	
二	丁角正弦〔辰午〕	
三	次邊乙丁	小邊〔丁丙，即酉丁〕
四	丙角正弦〔乙癸〕	乙角正弦〔酉壬〕
一	丁角正弦〔辰午〕	
二	大邊乙丙	
三	丙角正弦〔乙癸〕	乙角正弦〔酉壬〕
四	次邊乙丁	小邊丁丙

此如先得大邊〔乙丙，即辰丁。〕與所對大角〔丁〕，故用辰午丁大句股形爲法，求餘二句股也。〔乙癸丁、酉壬丁。〕皆同用丁角而形相似，故法可相求。其實三正弦皆大邊爲半徑所得，故其理相通。未有理不相通而法可相求者，故曰“皆正理，非旁證”也。

又試於乙丙丁形，〔或鈍角，或銳角，同理。〕以丁丙小邊爲半徑作房箕壁象弧。〔以乙爲心。〕如上法取三正弦，〔以尾壁弧爲丁角度,其正弦尾虛;又算壁弧爲丙角度,其正弦箕危;又戌壁弧爲乙角度,其正弦戌申。〕成同徑異角之比例。又如法用三邊爲弦,三正弦爲股。〔乙戌即丁丙小邊,配乙角正弦戌申,原如弦與股。又本形乙丁次邊爲弦,則丁甲爲股,與箕危平行而等,丙角正弦也。又引乙丁至子成子乙,即乙丙大邊以爲弦,則子寅爲股,與尾虛平行而等,丁角正弦也。〕則並爲相似之句股形,而比例等。

丁鈍角

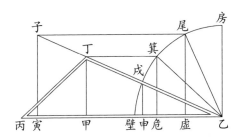

丁鋭角

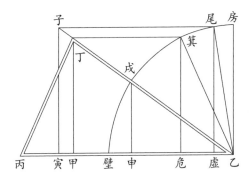

一　小邊丁丙〔即戌乙〕

二　〔乙角正弦〕戌申

三　大邊乙丙〔即乙子〕　　　　次邊丁乙

四　〔丁角正弦〕子寅〔即尾虛〕　〔丙角正弦〕丁甲〔即箕危〕

角求邊者,則反用其率。下同。

此如先得小邊〔丁丙〕與所對小角〔乙〕,故以戌申乙小
句股形爲法,求兩大句股也,〔丁甲乙、子寅乙。〕皆同用乙角而
形相似。

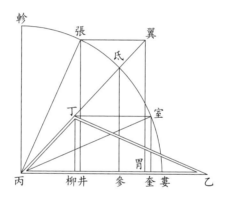

又試以乙丁次邊爲半徑,作象限如前。〔以丙爲心。〕取
三正弦,〔張婁爲丁角弧度,張井其正弦;氐婁爲丙角弧度,氐參其正弦;室
婁爲乙角弧度,室奎其正弦。〕成同徑異角之比例。又仍用三邊
爲弦,三正弦爲股,〔引丁丙至翼[一],與大邊乙丙等,成翼丙弦,其股翼
胃與張井平行而等,丁角正弦也。又乙丁次邊成氐丙弦,其股氐參,原爲丙角
正弦。又丁丙小邊爲弦,其股丁柳與室奎平行而等,乙角正弦也。〕即復成

──────────

〔一〕翼,原作"翌",今改從正字。後文同。

相似之句股形,而比例等。

一　次邊乙丁〔即氐丙〕

二　〔丙角正弦〕氐參

三　大邊乙丙〔即翼丙〕　　小邊丁丙

四　〔丁角正弦〕張井〔即翼胃〕〔乙角正弦〕丁柳〔即室奎〕

此如先得次邊〔乙丁〕及所對丙角,故以氐參丙句股爲法,求大小二句股也。〔求翼胃丙,爲以小求大;求丁柳丙,爲以大求小。〕皆同用丙角,而比例等。

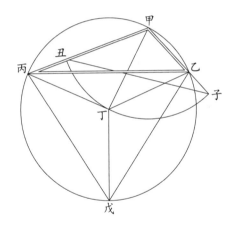

問:員內三角形以對弧爲角倍度,設有鈍角小邊,何以取之?〔或問內原設銳角,兩邊並大於半徑,故云。〕曰:法當引小邊,截大邊作角之通弦。〔如圖,乙甲丙鈍角形在平員內,以各角切員,而乙甲邊小於半徑。則引乙甲出員周之外,乃以甲角爲心,平員心丁爲界,作子丁丑弧,截引長邊於子,截大邊於丑。則丑甲、子甲並半徑,與丁甲等,而丑子爲通弦。〕又平分對邊,作兩通弦,〔從員心作丁乙、丁丙兩半徑,截乙戊丙員周,爲甲角對邊所乘之弧,而半之於戊,作乙戊、丙戊二線，成兩通弦。〕則此兩通弦自相等，又並與丑子通弦等。夫子丁丑弧，甲角之本度也；丙戊弧、乙戊弧，皆對弧之半度也，而今乃相等，〔通弦等者，弧度亦等。〕是甲角之度適得對弧乙戊丙之半，而乙戊丙對弧爲甲角之倍度矣。

三角法舉要卷五

測量〔三角用法算例已具，兹則舉高深廣遠，以徵諸實事，亦與算例互相補備也。〕

一測高
一測遠
一測斜坡
一測深
　附隔水量田
　附解測量全義[一]

三角測高第一術

自平測高。

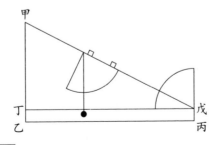

〔一〕附解測量全義，康熙本、二年本無。

　　假如有塔不知其高,距三十丈立表一丈,用象限儀測得高二十六度三十四分弱,依切線術求得塔高一十六丈。

　　一　　半徑　　　　　　　　　　一〇〇〇〇

　　二　　戊角切線　　　　　　　　〇五〇〇〇

　　三　　距塔根〔丙乙,即戊丁〕　　三十丈

　　四　　塔頂高〔甲丁。是截算表端以上〕十五丈

　　加戊丙表一丈,〔即丁乙。〕共得塔高十六丈。〔甲乙。〕

　　凡用象限儀,以垂線作角,與用指尺同理。〔指尺即闚衡,亦曰闚管,亦曰闚箭。〕

　　若戊丙表立於高所,當更加立處之高,以爲塔高。

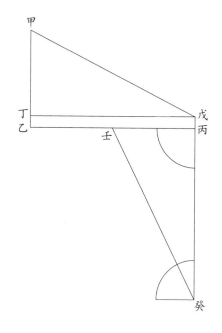

省算法：從表根丙平安象限，以一邊指塔根乙，一邊指癸。乃順丙癸直線行至癸，得三十丈，與丙乙等。復於癸平安象限，作癸角與戊角等，邊指丙，尺指壬，則壬丙遠即甲丁之高。〔亦加丁乙爲塔高。〕

論曰：癸角同戊角，丙癸同丙乙，丙與乙並正角，則兩句股形等，立面與平面一也。

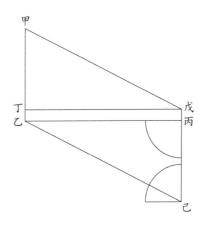

又術：自丙向癸却行，以象限平安，邊指丙，尺指乙，求作戊之餘角，得己丙之距，即同甲丁之高。

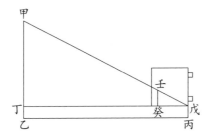

又省算法：用有細分矩度，自戊數至癸，令其分如丙乙之距。〔或兩倍、三倍。〕從癸數壬癸直線之分，即甲丁之距也。〔先以二分爲丈，或三分爲丈，今亦同之。〕

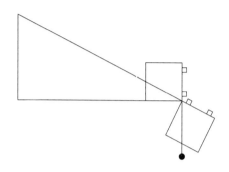

用矩度，以垂線作角，其用亦同。

三角測高第二術

平面測不知遠之高，法用重測。

假如有山頂，欲測其高，而不知所距之遠。依術立二表，相距一丈二尺，用象限儀測得高六十度十九分，退測後表得五十八度三十七分。查其兩餘切線以相減，得較數爲法，表距乘半徑爲實，算得山高三十一丈。

一　餘切線較　　〇〇四〇〇〇
二　半徑　　　　一〇〇〇〇〇
三　表距戊己　　一丈二尺
四　山高甲丁　　三十丈

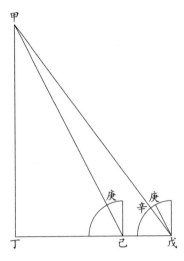

加表一丈,共三十一丈。

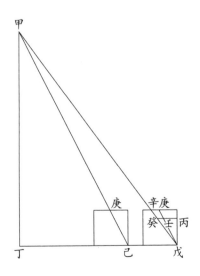

　　省算法:用矩度,假令先測指線交於辛,後測指線交
於庚,成辛庚戊三角形。法於兩指線中間,以兩測表距〔即

戊己。〕變爲分,如壬癸小線,引長之至丙,即丙戊當所[一]測高。

論曰:此即古人重表法也。或隔水量山,或於城外測城内之山,並同。

三角測高第三術

從高測高,又謂之因遠測高。

假如人在山顛,欲知此山之高。但知山左有橋,離山半里,用象限測橋,得遠度一十八度二十六分强。依切線法,求得山高一里半。

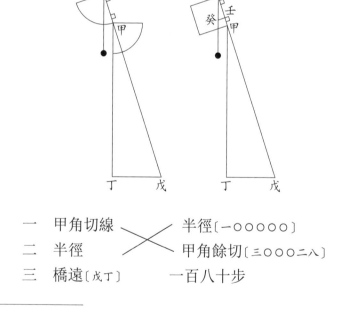

一　甲角切線　　　　　　半徑〔一〇〇〇〇〇〕

二　半徑　　　　　　　　甲角餘切〔三〇〇〇二八〕

三　橋遠〔戊丁〕　一百八十步

〔一〕當所,原作"所當",據康熙本乙正。

四　　山高〔甲丁〕　　　　五百四十步〔〇五尺〕

省算法：用矩度作壬癸線以當戊丁，則己壬當甲丁。

三角測高第四術

從高測不知遠之高，法用重測。

假如人在山上，欲知本山之高，然又無可據之遠。但山有樓或塔，量得去山二十一丈，以象限儀指定一處，於樓下測得五十五度二十六分，又於樓上測得五十三度五十分，用餘切線求得山高三百四十四丈五尺。

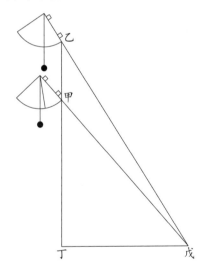

一　　兩餘切較　　　〇四二

二　　下一測餘切　　六八九

三　　樓高〔兩測之距〕　二十一丈

四　　山高　　　　　三百四十四丈五尺

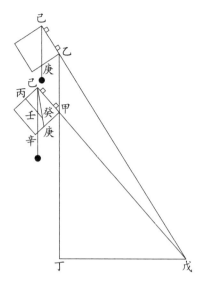

省算法：用矩度上測交庚，下測交辛，成辛己庚三角形。法於兩指線中間，以上下兩測之距變爲分，如壬癸小線，引長之至丙，即壬丙當所測本山之高。

三角測高第五術

若山上無兩高可測，則先測其弦〔但山上有兩所可以並見此物，即可測矣。〕

甲、乙爲山上兩所，〔不拘平斜，但取直線。〕任指一處如戊，於甲於乙用器兩測之，成甲乙戊形。此形有甲乙兩角，又有甲乙之距，爲兩角一邊，可求甲戊邊。法爲戊角之正弦與甲乙邊，若乙角之正弦與甲戊。

再用甲戊丁句股形，爲半徑與甲戊，若甲角餘弦與甲丁，即山之高也。

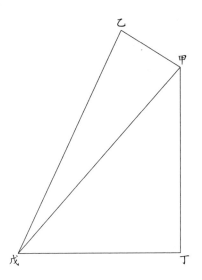

三角測高第六術

借兩遠測本山之高。

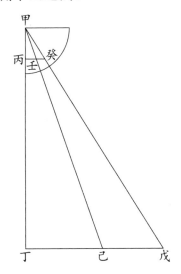

有山不知其高,亦無距山之遠,但山前有大樹,從此樹向山而行,相去一百八十五丈又有一樹。人在山上,可見兩樹如一直線,即於山上以象限儀測此二樹。一測遠樹四十三度三十二分,一測近樹三十度〇七分,用切線較得本山高五百丈。

　　一　切線較　　〇三七〇〇〇
　　二　半徑　　　一〇〇〇〇〇
　　三　兩遠之較　一百八十五丈
　　四　本山高　　五百丈

　　省算:作壬癸小線當兩遠之距〔己戊〕,而丙甲當本山高〔甲丁〕。

三角測高第七術

　　用山之前後兩遠測高。

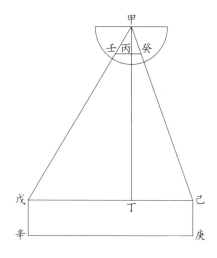

　　甲爲山顚,可見戊、己兩樹,其樹與山參相直,〔如山南樹直正子,北樹直正午[一]。〕而不知其距。但山外有路,與此樹平行爲庚辛,其長三里。〔如兩樹正南北,此路亦自南向正北行。〕即借庚辛之距爲兩樹之距,以兩切線并爲法求之。

　　先從甲測己,得甲角一十七度〇四分;又從甲測戊,得甲角三十四度三十四分。法爲兩切線并與己戊,若半徑與甲丁也。

　　一率兩切線并〔〇九六〇〇〕,二率半徑〔一〇〇〇〇〇〕,三率己戊即庚辛〔三里〕,求得四率甲丁〔三里〇四步又三之一强〕。

三角測高第八術

　　測山上之兩高。

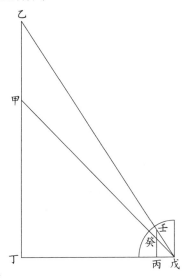

〔一〕南樹直正子北樹直正午,兼濟堂曆算書刊謬云:“子、午二字互訛。”

甲山上有塔如乙,欲測其高如乙甲之距。於戊安儀器,測乙測甲,得其兩戊角之度。〔一乙戊丁,二甲戊丁。〕各取其切線,相減得較,法爲半徑比切線較,若戊丁與乙甲。

省算法:數戊丙之分以當戊丁,作壬癸丙小線,則壬癸之分即當乙甲。

用矩度亦同。

三角測高第九術

隔水測兩高之橫距。

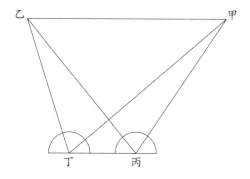

有甲、乙兩高在水外,欲測其相距之遠。任於丙用儀器,以邊向丁,窺箭指甲,得甲丙丁角〔一百二十五度〕;又指乙,得乙丙丁角〔五十度〕。次依丙丁直線行至丁,〔得一百步。〕再用儀器,以邊向丙,窺箭指甲,得甲丁丙角〔三十九度〕;又指乙,得乙丁丙角〔一百零八度〕,又甲丁乙角〔六十九度〕,得三角形三。〔一甲丁丙,二乙丁丙,三甲丁乙。〕

今算甲丁丙形,有丁丙邊,丁、丙二角,求甲丁邊。

一率甲角〔一十六度〕正弦〔二七五六四〕，二率丁丙〔一百步〕，三率丙角〔一百二十五度〕正弦〔八一九一五〕，求得四率甲丁邊〔二百九十七步〕。

次乙丁丙形，有丁丙邊，丙、丁二角，求乙丁邊。

一率乙角〔二十二度〕正弦〔三七四六一〕，二率丁丙邊〔一百步〕，三率丙角〔五十度〕正弦〔七六六〇四〕，求得四率乙丁邊〔二百〇四步〕。

末乙丁甲形，有甲丁邊〔二百九十七步〕，乙丁邊〔二百〇四步〕，丁角〔六十九度〕，先求甲角。

一率兩邊之總〔五百〇一步〕，二率兩邊之較〔九十三步〕，三率半外角〔五十五度半〕切線〔一四五五〇一〕，求得四率半較角切線〔二七〇〇九〕。查表得一十五度〇七分弱，以減半外角，得甲角四十度二十二分強。

次求甲乙邊。

一率甲角正弦〔六四七九〇〕，二率乙丁邊〔二百〇四步〕，三率丁角正弦〔九三三五九〕，求得四率甲乙邊二百九十四步弱。

論曰：此所測甲丁及乙丁，皆斜距也。或甲乙兩高並在一山之上，於山麓測之；或甲乙分居兩峰，於兩峰間平地測之；或甲在水之東，乙在水之西，於一岸測之，並同。

若用有度數之指尺，並可用省算之法。

三角測高第十術

隔水測兩高之直距。

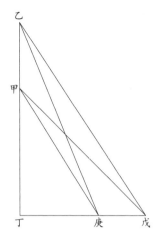

有兩高如乙與甲，於戊於庚測之。

先以乙庚戊形求乙庚斜距，次以甲庚戊形求甲庚斜距，末以乙甲庚形〔有乙庚邊、甲庚邊及庚角。〕求乙甲邊，即所求。

三角測高第十一術

若山之最高顛爲次高所掩，則用遞測。

山前後左右地勢不同，則用環測。環測者，從高測下，與測深同。太高之山，則用屢測。

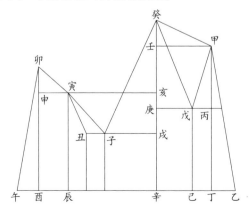

癸極高爲甲次高所掩,則先測甲,復從甲測癸,謂之遞測。

乙丁與子丑居癸山之下爲地平,而各不等,則從癸四面測之。如測癸辛之高,以辛乙爲地平;又測癸戌之高,以戌子丑爲地平,則乙丁與子丑之較爲戌辛,謂之環測。

若山太高太大,則於乙測甲,又於甲測癸。或先測卯,又測寅,又測丑測子,再從子丑測癸。細細測之,則真高自見,而地之高下亦從可知矣,謂之屢測。

三角測遠第一術

平面測遠。

有所測之物如乙,於甲立表安象限,以邊指乙,餘一邊對丁。從甲乙直線上,任取九步如丁。於丁復安象限,以邊對甲,闚管指乙,得丁角七十一度三十四分。用切線算得乙距甲二十七步。

一　半徑

二　丁角切線

三　丁甲

四　乙甲

若欲知丁乙之距，依句股法，甲丁、甲乙各自乘，并而開方，即得乙丁。

若徑求乙丁，則爲以半徑比丁角之割線，若甲丁與丁乙也，是爲以句求弦。

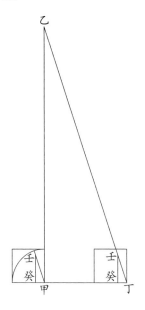

省算：用矩度，自丁數至〔一〕癸，取丁癸之分如丁甲之距，〔或以分當步，或二分或三分當一步，皆可。〕作壬癸丁小句股，則

〔一〕至，原作"自"，據輯要本及刊謬改。

壬癸之分即乙甲也。〔或一分當步，或二分三分，並如丁癸之例。〕而
丁壬亦即當丁乙。〔若尺上有分數，即徑取之。〕

　　若先從丁測，則以測器向甲，指尺向乙，作丁角。次
依丁甲直線行至甲，務令測器之一邊順丁甲直線，餘一邊
指乙，則甲爲正方角。如前算之，即得。〔若甲非正方角，則於
丁甲直線上，或前或後移測，求爲正方角乃止。〕

三角測遠第二術

　　省算法：

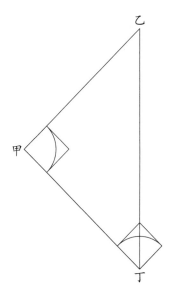

　　人在甲欲測乙之遠，於甲置儀器，一邊向乙，一邊向
丁，成正方角。乃依甲丁直線行至丁，以邊向甲，闚管指
乙，作四十五度角，即甲丁與甲乙等。

若用矩度，以乙丁線正對方角，則丁角爲正方角之半，而甲丁等乙甲。

論曰：丁角爲正方角之半，則乙角亦正方角之半，而句與股齊，故但量甲丁，即知甲乙。

又省算法：

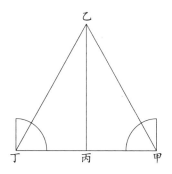

於甲置儀器，以邊向丁，闚管指乙，作六十度角。順甲丁直線行至丁，復作六十度角，則甲丁等甲乙。

論曰：甲角、丁角俱六十度，則乙角亦六十度矣，故三邊俱等。

若丁不能到，則於甲丁線上取丙，以儀器二邊對甲對乙，成正方角，則甲丙爲乙甲之半。

三角測遠第三術

平面測遠用斜角。

人在甲測乙，而兩旁無餘地可作句股，則任指一可測之地如丁，量得丁甲二十丈。於丁安儀器，以邊向甲，窺箭指乙，得丁角〔四十六度〕。又於甲安儀器，以邊指丁，窺箭指乙,得乙甲庚角〔二十一度〕,加象限〔九十度〕,得甲鈍角〔一百一十一度〕。法爲以乙角之正弦〔二十三度乃甲、丁二角減半周之餘。〕比丁甲,若丁角之正弦與乙甲,算得乙甲三十六丈八尺二寸。

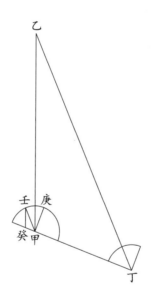

若求乙丁,則爲以乙角之正弦比丁甲,若甲角之正弦與乙丁,算得乙丁四十七丈七尺八寸。〔甲爲銳角,法同。〕

省算法:於儀器作壬甲線與乙丁平行,作壬癸線與乙甲平行,成壬癸甲小三角形,與丁乙甲等,則甲癸當甲丁,而壬癸當甲乙,又壬甲當乙丁,用矩度同。〔但於象限內作橫直分,用同矩度。〕

論曰:壬角既同乙角,〔壬甲與乙丁平行,壬癸與乙甲平行,則作角必相等。〕癸鈍角又同甲角,則兩三角相似,而比例等。

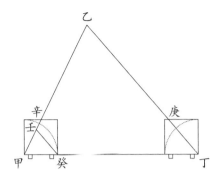

銳角形於甲測乙,用矩度之邊指丁,作甲角。另用一
矩度,〔其矩須於兩面紀度。〕從丁測之,以邊向甲,闚箭指乙,
作丁角。末移丁角作癸角,於器上作壬癸線與乙丁平行。
則癸甲當丁甲,而壬甲當乙甲,壬癸當乙丁。

三角測遠第四術

平面測遠借他線爲比例。

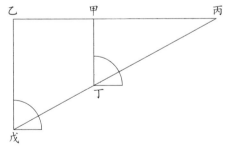

甲、乙爲兩所,順甲乙直線行,任取若干步至丙。又
於丙任作直線至丁,得若干步。於丁安儀器,以邊對甲,闚
衡指丙,作丁角。順此直線至戊,復安儀器,邊對乙,衡指
丙,作戊角,令與丁角等。則丙丁比丁戊,若丙甲與甲乙。

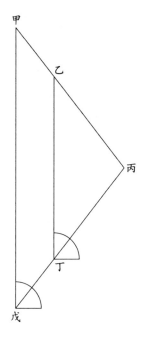

省算法：於乙甲直線上取丙，又從丙作丙戊直線，截丁丙如乙丙。於丁用象限闚乙，作丁角。再於戊闚甲，作戊角，令與丁角等，則丁戊即甲乙。

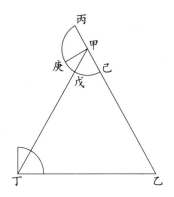

又法：甲置儀器，指乙指丁作角，以減半周，成外角。〔己戊爲甲角之度，丙庚戊爲外角之度。〕於丁置儀器，指甲指乙，使丁角如半外角之度。但量甲丁，即得甲乙。

論曰：凡外角能兼內餘二角〔乙、丁〕之度，丁角既爲外角之半，則乙角亦外角之半矣。角等者，所對之邊亦等，故甲丁等甲乙。

三角測遠第五術

平面測遠借他形爲比例法。

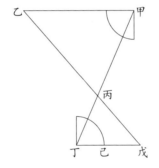

從甲測乙，任立一表於丙，從甲用儀器以邊向乙，闚管指丙，得甲角。復於丁加儀器，以邊向戊，闚管指丙，使丁丙甲爲一直線，而作丁角與甲角等。乃順儀器邊取直線至戊，令戊丙乙爲一直線，則丁丙與丁戊，若丙甲與甲乙。〔鈍角形、句股形並同一理。〕

鈍角形

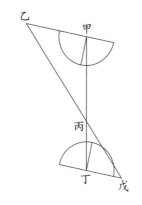

句股形

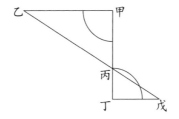

論曰：丙戊丁與丙甲乙兩三角形相似，以兩形之丙角爲交角，必相等。而丁角又等甲角，則戊角亦等乙角矣，故其比例等。

三角測遠第六術

省算。

有甲、乙兩所，欲測其距。如前立丙表，以器測得甲丙乙角之度。又順乙丙直線行至戊，令丙戊之距同甲丙而止。再從戊行至丁，從丁闚丙至甲，成一直線。於此直

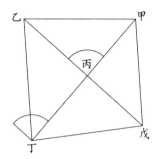

線上進退移測，使乙丁丙角爲乙丙甲角之半。則但量丁戊，即同乙甲。〔甲爲鈍角，或丙爲鈍角，並同。〕

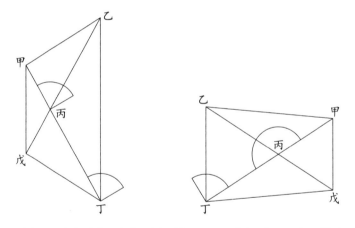

　　論曰：甲丙與丙戊既相等，乙丁丙角爲乙丙甲外角之半，則丙乙丁角亦外角之半，是乙丙與丁丙亦等也。而丙交角又等，是甲丙乙三角形與戊丙丁形等角等邊也，故丁戊即乙甲。

三角測遠第七術

重測。

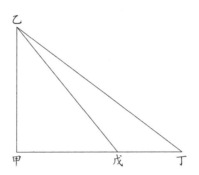

　　甲、乙爲兩所，欲測其距，而俱不能到，則兩測之於戊於丁，量得戊丁之距〔十六步半〕，用器測得戊角〔五十度四十三分〕、丁角〔三十六度一十分〕。兩角之餘切線較〔五五〇〇〇〕爲一率，半徑〔一〇〇〇〇〇〕爲二率，戊丁〔十六步半〕爲三率，得四率爲乙甲之距〔三十步〕。

　　若求戊甲之距，以兩測之餘切較〔五五〇〇〇〕爲一率，先測戊角之餘切〔八一八〇〇〕爲二率，丁戊〔十六步半〕爲三率，得四率戊甲〔二十四步五四〕。

　　論曰：此即古人重表測遠法也。必丁戊甲直線與乙甲線橫直相遇，使甲爲正角，其算始真。假如乙甲正南北距，則丁戊甲必正東西，斯能橫直相交而成正角也。

三角測遠第八術

分兩處重測。

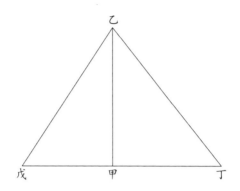

乙岸在河東,欲測其距西岸之遠如甲,則任於甲之左右取丁、戊兩所,與甲參相直,而距河適均。測得丁角〔五十度四十三分〕,戊角〔五十五度四十三分〕,用兩角度之餘切線并〔一五〇〇〇〇〕爲一率,半徑〔一〇〇〇〇〇〕爲二率,丁戊之距〔九十六步〕,爲三率,求得四率乙甲之距〔六十四步〕,爲兩岸闊。

論曰:此法但取丁戊直距與河岸平行,則不必預求甲點,而自有乙甲之距,爲丁戊之垂線,尤便於測河,視用切線較更簡捷而穩當矣。

三角測遠第九術

用高測遠。

甲、乙爲兩所,不知其遠,而先知丁乙之高。於甲用儀

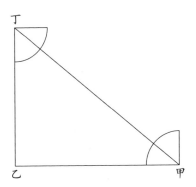

器，測丁乙之高幾何度分，即知甲乙。法爲半徑比甲角之餘切，若丁乙高與甲乙之遠。

　　若人在高處如丁，用高測遠，則爲半徑比丁角之切線，若丁乙與甲乙。其理並同，但於丁加儀器而用正切。

三角測遠第十術

　　用不知之高測遠。

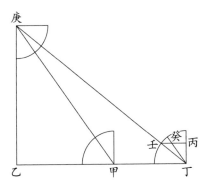

　　欲知丁乙之遠，而不能至乙。乙之上有庚，又不知庚

乙之高。法用重測,先於丁測之,得丁角〔三十八度一十三分〕。又依丁乙直線進至甲測之,得甲角〔五十三度五十二分强〕。兩餘切較〔〇五四〇一〕爲一率,丁角餘切〔一二七〇一〕爲二率,丁甲之距〔二十步〕爲三率,得四率丁乙〔四十七步〇三〕。或丁後有餘地,退後測之,亦同。

　　省算:作壬癸丙線,以壬癸分當丁甲之距,壬丙當丁乙之遠。

　　若人在高處如庚,於庚測丁測甲,以求丁乙,其法亦同,但於庚施儀器而用正切。〔法爲以兩庚角之切線較比丁庚乙之切線,若丁甲與丁乙。〕

三角測遠第十一術

　　用高上之高測遠。

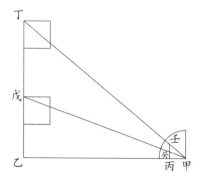

　　甲、乙爲兩所,而乙之根爲物所掩,〔如山麓有小阜,坡陀礨砢,林木蔽虧,或島嶼盤紆,荻葦深阻。〕難得真距。若用兩測,甲外又無餘地。但取其高處如戊,爲山巔。山上又有石臺,臺上有塔，如丁。丁戊之高原有定距，以此爲用，從甲測丁，又測戊，得兩角，〔一丁甲乙，二戊甲乙。〕求其切線。法爲以切線較比半徑，若丁戊與乙甲。

省算：作壬癸丙小線，以壬癸當丁戊，則甲丙當甲乙。矩度同。

若從高測遠，則於丁於戊兩用儀器測甲。用丁、戊兩角之餘切較以當丁戊，而半徑當甲乙，其理亦同。

三角測遠第十二術

從高測兩遠。

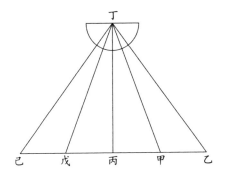

甲、乙兩遠，人從高處測之。於丁用儀器測甲測乙，得兩丁角。〔一甲丁丙，二乙丁丙。〕法爲以半徑比兩角之切線較，若丁丙高與乙甲也。

又法：既得兩角，則移儀器窺戊，作戊丁甲角，如甲丁丙之倍度。又移窺己，作己丁乙角，如乙丁丙之倍度。則但量己戊，即知乙甲。

三角測遠第十三術

連測三遠。

丙乙爲跨水長橋,甲乙爲橋端斜岸。今於丁測橋之長并甲乙岸闊,及其距丁之遠近。

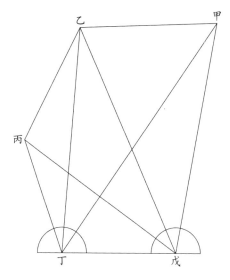

法於丁安儀器,以邊指戊,衡指甲指乙指丙,作丁角五。〔一甲丁戊,二乙丁戊,三乙丁甲,四戊丁丙,五乙丁丙,皆丁角而有大小。〕

次順儀器邊直行至戊,得丁戊之距。於戊復用儀器,以邊指丁,衡指丙指乙指甲,作戊角三。〔一丁戊丙,二乙戊丙,三甲戊丁,皆戊角而有大小。〕

一甲丁戊形有丁角、戊角,有丁戊邊,可求甲丁邊。

一乙丁戊形有丁角、戊角,有丁戊邊,可求乙丁邊。

一戊丁丙形有戊角、丁角,有丁戊邊,可求丁丙邊。

以上並二角一邊求餘邊,得甲、乙、丙三處距丁之遠近。

一乙丁丙形有丙丁邊、乙丁邊,有丁角,可求乙丙邊。

一乙丁甲形有甲丁邊、乙丁邊,有丁角,可求乙甲邊。

以上並二邊一角求餘邊,得岸闊與橋長。

三角測斜坡第一術

斜坡上平面測兩所之距。

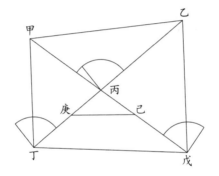

斜坡上有甲、乙兩所,欲量其相距之數。任立丙表,測得乙丙甲角度。乃順甲丙直線進退闚乙至戊,得乙戊丙角,爲乙丙甲角之半。又橫過至丁,從丁闚丙至乙,成一直線。順此直線進退闚甲至丁,得甲丁丙角,亦爲丙角之半,則丁戊即乙甲。

又法:不必立表,但任指一點爲丙,而於甲丙直線上任取己點,乙丙直線上任取庚點,作庚丙己三角形。有己角、庚角,即知丙角。末乃如上作丁戊兩角,爲丙角之半,即所求。

論曰：此因乙甲在斜面高處而不能到，故借用丁丙戊形測之，以丁丙戊、乙丙甲兩形相等故也。何則？丙交角既等，而乙丙甲外角原兼有丙乙戊、乙戊丙兩角之度，戊角既分其半，乙角亦半，則兩角等，而乙丙、戊丙兩邊亦等矣。準此論之，則甲丁丙角爲丙外角之半者，丁甲丙角亦必爲丙外角之半，而甲丙、丁丙亦等矣。兩形之角既等，各兩邊又等，則三邊俱等，而戊丁即乙甲。

若甲、乙兩所在下，而丁、戊兩測在上，亦同。

三角測斜坡第二術

斜坡測對山之斜高。

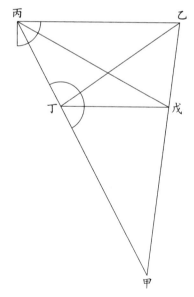

對山之斜高如甲戊乙，於對山之斜坡測之如丙丁。

先量得丙丁之距,於丙安儀器,得丙角二;〔一乙丙丁,二戊丙丁。〕於丁安儀器,得丁角四。〔一乙丁丙,二乙丁戊,三戊丁丙,四乙丁甲。〕成各三角形。

　先用乙丙丁形〔有丙角、丁角及丁丙邊。〕測乙丁邊。次用戊丙丁形〔有丙、丁二角及丁丙邊。〕測丁戊邊。三用乙丁戊形〔有乙丁、戊丁二邊及丁角。〕測乙角及乙戊邊。四用乙丁甲形〔有乙角、丁角及乙丁邊。〕測乙甲邊。乙甲内減乙戊,得戊甲邊。〔乙戊甲爲垂線之高,法同。〕

三角測斜坡第三術

　測對坡之斜高及其巖洞。

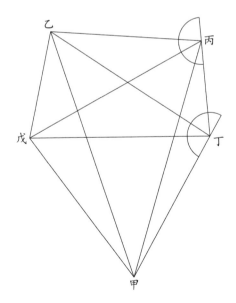

從丙從丁測對面之斜坡戊甲及乙戊。

　　一乙丙丁形，〔有丙丁兩測之距、丙角、丁角。〕可求乙丁邊。
二戊丙丁形，〔有丙丁邊、丁角、丙角。〕可求丁戊、丙戊二邊。三
乙丁戊形，〔有乙丁邊、戊丁邊、丁角。〕可求乙戊邊，爲所測對山
上斜入之巖。四丙丁甲形，〔有丁角、丙角、丙丁邊。〕可求丙甲
邊。五甲丙戊形，〔有丙戊邊、丙甲邊、丙角。〕可求戊甲邊，爲所
測對坡斜高。

　　或戊爲高處基址，乙爲房檐，亦同。

三角測深第一術

　　測井之深及闊。

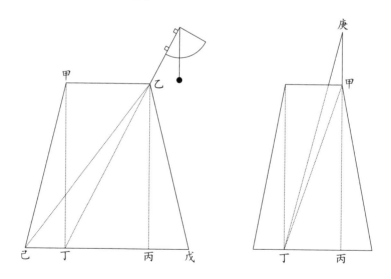

　　甲乙爲井口之闊，於甲作垂線至丁，〔或用磚石投之，以
識其處。〕從乙測之，得乙角，成甲乙丁句股形。即以甲乙
井口爲句，得甲丁股，爲井之深。既得乙丙深，〔即甲丁。〕

即可用乙己戊形，得己戊，爲底闊。法以半徑當井深〔乙丙〕，以兩乙角〔一戊乙丙，二己乙丙。〕之切線并，當井底之闊〔己戊〕。

若不知井口，則立表於井口如庚甲，求庚、甲二角，成庚甲丁形測之。

三角測深第二術

登兩山測谷深。

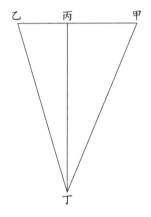

先於二山取甲乙之平，而得其距數爲橫線，即可用三角形求丙丁垂線，爲谷之深，與測高同理。〔亦可用以測高也。〕法爲甲乙兩角之餘切線并比半徑，若甲乙與丙丁。

論曰：深與高同理，測深之法即測高之法也。存此數則，以發其例。有不盡者，於測高諸術詳之可也。

附隔水量田法

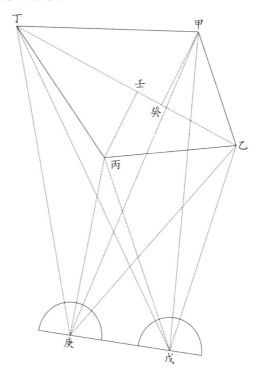

甲乙丙丁田在水中不可得量,於岸上戊、庚兩處用儀器測之,得諸三角形,算得其邊。〔一甲乙,二乙丙,三丙丁,四丁甲。〕次求乙丁對角線,分爲兩三角形。〔一甲乙丁,二丙乙丁。〕末用和較法,求得分形之兩垂線。〔一甲癸,二壬丙。〕并兩垂線而半之,以乘乙丁,即得田積。

或用三較連乘法,求三角形積并之,亦同。

凡有平面形在峭壁懸崖之上,及屋上承塵可以仰觀者,並可以此法測之。

解測量全義一卷十二題加減法[一]

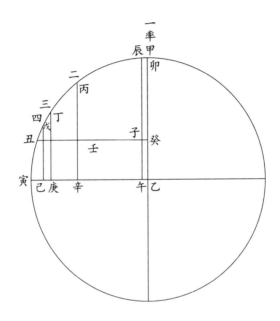

　　甲寅象限弧,甲乙半徑全數爲首率,丙寅弧之正弦丙辛爲二率,丁寅弧之正弦丁庚爲三率,戊己爲四率。

　　二三相乘爲實,首率爲法,法除實得四,此本法也。今以加減得之,則不用乘除。

　　丙寅加丁寅,〔即辰丙。〕爲辰寅總弧,其餘弦辰卯。〔即子癸。〕丙寅內減丁寅,爲丑寅〔即丙丁〕存弧,其餘弦癸丑。

〔一〕此條康熙本、輯要本無。兼濟堂曆算書刊謬“三角法舉要五卷”條云：“卷末‘解測量全義’一則,係新增,中有夾雜語,想即其訂補者耶？”又云：“二十四頁以後新增,係弧三角以加減代乘除之法,宜附於環中黍尺之後,不宜入此。”二十四頁以後,即“解測量全義”一條。

以子癸減癸丑,餘子丑,平分之於壬,爲壬子或壬丑,即四率。〔其壬子、壬丑皆與戊己等。〕此因總弧不及象限,故以兩餘弦相減。

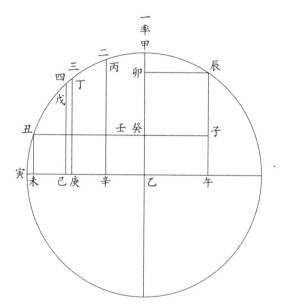

甲寅象限弧,甲乙半徑全數爲首率,丙寅弧之正弦丙辛爲二率,丁寅弧之正弦丁庚爲三率,戊己爲四率。

以上皆與前同。

丙寅加丁寅,〔即辰丙。〕爲辰寅總弧,〔此總弧大於象限。〕其餘弦卯辰。〔即子癸。〕丙寅內減丁寅,〔即丙丑。〕餘丑寅爲存弧,其餘弦丑癸。

以子癸加丑癸爲子丑,半之於壬,分爲壬子及壬丑二線,皆與戊己同,即爲四率,如所求。

此因總弧過象限,故以兩餘弦相加。

今 [一] 訂本書之譌

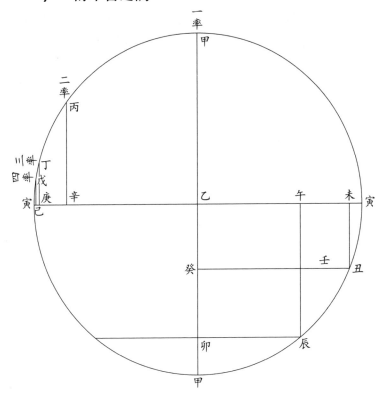

　　甲寅皆象限弧。甲乙半徑一〇〇〇〇〇爲首率,丙辛〇五九九九五爲二率,丁庚〇二五〇一〇爲三率,以三率法取之,得〇一五〇〇四爲四率。

　　今用加減法。以丙辛線爲正弦,查其弧得丙寅三十六度五十二分。亦以丁庚線爲正弦,查其弧得丁寅十四度二十九分。

<hr/>

〔一〕今,二年本無。

以丙寅弧與丁寅弧相加,得總弧辰寅五十一度二十一分,其餘弦〇六二四五六,如辰卯。〔即子癸。〕又以丙寅弧與丁寅弧相減,得存弧丑寅二十二度二十三分,其餘弦〇九二四六六,如丑癸。

因總弧小於象限,當以兩餘弦相減,其較〇三〇〇一〇,如子丑。〔於丑癸內減子癸得之。〕乃平分子丑於壬,其數〇一五〇〇五,爲壬丑或壬子,皆與戊己同,即爲四率。此所得與三率所推,但有微差而不相遠。

按:此以加減代乘除,依其法宜如此。今刻本"相減相并"訛爲"并而相減",又於相并之弧訛爲五十度二十分,相減之存弧訛爲二十二度二十四分,故其正弦皆訛,而所得之四率只一四三一,與三率所推不合矣。

又按:以加減代乘除之法,不過以明圖法之妙,其中又有此用耳。若以入算,終不如乘除之便,何也?設問每多整數,而正弦之數皆有畸零,不能恰合,一也。先用設數求弧度,必用中比例,始得相合,則於弧度亦有畸零,二也。弧度既有畸零,則其查餘弦,又必用中比例,三也。兩餘弦有用加之時,有用減之時,易至於訛,四也。及其所得四率,以較三率法之所得,終有尾數之差,五也。蓋論數學,則宜造其微;而施之於用,則貴其簡易。若可以簡易者,而故引之繁重,又何貴乎?故曰不如乘除之便也。

觀設例之時,便有訛錯如此,則其不便於用亦可見矣[一]。

〔一〕"又按"至此,兼濟堂曆算書刊謬云:"'又按'一段,暨後'觀設例'一段,俱非先人之筆,殆楊學山之所增也。何以知之?蓋以加減代乘除,(轉下頁)

又按：此加減法，即測量全義第七卷所言加減也。其以總、存兩餘弦相加減而半之者，即初得數也。然彼以兩正弦相乘得之，此以加減得之，而省一乘矣。實弧三角中大法，而彼但舉例而隱其圖，姑示其端於此，而又不直言其即弧度之初得數，此皆譯書者祕惜之故耳。

向後二圖，發明所以然之故。

甲寅象限弧。乙丙半徑爲首率，丙寅弧之正弦丙辛爲次率，丙丑弧之正弦丑戊爲三率，〔辰丙弧同丙丑，其正弦辰戊亦同丑戊。〕得戊己爲四率。〔丑壬及壬子並同。〕

總存兩餘弦相減之圖

（接上頁）其法簡妙，環中黍尺中論之詳矣。即本頁後‘又按’亦云‘實弧三角之大法’，不應忽作不便於用之語，前後刺繆。況以弧度畸零取正餘弦須用中比例，謂之不便於用，尤爲可咲。豈用乘除，弧度遂無畸零乎？取正餘弦遂可不用中比例乎？以加減代乘除，反謂之繁重，殊不可解。”

〔存弧丑寅與總弧辰寅在一象限內，故以兩餘弦相減。〕

論曰：戊己辰〔或丑壬戊，亦同。〕句股形與丙辛乙句股形相似，故其比例等。法爲乙丙與丙辛，若丑戊與丑壬也。〔或辰戊與戊己，亦同。〕

又論曰：凡兩十字垂線相交作句股，則其形俱相似。如辰丑線，即丙丑及丙辰之正弦，與丙乙半徑相交於戊點，一十字也；辰午線、〔辰寅弧之正弦也。〕丑癸線〔丑寅弧之餘弦。〕相交於子點，一十字也。此兩十字相交而成諸句股形，則俱相似矣，故戊壬庚與丑壬戊相似。而戊壬庚原與丙辛乙相似，則丑壬戊與丙辛乙不得不爲相似之形矣。

解曰：乙丙首率，半徑也；丙辛正弦爲次率，其弧丙寅；丑戊正弦爲三率，其弧丙丑。丙丑既與丙辰同，則以丙丑〔三率之弧也。〕加丙寅，〔次率之弧。〕成辰寅總弧，而辰卯則總弧之餘弦也。以丙丑〔三率之弧。〕減丙寅，〔次率之弧。〕其餘丑寅爲存弧，而丑癸則存弧之餘弦。兩餘弦相減，其較爲子丑。〔子癸同辰卯，故以子癸減癸丑，得較子丑。〕子丑折半於壬，而壬丑與壬子皆同戊己，是爲所求之四率也。

如此以量法代算法，的確不易，但細數難分耳。

若以酉丙爲過象限之大弧，丙丑爲小弧，則酉丑爲總弧，其正弦丑丁，餘弦丑癸；〔即丁乙。〕酉辰爲存弧，其正弦辰午，餘弦辰卯，〔即子癸。〕算法略同。但先所用者，存弧之正弦小於總弧，今則總弧正弦小於存弧。正弦大則餘弦小，正弦小則餘弦反大。加減之用，以小從大，其理無二，故其圖可通用也。

又按：壬丑即初得數也，兩正弦相乘，以半徑除之者也。乙亥即次得數也，兩餘弦相乘，以半徑除之者也。今改用加減，則以兩弧相并爲總弧，而相較之餘爲存弧。存、總兩餘弦相加減而半之，成初得數，省兩正弦乘矣。又以初得數去減存弧餘弦[一]，成次得數，省兩餘弦乘矣。

兩餘弦加減例。

凡總、存二弧俱在象限內，或俱出象限外，則兩餘弦相減。若存弧在象限內，總弧在象限外，則兩餘弦相加。

初得數減餘弧例。

凡存弧之正弦小於總弧，即用存弧之餘弦在位，以初得數減之，餘爲次得數。若總弧之正弦小於存弧，即用總弧之餘弦在位，以初得數減之，餘爲次得數。蓋正弦小者餘弦大[二]，其餘弦內皆兼有初得、次得兩數，詳見環中黍尺。

〔一〕存弧餘弦，原脱“存弧”二字，據後文“初得數減餘弦例”條補。

〔二〕正弦小者餘弦大，原脱“正”字，據前文“正弦大則餘弦小，正弦小則餘弦反大”補。

總存兩餘弦相加之圖

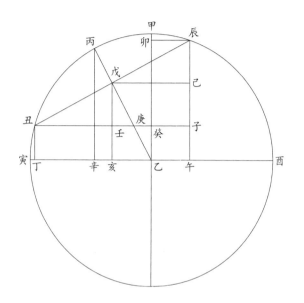

〔存弧在一象限，總弧又一象限，故以兩餘弦相加。〕

甲寅象限弧。乙丙半徑爲首率，丙寅弧之正弦〔丙辛〕爲次率，丙丑弧之正弦丑戊爲三率，〔辰丙弧同丙丑，其正弦辰戊亦同丑戊。〕求得戊己爲四率。〔丑壬、壬子並同。〕

以上皆與前圖同。

論曰：準前論，丙辛乙句股形與丑壬戊句股形相似，法爲乙丙與丙辛，若丑戊與丑壬也。〔或辰戊與戊己，亦同。〕

解曰：乙丙首率，半徑全數也。丙辛正弦爲次率，其弧丙寅。丑戊正弦爲三率，其弧丙丑。而丙丑〔三率。〕即丙辰，以加丙寅，〔次率之弧。〕成辰寅總弧，而辰卯亦總弧之餘弦也。以丙丑〔三率之弧。〕減丙寅，〔次率之弧。〕其餘丑寅，爲存弧，而丑癸則亦存弧之餘弦也。兩餘弦相加成子丑，〔子癸同辰卯，皆總弧餘弦。〕子丑折半於壬，而壬丑同壬子，亦同戊己，則所求之四率也。

兼濟堂纂刻梅勿菴先生曆算全書

句股闡微 〔一〕

〔一〕句股闡微四卷,首卷句股正義,楊作枚作,其餘三卷爲勿庵原作。勿庵曆
算書目算書類著録三種句股類著作,其中,中西算學通續編著録有用句股解
幾何原本之根一卷、幾何增解數則,即本書卷三句股法解幾何原本之根、卷四
幾何增解;中西算學通初編著録句股測量二卷,亦見中西算學通初集凡例目
録,列爲初集第八種,其内容與本書卷四“測量用影差義疏”相當。曆算全書
凡例第五條云:“句股測量諸術,曆家所重,原稿零星散軼,今增補爲四卷。”
四庫本收入卷四十六至四十九。梅氏叢書輯要以第一卷句股正義非梅氏原
作,删去未收,其餘三卷編爲句股舉隅及幾何通解各一卷。句股舉隅收入卷
十七,内容相當於句股闡微第二卷,增加梅氏句股和較舊法四題;幾何通解
收入卷十八,由句股闡微卷三、卷四删併而成,卷首有小序,録自勿庵曆算書
目用句股解幾何原本之根解題。

句股闡微〔首卷係楊作枚補，二卷後則勿菴之書。〕

錫山楊作枚學山著

同邑鮑祖述燕翼參

柏鄉魏荔彤念庭輯　男　乾斆一元

士敏仲文

士説崇寬校

句股正義

首題

句股弦者，横曰句，縱曰股，〔亦可云句縱股横。〕斜曰弦，三線相聯而成句股弦形也。

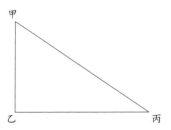

如圖，甲乙丙形，甲乙爲股，乙丙爲句，甲丙爲弦，亦可云甲乙爲句，乙丙爲股也。

凡三角形，或三角俱鋭，或兩鋭一鈍，或兩鋭一正。〔鋭、鈍、正，説具三角形算法中。〕句股弦形者，兩鋭一正形也。其句股兩線縱横相遇而成者，爲正角，如乙點。句弦兩線及股弦兩線相遇而成者，爲銳角，如甲、丙兩點。

此三線者，或三線俱不等，其最大者必弦；或兩線等，其等者必句股。而無三線等，何者？以句股弦形一角正故也。

一題

句股求弦。

法曰：句股各自乘，併之，開方得弦。

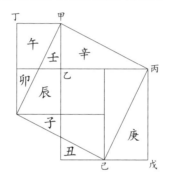

如圖，甲乙句自乘得乙丁方，乙丙股自乘得乙戊方，兩方相併，即甲己方，開之得甲丙弦。

論曰：試移庚實形補辛虛形，移丑實形補卯虛形，移壬實形補子虛形，移卯午實形補壬辰虛形。所移者恰盡，所補者恰足，得乙丁與乙戊兩方併，恰與甲己方等。

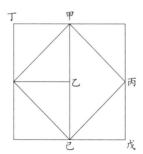

又論曰：更以句與股相等之形觀之。夫句與股既等，則句股各自乘固方也，即句股互相乘亦方也。〔凡句股不等，則句股互相乘必是矩形。〕如丁戊大方平分方邊，於方形中縱橫作線，中分四小方形必等。又句與股既等，則弦上方邊爲句股各自乘兩方之對角線，亦爲句股互相乘兩方之對角線。如於四小方形中作四對角線，相聯而成一中方形也。此中方形者，割小方形四之半，即涵小方形二之全。就此圖觀之，尤爲明顯。

又法曰：句與股相乘倍之，另以句股差自乘，併入倍數，開方得弦。

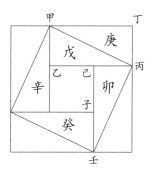

論曰：甲乙股、乙丙句相乘，得乙丁矩形，中分爲庚、戊兩形。夫庚形，即辛形也，倍之者，再加癸、卯兩形也。乙丙爲句，丙己爲股，乙己爲句股差，自乘得乙子方，併入倍數，共成甲壬方，爲甲丙弦上方也。

又法曰：句自乘、倍股，依長闊相差法求之，得股弦差，加股爲弦。

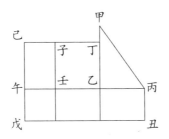

論曰：甲乙丙句股形，甲丙，弦也；丁己亦弦也；丁戊，弦上方也。乙丙，股也；乙壬亦股也；乙子，股上方也。餘乙戊子磬折形，即句自乘之數也。而己壬矩與乙丑矩等，即丙戊矩亦句自乘之數也。此丙戊矩形中，乙丙爲股，加乙壬爲倍股。曰長闊相差者，丙午爲長，午戊爲闊，與壬午等，即壬丙倍股爲長闊之差也。依法求之，得壬午爲股弦差。

二題

句弦求股。

法曰：弦自乘內減句自乘，餘開方得股。

論曰：一題句股求弦第一法，句股各自乘，併之，即弦自乘數，則弦自乘數中有句股各自乘之數也。今於弦自乘數中減去句自乘，所存者即股自乘數矣。就一題之圖觀之自見。

又法曰：句弦相併得數，相減得數，兩數相乘得數，開方得股。

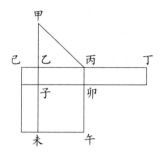

如圖，甲乙丙句股形，乙丙句，甲乙股。甲丙與乙丙相併，即乙丁線，相減即乙己線。〔乙己與乙子等。〕兩線〔乙丁、乙子〕相乘得子丁矩，即甲乙股上方。

論曰：己午方者，己丙線上方，即甲丙弦上方也。內減子午形爲乙丙句上方，所存卯己未罄折形，即甲乙股上方矣。而己未矩又與丁卯矩等，則丁子矩形即卯己未罄折形矣，亦即甲乙股上方矣。

又法曰：句自乘、倍弦，依長闊相和法求之，得股弦差，用減弦得股。

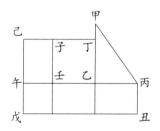

論曰：甲乙丙句股形，甲丙，弦也；丁己亦弦也；丁戊，弦上方也。乙丙，股也；乙壬亦股也；乙子，股上方也。餘乙戊子罄折形，即甲乙句自乘之數也。而己壬矩與乙丑矩等，即丙戊矩亦甲乙句自乘之數也。此丙戊矩形中，乙午爲弦，加[一]乙丙併午戊爲倍弦。曰長闊相和者，丙午爲長，午戊爲闊，即丙午、午戊併爲長闊相和也。依法求之，得壬午爲股弦差。

三題

股弦求句。

法同二題句弦求股。

附長闊相和法

如圖，丁乙矩形積九百七十二尺，丁甲爲長，乙甲爲闊，兩邊之和共六十三尺，求甲丁、甲乙二邊各若干？

法以和數自乘得三千九百六十九尺，次以積四倍之得三千八百八十八尺，與和自乘相減，存八十一尺，開方得九尺。〔即丁甲、乙甲二邊之較數。〕以與和〔六十三尺〕相併，折半得三十六尺，爲甲丁長邊；又與和相減，折半得二十七尺，爲甲乙矩邊。

〔一〕加，原脱，據文意補。

長闊相差法〔圖同上。〕

丁乙矩形積九百七十二尺,甲乙爲闊,戊乙爲長,丙戊九尺,〔乙丙即甲乙。〕爲長闊相差數,甲乙、戊乙二邊各若干?

法以較數〔九尺〕自乘得八十一尺,次以積四倍之得三千八百八十八尺,與較自乘相并,得三千九百六十九尺,開方得六十三尺。〔即戊乙、甲乙二邊之和數。〕以與較九尺相併,折半得三十六尺,爲戊乙長邊;又與較〔九尺〕相減,折半得二十七尺,爲甲乙短邊。

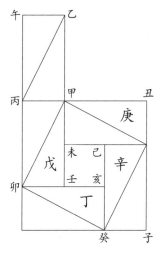

解曰:甲午矩形,作乙丙對角線,成甲乙丙句股形。甲丙長,句也。甲乙闊,股也。丙丑,長闊和也。〔甲丑即乙甲。〕自乘得丙子大方,四倍矩積及己壬小方積也[一]。并大

〔一〕原無"及己壬小方積"六字,據刊謬補。

方內戊、丁、庚、辛四矩形之積,〔大方内所容四矩,俱與元形等,如丙壬矩即甲午矩。其八句股形,亦俱等元形。〕相減,存己壬小方,開方得己未邊,即甲乙、甲丙二邊之較數也。〔卯亥即甲乙股,卯壬即甲丙句,則壬亥爲兩邊較數,即長闊相差也。〕既得較數,與所有和數相加減,得甲乙、甲丙二邊矣。

若長闊相差法,是先有己未較數,故以上法反用之,求得丙丑和。得丙丑,亦得甲乙與甲丙矣。

四題

弦與句股較求句股。

法曰:弦自乘倍之,較自乘用減倍數,餘開方,得句股和。於是和加較半之得長股,和減較半之得短句。

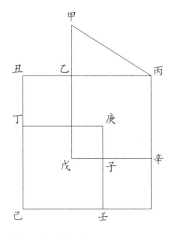

論曰:甲乙丙句股形,甲乙,句也;乙丁,句上方也。乙丙,股也;丙戊,股上方也。兩方併,共爲弦上方。辛壬亦句上方,庚己亦股上方,兩方併,亦共爲弦上方。此即弦自乘倍之之數也。而兩句方、兩股方併，爲丙己大方，則中間重叠庚戊方矣。此何方乎？曰：戊子即句股較也，庚戊方即較上方也。減之而重叠者去矣，所存者爲句股和上方矣，故開之得丙丑，爲句股和也。

又法曰：弦自乘內減較自乘，餘半之，以較爲長闊相差法求之，得短句，加較得長股。

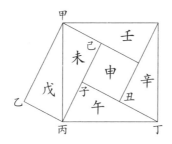

論曰：甲乙丙句股形，甲丙，弦也；甲丁，弦上方也。己子，較也；己丑，較上方也。兩方相減，餘壬、辛、午、未四形，半之，餘午、未二形。而午形又即戊形，則是餘未、戊二形也。此未、戊二形者，句股矩內形也。故以己子較用長闊相差法求之，得子丙短句。句加較，得己丙長股。

五題

股與句弦較求句弦。

法曰：股自乘內減較自乘，餘半之，以較爲法，除之得句。句加較得弦。

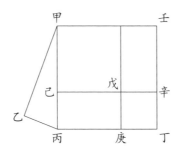

論曰：甲乙丙句股形，甲丙，弦也；甲丁，弦上方也。甲己，較也；甲戊，較上方也。庚甲辛磬折形，股自乘數也。內減甲戊較上方，所餘丙戊、戊壬兩形，即爲句與句弦較矩內形者二矣。取其一如丙戊形，以戊己較除之，得己丙句。〔或不用折半，倍較爲法除之，亦同。〕

又法曰：股自乘，以較爲法除之，得句弦和。於是加較折半得弦，減較折半得句。

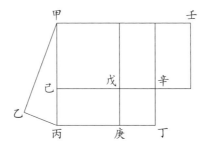

論曰：甲乙丙句股形，甲丙，弦也；甲丁，弦上方也。丙己亦句也，丁戊，句上方也。所餘庚甲辛磬折形，即股自乘數也。而壬辛形與戊丙形等，即壬己矩形亦股自乘數也。以甲己較除之，得甲壬，爲句弦和也。

又法曰：股自乘、較自乘相併，倍較爲法，除之得弦。

弦減較得句。

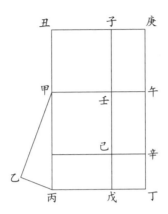

論曰：甲乙丙句股形，甲丙，弦也；甲丁，弦上方也。丁己爲句上方，即戊甲辛罄折形爲股上方矣。又己丙矩與庚壬矩等，即甲辛子罄折形亦股上方也。加甲子較上方，共得辛丑矩形，其庚辛邊即是倍較。

六題

句與股弦較求股弦。

法同五題。

七題

弦與句股和求句股。

法曰：弦自乘倍之，內減句股和自乘，餘開方，得句股較。於是較加和半之得長股，較減和半之得短句。

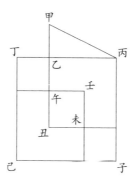

論曰：甲乙丙句股形，丙丁句股和也，丁子和上方也。丁午、未子，兩句上方。丙丑、壬己，兩股上方。此即弦自乘倍之之數也。以較丁子和上方，則其中重疊一壬丑方矣，而此方之邊即是句股較。

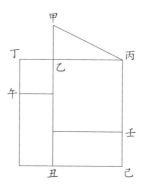

又法曰：句股和自乘，內減弦自乘，餘半之，以句股和用長闊相和法求之，得句股。

論曰：丙丁為句股和，丁己為和上方。午乙壬磬折形，即弦上方。兩方相減，餘午丑壬磬折形，分為午丑及丑壬兩形，形之兩邊即句股。

八題

股與句弦和求句弦。

法曰：句弦和自乘，內減股自乘，餘半之，以句弦和除之得句，用減句弦和得弦。〔或不用折半，倍句弦和除之，亦同。〕

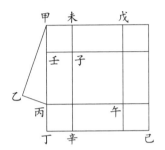

論曰：甲乙丙句股形，甲丁爲句弦和，甲己爲和上方。又甲午爲弦上方，甲子爲句上方，即未午壬罄折形爲股自乘。而子丙矩與午辛矩等，即戊辛矩形亦股自乘也。於和方中減之，所存者爲未丁及戊己兩矩形矣。形之一邊如甲丁，即句弦和；其一邊如甲未，即句。

又法曰：股自乘得數，以句弦和除之，得句弦較。於是用加句弦和，半之得弦；用減句弦和，半之得句。

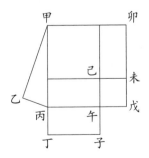

論曰：甲乙丙句股形，甲丁，句弦和也；甲戊，弦上方也；戊己，句上方也，即午甲未罄折形爲股自乘矣。而卯己矩與午丁矩等，即甲子矩形亦股自乘矣。形之甲丁邊即句弦和，丁子邊即句弦較。

又法曰：句弦和自乘、股自乘相并，倍和爲法，除之得弦。弦減和得句。

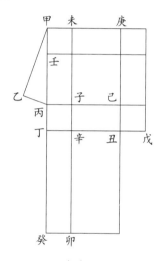

論曰：甲丁爲句弦和[一]，甲戊爲和自乘，戊丑爲句。今試依庚戊矩作丁卯矩，即卯甲丑[二]罄折形亦和自乘矣。又甲己爲弦上方，未壬爲句上方，即未己壬罄折形爲股自乘矣。而壬子矩與子丑矩等，即未丑矩亦股自乘矣，然此猶在和自乘數中也。今另加一股自乘如丑卯矩，并前卯

────────────

〔一〕句弦和，原作“句股和”，據四庫本、刊謬改。

〔二〕卯甲丑，原作“卯甲戊”，據四庫本改。下“并前卯甲丑”同。

甲丑罄折形,共成一庚癸矩形,即爲兩自乘相併之數。形之甲癸邊即句弦和之倍,形之甲庚邊即是弦也。

九題

句與股弦和求股弦。

法同八題。

十題

句弦較、股弦較求句股弦。

法曰:先以兩較相減,得即爲句股較。次以兩較各自乘相併,内減句股較自乘,餘開方,得弦和較。〔和,句股和也。〕於是加股弦較得句,加句弦較得股。以句弦較加句,或以股弦較加股,得弦。

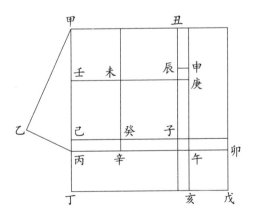

論曰:甲乙丙句股形,甲丙,弦也;甲己即股也;己丙,股弦較也;甲壬即句也,壬丙,句弦較也;壬己,句股

較也。今〔一〕試引甲丙弦〔二〕至丁,令甲丁爲句股和,即丙丁爲弦和較也。次作甲戊爲和上方,午未爲句弦較上方,午子爲股弦較上方。〔即庚辰方。〕兩較上方相併,共爲未午辰磬折形。內減未子句股較上方,餘辰午癸磬折形,即戊午弦和較上方。何則?試觀丑午己磬折形,句上方也,子戊形亦句上方也。今於丑午己磬折形中減丑申及辛己兩矩形,即是於子戊形中減卯子亥磬折形也。然則所餘之辰午癸磬折形,非即戊午方乎?

　　又法曰:兩較相乘,倍之開方,亦得弦和較。以下同前法。

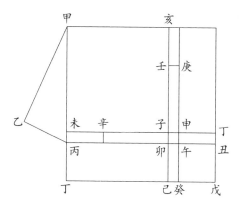

　　論曰:甲乙丙句股形,試引甲丙至丁,得甲丁爲句股和,甲戊爲和上方。〔甲未股,未丁句。〕丁子〔三〕、己子,句也;

丁辛、己壬，弦也；子辛、子壬，句弦較也。未子、亥子，股也；未申、亥卯，弦也；子申、子卯，股弦較也。然則卯辛與申壬兩矩形，即是兩較相乘倍之之數也。此兩矩形者，即戊午弦和較上方。〔丙丁爲弦和較。〕何則？未午亥[一]磬折形，句實也，子戊方形亦句實也。今試於未午亥磬折形減辛丙、庚亥兩矩形〔辛未及亥壬皆是弦和較。〕及子午方，即是於戊子方中減癸子丑磬折形也。然則卯辛與申壬兩矩形，非戊午方乎？

十一題

句股較、句弦較求句股弦。〔句短股長看此題。〕

法曰：先以兩較相減，得即爲股弦較。次以兩較各自乘相減，餘爲實，倍股弦較爲法，用長闊相差法求之，得句[二]。句加句股較得股，句加句弦較得弦。

論曰：甲乙丙句股形，丙乙股，丙戊句，丙己弦。戊乙，句股較；戊己，句弦較；乙己，股弦較。乙丁亦爲句，丙丁爲句股和，丙庚爲和上方。辛壬爲句股較上方，辛子爲句弦較上方，兩較上方相減，餘丑子午磬折形。夫乙子

〔一〕未午亥，原作"未申亥"，據二年本粘籤改。
〔二〕用長闊相差法求之得句，刊謬云："按所得者非句也，乃倍股弦較與句相差之數，而云'得句'，誤矣。應於'得'下加七字曰'得數加倍股弦較爲句'。"按據圖及論，壬酉爲矩形長，壬癸爲矩形闊，長爲句，長闊差爲倍股弦較。刊謬之意，謂以長闊相差法，先求得闊，闊加長闊差即倍股弦較，得長即句。而以長闊相差法，亦可先求得長，徑得句，無須先求闊。原書此處不誤。

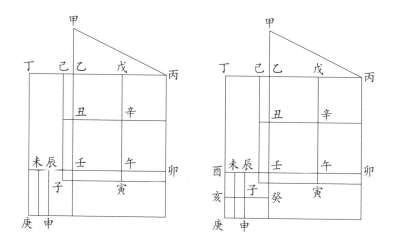

卯^{〔一〕}磬折形，句實也，壬庚方亦句實也。今於壬庚方中作未庚、未申兩矩形，與己丑、寅卯兩矩形等，即所餘壬申形與丑子午磬折形等矣。於是依壬申形作壬亥形，此形壬酉爲長，壬癸爲闊，與壬辰等，即辰未、未酉爲股弦較之倍，爲長闊之差。

　　按此法句股較、句弦較相減得股弦較，即三較皆備矣。十題第一法句弦較、股弦較相減得句股較，即三較亦皆備矣。既皆備三較，則法可互用。特以就題立法，則法固各有攸屬耳。

　　十二題

　　句股較、股弦較求句股弦。〔股短句長看此題。〕

────────────

〔一〕乙子卯，原幾何圖卯點訛作癸點，據四庫本改。

法同十一題。

十三題

句弦和、股弦和求句股弦。

法曰：兩和各自乘，相併。兩和相減，即爲句股較，自乘，用減相併數，餘開方，爲弦和和。〔弦和，弦也、句股和也。弦和和，弦與句股和相併也。〕於是內減句弦和得股，內減股弦和得句，內減句股得弦。[一]

論曰：甲乙丙形，甲乙，股也；丁乙，股弦和也；乙午，股弦和上方也。乙丙，句也；丙子，句弦和也；丙未，句弦和上方也。甲丙，弦也；丙丑，股也；丑己，句也。甲己，弦和和也；甲壬，弦和和上方也。乙午、丙未兩方併，較甲壬方，則兩方多一句股較自乘之數。何則？試觀甲壬方中弦、股、句三方，即乙午、丙未兩方中弦、句、股三方也；甲壬方中股弦矩二、句弦矩二，即乙午、丙未兩方中股弦矩二、句弦矩二也，無或異也。所異者，惟甲壬方中餘句股矩二，與乙午、丙未兩方中餘弦方一。則弦方一與句股矩二，其較爲句股較上方。何則？試觀另圖，甲丙，弦也；甲丁，弦上方也。甲乙，股也；乙丙，句也；甲乙丙形，句股矩形之半也。而丙己丁、丁子丑、丑午甲三形，皆與甲乙丙形等，共四形，即得句股矩之二也。

〔一〕底本原有相同兩圖，分在前後二頁，今刪其一。下有同此情況者，不再出校。

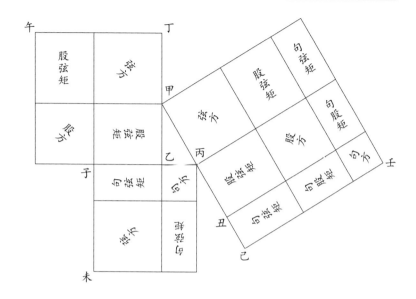

中餘乙己子午方,即句股較上方。然則乙午、丙未兩方併,較甲壬方,不多一句股較上方乎? 故於兩方中減之,即得甲壬方也。

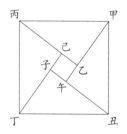

又法曰:兩和相乘,倍之開方,得弦和和。以下同前法。

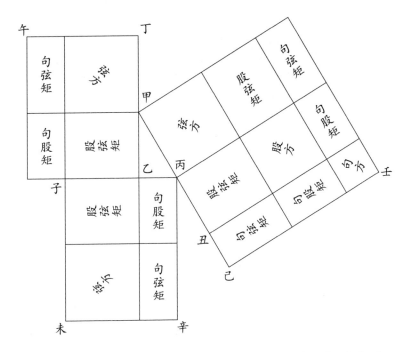

　　論曰：甲乙丙形，乙丁，股弦和也；丁午，句弦和也；乙午，兩和矩内形也。丙子，句弦和也；丙辛，股弦和也；丙未，兩和矩内形也。甲丙，弦也；丙丑，股也；丑己，句也。甲己，弦和和也；甲壬，弦和和上方也。乙午、丙未兩矩形與甲壬方形等者，兩矩形中有兩弦方一、股方一、句方一，亦即兩弦方也；兩矩形中有股弦矩二、句弦矩二、句股矩二，甲壬形亦有股弦矩二、句弦矩二、句股矩二也。然則乙午、丙未兩矩形不與甲壬方形等乎？

十四題

句股和、句弦和求句股弦。

法曰：先以兩和相減，得即爲股弦較。次以兩和各自乘相減，餘爲實，倍股弦較爲法，依長闊相差法求之得句。句減句股和得股，句減句弦和得弦。

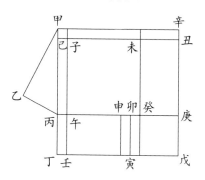

論曰：甲乙丙形，甲丁，句弦和也；甲戊，句弦和上方也。己丁，句股和也；子戊，句股和上方也。兩和之較爲甲己，兩方之較爲壬甲丑磬折形，此形中，午甲未磬折形句實也，癸戊方形亦句實也。夫癸戊方形與壬甲丑磬折形，其餘爲辛未、午丁兩矩形。今試作癸寅、寅申兩矩形與之等，即戊申矩形與壬甲丑磬折形等矣。此戊申矩形，戊庚爲闊，即句，與庚癸等，癸卯、卯申爲倍數，爲長闊之差。

十五題

句股和、股弦和求句股弦。

法同十四題。

十六題

句股弦形中求容方。

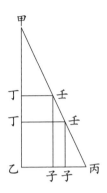

先論曰：凡於句股形中，依句股兩邊作方形或矩形，則作形之外，所餘之角形二自相似，亦與元形相似。如圖，甲乙丙元形，作壬丁乙子方形，則此形之外所餘甲丁壬及壬子丙兩角形自相似，何則？謂甲丁與壬子相似，丁壬與子丙相似也。若作壬丁乙子矩形，亦然。又此兩形之各兩邊，與元形之兩邊相似，何則？謂甲丁、壬子兩邊與甲乙邊相似，丁壬、子丙兩邊與乙丙邊相似也。於是遂生求容方之法，如左。〔獨不能生求容矩之法者，以容方則甲丁、丁壬兩邊即甲乙邊，壬子、子丙兩邊即乙丙邊也，若容矩則否。〕

法曰：句股相乘爲實，併句股爲法除之，得方邊。

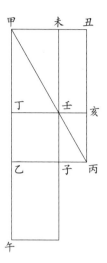

論曰：甲乙股，乙丙句，相乘得甲丙矩，即未午矩。矩之甲午邊，甲乙股，乙午即句，乙子即方邊，何則？甲丙弦爲甲丙矩形之對角線，亦爲甲壬、壬丙矩形之對角線，

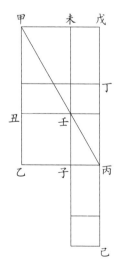

則甲乙丙與甲丑丙，甲丁壬與甲未壬，壬子丙與壬亥丙，各角形自相等。今於甲乙丙、甲丑丙相等之兩形中各減去相等之角形，所餘之乙壬方與壬丑方必等。次於兩方各加一同用之子亥矩，則乙亥矩與子丑矩亦必等。而子午矩與乙亥矩等，亦即與子丑矩等，然則甲丙矩不與未午矩等乎？

又法曰：句自乘爲實，併句股爲法除之，得餘句。用減句，餘即方邊。

論曰：甲乙丙句股形，乙丙句，自

乘得乙丁方,即未己矩形。形之戊丙即股,丙己即句,丙
子即餘句,乙子即方邊。何則?丑丁形即子己形也,壬乙
形即壬戊形也,然則乙丁方即未己矩也。

十七題

句股弦形中求容圓。

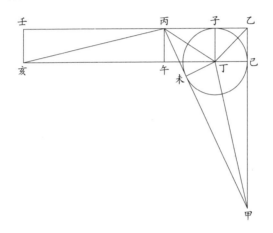

法曰:句股相乘,倍之爲實,句股弦共爲法除之,得容
圓徑。〔或句股相乘爲實,句股弦共爲法除之,得容員之半徑。或句股相
乘,半之爲實,句股弦併而半之爲法除之,得容圓之半徑。〕

論曰:試於形之三邊截取己子未三點,令乙子與乙己
等,甲己與甲未等,丙未與丙子等。次於己子未三點各作
己丁、未丁、子丁三線,爲形三邊之垂線,必相遇於丁而相
等,何則?試先就己甲未丁四邊形論之,甲己、甲未兩邊
等,己未兩角皆正,即己丁、未丁兩線必等。依顯未丁與
子丁兩線,子丁與己丁兩線,亦必各等。然則丁即圓心,

三線即圓之半徑矣,果何術以求之乎? 曰:試作甲丁、丙
丁、乙丁三對角線,平分甲乙丙三角及丁角,因平分三個
四邊形爲六個三邊形,各兩相等。次引乙丙至壬,令丙壬
與甲己等,則乙壬線爲甲乙丙三邊之半,何則? 乙子者,
乙子、乙己之半;丙子者,丙子、丙未之半;丙壬者,甲未、
甲己之半。然則乙壬者,甲乙丙三邊之半矣。次引長己
丁線至亥,令己亥與乙壬等,必相與爲平行。次作壬亥、
丙午兩線,與子丁線等,而相與爲平行。末作丙亥對角
線,則乙亥矩形與甲乙丙元形等,何則? 乙己丁子方形在
元形之內,丙子丁角形亦在元形之內,丁午丙角形雖不
全在元形之內,然即丙未丁形而倒置之,湊合丙子丁形,
而成子午矩形者也。至於壬午矩形,全在元形之外,然亦
即甲己丁、甲未丁兩形顛倒湊合而成者也。然則乙亥矩
形與甲乙丙元形等矣。於是以句股相乘,半之得甲乙丙
元形,即乙亥矩形。以乙壬三邊之半分之,得子丁爲圓半
徑。或以三邊之全分元形之倍,亦得圓之半徑。或三邊
之全分元形之四倍,得全圓徑也。

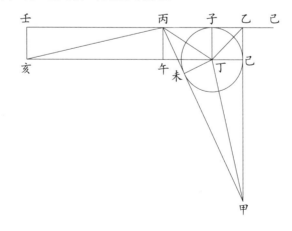

又法曰：句弦股三邊半之，內減弦，得圓之半徑。〔或倍弦用減三邊之全，得全圓徑。〕

論曰：甲乙丙元形之乙角既是正角，乙子丁、乙己丁兩角又是正角，即子丁己亦必正角。然則子丁己乙形必是正角方形，而四邊等矣。即乙己、乙子兩邊必與丁己、丁子圓之兩半徑等矣。此乙己、乙子之兩邊，果何術以求之乎？依前論，乙壬線為三邊之半，而丙壬即甲未也，丙子即丙未也，則子壬線即甲丙弦也。於是子壬弦減乙壬三邊之半，得乙子，即圓之半徑。若倍弦數，用減三邊之全，得全圓徑。

又法曰：句股併以弦減之，得全圓徑。

論曰：如前圖，乙丙，句也，丙壬與乙己併，即甲乙股也，何則？以丙壬與甲己等故也。壬子即甲丙弦也，何則？以丙壬與甲未等，丙子與丙未等故也。於是以子壬弦減壬己句股併，得子己，為圓之全徑，何則？以乙子與子丁等，乙己又與乙子等故也。

已上十七題，除求方、求圓二題，餘十五題已盡句股弦之蘊矣。然論其題，則不止於已上十五題也。今反覆推之，凡得一百四十四題。雖究其歸不出於已上十五題之法，要亦不可不備，使習者得以按題而索之，逐類而通之也。

句股較、句股和　　句股較、句弦和　　句股較、股弦和
句弦較、句弦和　　句弦較、句股和　　句弦較、股弦和
股弦較、股弦和　　股弦較、句股和　　股弦較、句弦和
　　已上共九題。

句、弦、股和和

弦較較　　句較較　　股較較

弦和較　　句和較　　股和較

弦較和　　句較和　　股較和

已上十則,各以_{句、弦、股}三則配之,得三十題;

　　各以_{句股和、句弦和、股弦和}三則配之,得
　　　三十題;

　　各以_{句股較、句弦較、股弦較}三則配之,得
　　　三十題。

又已上十則,句、弦、股和和爲一則,以下九則配之,
　　得九題;

　　弦較較爲一則,以下八則配之,得八題;

　　句較較爲一則,以下七則配之,得七題;

　　股較較爲一則,以下六則配之,得六題;

　　弦和較爲一則,以下五則配之,得五題;

　　句和較爲一則,以下四則配之,得四題;

　　股和較爲一則,以下三則配之,得三題;

　　弦較和爲一則,以下二則配之,得二題;

　　句較和爲一則,以下一則配之,得一題。

已上共一百四十四題,學者按題而索之,逐類而
通之,要不出於前所列之十五題也。

又一題〔後十四題盡句股之變。〕

容方與餘句求餘股,與餘股求餘句,因得全句、全股。

法曰：方邊自乘，以餘句除之得餘股，以餘股除之得餘句。各以所得加方邊，因得全句、全股。

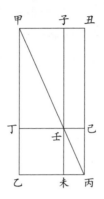

論曰：乙丁方邊也，自乘得乙壬方，即壬丑矩。〔論詳前十六題。〕故以己壬〔即丙未餘句。〕除之，得子壬；〔即甲丁餘股。〕以子壬除之，得己壬。因以己壬加壬丁共己丁，即句；以子壬加壬未共子未，即股。

又法曰：以餘句除方邊，〔餘句小於方邊。〕得數即用以乘方邊，得餘股。或以方邊除餘股，〔餘股大於方邊。〕得數即用以除方邊，得餘句。

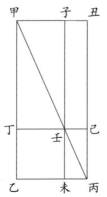

論曰：方邊爲餘句、餘股連比例之中率，以前率餘句比中率方邊，則方邊爲幾倍大，即以中率方邊比後率餘股，則餘股亦必爲幾倍大。又以後率餘股比中率方邊，則方邊爲幾倍小，即以中率方邊比前率餘句，則餘句亦必爲幾倍小。故得數者，得其幾倍大、幾倍小之數也，大用乘，小用除。

又二題

餘句、餘股求容方，因得全句、全股。

法曰：餘句、股相乘，開方得方邊，各以餘句、股加之，得全句、股。

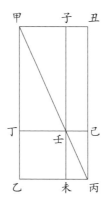

論曰：子壬即餘股也，己壬即餘句也，丑壬矩即乙壬方也。〔論詳前十六題。〕因以甲丁〔餘股〕、丙未〔餘句〕加之，得全股〔甲乙〕、全句〔乙丙〕。

又法曰：以餘句除餘股，〔以小除大。〕得數開方，得中率之比例。於是以中率之比例除餘股，得方邊；或以中率之比例乘餘句，亦得方邊。

論曰：餘句、餘股之於方邊，爲連比例之前後率。今以己壬餘句比子壬餘股，得子壬爲幾倍大，即是以己壬線上方比己壬線與子壬線上矩，得丑壬矩爲幾倍大也。而丑壬矩又與乙壬方等，開方得連比例之中率者，以方則邊等，邊等則比例連故也。既得連比例之中率，則方邊可得而知矣。

右兩題宜附前十六題之後。

又三題

句股弦形、句股較求句股弦。

法曰：形四倍之，另以較自乘相併，開方得弦，次依前四題法求句股。

論曰：甲乙丙形四倍之，即丁己甲、子午丁、丙未子與甲乙丙四形也。乙己爲句股較，乙午爲較上方。四形與一方相併成甲子方，開方得甲丙弦。

又法曰：形八倍之，另以較自乘相併，開方得句股和。於是和加較折半得股，和減較折半得句。

論曰：甲乙丙形八倍之，即甲丙、丙丁、丁己、己甲四

矩形也。乙子爲句股較,乙午爲較上方。四矩形與一方
併成丑未方,開方得丑壬,爲句股和。

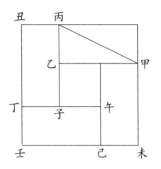

　　又法曰:形倍之,以句股較用長闊相差法求之,得句。
句加較得股。

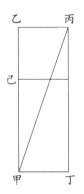

　　論曰:甲乙丙句股弦形,倍之得乙丁矩形。甲乙股,乙
丙句,己甲較,即乙己與乙丙句等。丙己爲句上方,丁己[一]
爲句與較矩內形。今試商得乙丙爲句,乙己加己甲爲股。

〔一〕丁己,原作"丁句",據圖改。

又四題

句股弦形、句股和求句股弦。

法曰：形四倍之，另以句股和自乘相減，開方得弦。次依前七題法，求句股。

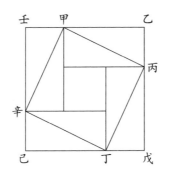

論曰：甲乙丙形四倍之者，甲乙丙、丙戊丁、丁己辛、辛壬甲四形併也。乙壬爲句股和，乙己爲和上方，內減四形併，餘甲辛丁丙方，開方得甲丙弦。

又法：形八倍之，另以句股和自乘相減，開方得句股較。於是用加和折半爲股，用減和折半爲句。

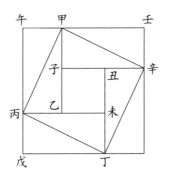

論曰：甲乙丙形八倍之者，即甲丙、丙丁、丁辛、辛甲四矩形併也。午戊爲和，戊壬爲和上方，內減四矩形併，餘子乙未丑方。開方得子乙，爲句股較。

又法曰：形倍之，以句股和用長闊相和法求之，得句。句減和得股。

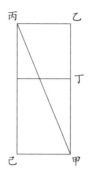

論曰：甲乙丙句股弦形，倍之得乙己矩形。甲乙股，乙丙句，併之爲和。今試商，得乙丙爲句，用減和，餘甲乙，即股。〔一〕

又五題

句股形中，求從直角〔句股相聯處。〕至弦作垂線，〔與弦相交爲直角。〕分元形爲兩句股形。

法曰：弦上方、句上方併之，內減股上方，餘半之，以弦除之得數，爲弦上作垂線之處。於是以所得數與句，依句弦求股法作垂線。

〔一〕原圖無甲丙線，誤繪乙己線，今據論説改繪。

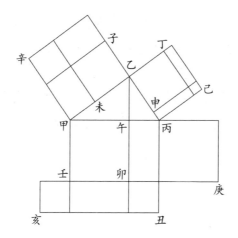

論曰：甲乙丙元形，求從直角作乙午線，爲甲丙之垂線。甲丙，弦也；甲丑，弦上方也。乙丙，句也；乙己，句上方也。甲乙，股也；乙辛，股上方也。夫乙辛方中之子未方，乙午線上方也；乙己方中之丁申方，亦乙午線上方也，即兩方等矣。又乙辛方中之子辛未磬折形，甲丑方中之午壬方也。今於甲丑、乙己兩方中減乙辛方，即於兩方中減丁申方與午壬方也。兩方中所存者，爲申己丁磬折形、午丑壬磬折形矣。而申己丁磬折形又與丑卯方等，半之即得午丑矩，故以丙丑弦除之，得丙午。〔若乙辛方與甲丑方併，內減乙己方，餘半之，以弦除之，得甲午，同上論。按此法不但可施諸句股直角形，凡銳角、鈍角形，俱可用此法求垂線。〕

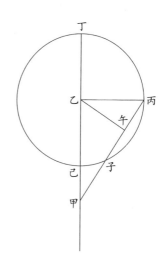

又法曰：句股相併得數，相減得數，兩得數相乘，以弦除之得數，用減弦，餘半之得數，爲弦上作垂線之處。

如圖，甲乙丙形，甲乙股，乙丙句，相加得甲丁，相減得甲己。甲丁與甲己相乘得數，以甲丙弦除之，得甲子。用減弦，餘丙子，半之於午，即午點爲弦上作垂線之處。

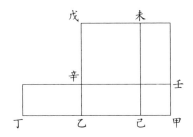

一論曰：甲丁偕甲己矩內形及乙己上方形併，與甲乙上方形等。如圖，壬丁矩，甲丁偕甲己矩內形也，〔甲壬與甲己等。〕辛甲未罄折形即壬丁矩也。〔壬未矩與辛丁矩等。〕未辛方，乙己上方也。併之得甲戊方，即甲乙上方。

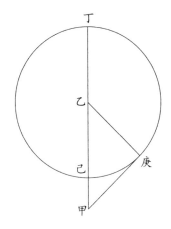

　　二論：丁己甲線貫圜心於乙，庚甲線切圜周於庚，乙庚甲爲直角。夫丁甲偕己甲矩內形，與甲庚線上方形等，何則？乙庚、庚甲兩線上方形與乙甲線上方等，而丁甲偕己甲矩內形及乙己上方併，亦與乙甲線上方等。〔一論之圖可見。〕此兩率者，每減一相等之乙庚、乙己兩線上方，則甲丁偕甲己矩內形，與甲庚線上方形必等。

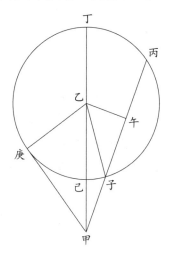

　　三論曰：丙甲線不貫圜心於乙，庚甲線切圜周於庚。乙庚甲直角形，乙午甲亦直角形，兩形合一乙甲弦，則乙庚、庚甲兩線上方併，與乙午、午甲兩線上方併必等。又乙午子直角形，則乙午、午子兩線上方併，與乙子線上方等。夫午甲上方形中原有〔一論之圖可見。〕丙甲偕子甲矩內形及午子上方形，今於乙甲上方形中減乙庚上方形，即減去同乙庚之乙子上方，同乙子之乙午、午子兩線上方，然則所餘之丙甲偕子甲矩形，與甲庚上方形必等。

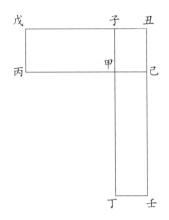

四論曰：前甲丁偕甲己矩内形，與庚甲上方等。〔二論之圖。〕甲丙偕甲子矩内形，與庚甲上方亦等。〔三論之圖。〕則兩矩形自相等，而等角旁之各兩邊彼此互相視。何則？試引戊子、壬己兩線相遇於丑，而成甲丑形。夫甲戊與甲丑兩形同在戊丑、丙己兩平行線内，等高，則兩形之比例

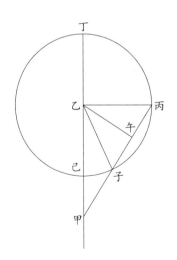

若其底甲丙與甲己之比例。依顯甲壬與甲丑兩形之比例，亦若其底甲丁與甲子之比例。夫甲戊與甲壬兩矩形元等，則甲戊形與甲丑形，即甲壬形與甲丑形也。即甲丙與甲己之比例，亦即甲丁與甲子之比例也。更之，則甲丙與甲丁之比例，亦若甲己與甲子之比例。

於是以甲丙爲一率，甲丁

爲二率,甲己爲三率,二三率相乘,一率除之,得四率甲
子也。既得甲子,用減甲丙,餘丙子,半之於午,得午點,
爲弦上作垂線之處。何則?試作乙子線,與乙丙同爲圜
之半徑,即等,而成乙丙子兩邊等角形,則午點折丙子之
半,必是直角。〔此法不但可施諸句股形,凡銳角、鈍角形,俱可用此法
求垂線。〕

　　右既得乙午垂線,即分甲乙丙原形爲甲午乙、乙午丙
兩句股形,此兩形者自相似,亦與元形相似。

又六題

　　句股弦形中求依弦一邊容方。

　　法曰:先依又五題法求形中垂線,次以弦與垂線相乘
得數,併弦與垂線爲法除之,得方邊。

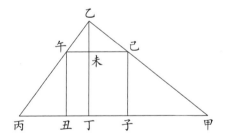

　　論曰:甲乙丙元形,乙丁爲垂線,求依甲乙弦作方邊
如子丑,而成子午方形。夫甲乙丙元形與己乙午分形相
似,何則?以己午與甲丙平行故也。次觀己午與未丁等,
即乙未與己午併,是乙丁垂線也。然則乙丁偕甲丙併而
與甲丙,若乙未偕己午併〔即乙丁垂線。〕而與己午。

又法曰：垂線自乘，併弦與垂線爲法除之得數，用減垂線，得方邊。

論曰：乙丁偕甲丙併〔一率。〕而與乙丁，〔二率。〕若乙未偕己午併〔三率，即乙丁。〕而與乙未。〔四率。〕於是以乙未減乙丁，餘未丁，即方邊。〔此法不但可施諸句股形，凡銳角、鈍角形俱可用。〕

又七題

句股形中求分作兩邊等三角形二。

法曰：弦半之，即是兩邊等之一邊。

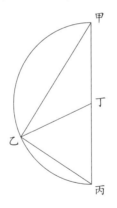

論曰：甲乙丙形，半弦於丁，於是以丁爲心、甲丙爲界作圓，必切乙角，得乙丁與半弦等，因成乙甲丁、乙丙丁兩形，皆兩邊等三角形也。

又八題

斜三角形中求作中垂線，分元形爲兩句股形。

法具又五題。

又九題

斜三角形中求積。

先分別是銳角形，或是鈍角形。〔若是正角形，法以句股相乘半之，即得。〕法曰：大中小三邊，用小中兩邊，依句股求弦法求之。若求得數小於大邊，即是銳角形；大則是鈍角形。

銳角形求積法曰：任取一角，依又五題求中垂線，〔銳角形求中垂線，任取一角，皆在形內。〕分元形爲兩句股形。次以兩分形句與股各相乘，半之得積。

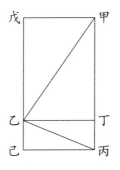

論曰：甲乙丙銳角形，先求得乙丁中垂線，分爲甲丁乙、乙丁丙兩句股形。次以甲丁與丁乙，丁乙與丁丙各相乘，得丁戊與丁己兩矩形，各半之，得甲乙丙形之積。〔或以乙丁因甲丙之半，亦得；或以甲丙因乙丁之半，亦得。〕

鈍角形求積法：〔於鈍角至對邊作垂線，則垂線在形內，法同前。〕於銳角至對邊作垂線，則垂線在形外，而引對邊出形外

湊之。曰大邊上方內減中小兩邊上方,餘半之,以中邊除
之,得引湊數,與小邊爲股弦求句,得垂線。〔或以小邊除半
數,得引湊數,與中邊爲句弦求股,亦得垂線。〕既得垂線,則與引湊數
湊成一小句股形。又以垂線與引湊數偕元形之邊,湊成
一大句股形。大小兩句股形相減,得所求。

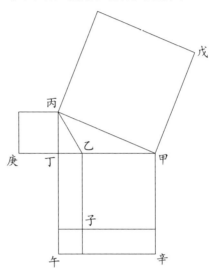

論曰:甲乙丙鈍角形,〔乙爲鈍角。〕求從丙銳角作丙丁
垂線,而引乙丁線以湊之。〔從甲角作垂線,亦在形外,茲不備述。〕
夫甲丙上方,元包丙丁與甲丁兩邊上方。今於甲丙上大
方中減乙甲、乙丙上兩方,即是減丙庚與子午兩方爲乙丙
上方,減甲子方爲甲乙上方也,而所存者爲丁子、子辛兩
矩形矣。半之,爲子丁一矩形,以中邊乙子除之,得乙丁,
爲引數也。丙丁乙爲小句股形,丙丁甲爲大句股形,兩形
相減,得甲乙丙斜三角形積。

又法曰：三邊數併而半之，以每邊數各減之，得三較數。三較連乘，〔任以二較相乘得數，又以一較乘之。〕得數，又以半數乘之，得數，開方得積。

如後圖，甲乙丙元形求其積。

一圖

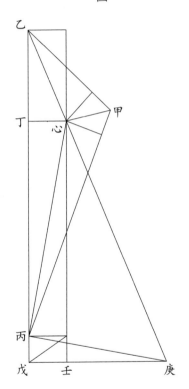

一論曰：壬乙矩形與元形等，論同前十七題所論乙亥矩形與甲乙丙元形等。

二圖

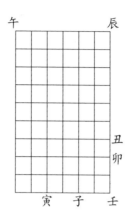

二論曰：丁心方與乙戊相乘，又與乙戊相乘，開方與乙壬矩形等。如圖，子壬二，丑壬三，相乘得六，爲子丑矩形。今以子壬二自乘得四，爲子卯方，即壬寅邊，以丑壬三乘之得十二，爲丑寅矩形。又以三乘之，得三十六，爲辰寅矩形，即午丑方形。故開方得辰午六，與子丑矩形等。

三圖

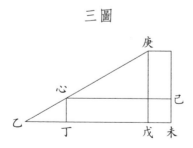

三論曰：丁心偕戊庚矩形與乙丁相乘，其所得數，與丁心方偕乙戊相乘所得數等。何則？乙丁心形與乙戊庚形，

相似之形也，戊庚與丁心若乙戊與乙丁，則戊庚偕丁心矩
形〔即庚未矩形。〕與丁心方，〔即己戊方形。〕亦若乙戊與乙丁也。

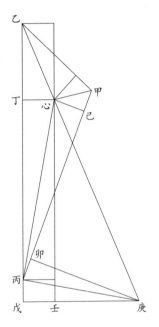

　　四論曰：丙丁偕丙戊矩形，與丁心偕戊庚矩形等。
〔就一圖觀之。〕何則？心丁丙形與丙戊庚形，相似之形也。
夫庚乙線平分丁乙甲角，庚戊爲丙戊之垂線，則戊爲直
角。次依丙戊線截取丙卯線，作卯庚線，爲丙卯之垂線，
則卯爲直角，此庚乙、庚戊、庚卯三線必相交於庚點。三
線既相交於庚點，則丙庚線必平分卯丙戊角，而卯丙戊角
又即己心丁角，因得心丁丙形與丙戊庚形爲相似之形也。
兩形既相似，則丁心與丁丙，若丙戊與戊庚也。

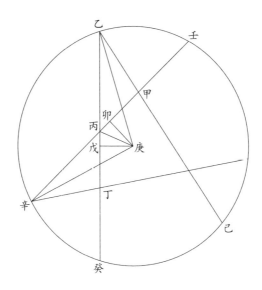

解：庚乙、庚卯、庚戊三線必相交於庚點，所以然之故，庚心乙界作圈，次依甲乙丙形作丙丁辛形，次引乙丁線至癸，引辛甲線至壬，乙庚線平分丙乙甲角，則庚點必是圈心。戊點折乙癸線之半，則戊點必直角；卯點折壬辛線之半，則卯點必直角。乙癸與乙己等，乙丙、辛丙爲大邊，甲丙、丁丙爲中邊，甲壬、丁癸即小邊。

總論曰：二論丁心方與乙戊相乘，又與乙戊相乘，所得數開方，與乙壬矩形等。夫乙戊半數也，亦既得之矣，次欲求丁心與乙戊相乘，而丁心不可得。三論丁心戊庚矩形與乙丁相乘所得數，與丁心方偕乙戊相乘所得數等，夫乙丁三較之一也，則又得之矣。次欲求丁心與戊庚兩線，而兩線又不可得。四論丁丙偕丙戊矩形，與丁心偕戊庚矩形等，夫丁丙、丙戊三較之二也，則盡得之矣。今法於四論用丁丙偕丙戊二較相乘,於三論用乙丁一較乘之,於二論用乙戊半數乘之,開方得數,與乙壬矩形等。

又十題

　　斜三角形中求容圓。

　　法曰:先依又九題求積,次取三邊數,併而半之,用除積,得員之半徑。〔或置三較[一]連乘數,以半數除之,得數開方[二],亦得員半徑。〕

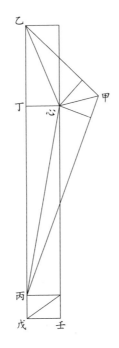

〔一〕三較,"三"原作"二",據文意改。

〔二〕得數開方,"數"字原脫,據文意補。

論曰：先依又九題，求得乙壬矩形，爲甲乙丙元形積，次以乙戊除之，〔即三邊數之半也。〕得丁心，即圓之半徑。〔若以三邊之全除元形之倍，亦得圓半徑。若以三邊之全除元形之四倍，得圓全徑。〕

又十一題

斜三角形中求容方。
法同又六題。

又十二題

斜三角形有三和數求三邊。
法曰：三和數相減，得三較數。各置三較數，各以非所較之邊加減之，各半之。其加而半者，得大邊或中邊；減而半者，得小邊或中邊。

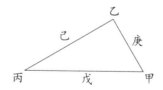

如圖，戊己庚爲三和數，〔戊爲大中兩和數，己爲大小兩和數，庚爲小中兩和數。〕甲爲戊庚兩和之較，乙爲己庚兩和之較，丙爲戊己兩和之較。於是置甲較數，以己爲非所較之邊，加而半之得大邊，減而半之得小邊。置乙較數，以戊爲非所較之邊，加而半之得大邊，減而半之得中邊。置丙較數，以庚爲非所較之邊，加而半之得中邊，減而半之得小邊。

論曰：戊者大中兩和數也，加減用乙者，乙爲己、庚兩
和之較，庚者小中兩和數，己者大小兩和數，此兩和數中
皆有相等之小數，而餘爲大中兩數矣，此乙所以爲大中兩
數之較也。餘倣此。

又十三題

句股測高。〔測遠、測廣、測深同法。〕

法曰：先準地平，〔地平者，必令所測地面自所測之處至高之根，
如水之平也。〕次立表，與地平爲垂線，退後立望竿，令所測
高、表尖、竿頭參相直，末自竿至高根量得若干遠。然後
以表竿差與遠相乘，而以表竿相去若干除之，加竿長若
干，得所求之高。

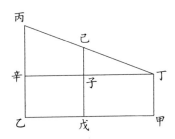

如圖，丙乙高，乙甲遠，丁甲竿，己戊表，己子爲表竿
差，戊甲爲表竿相去。夫丁子己形與丁辛丙形相似，故丁
子與己子若丁辛與丙辛也。

又十四題

句股重測高遠。〔測廣、測深同法。〕

法曰：若無高根之可量者，則用重測法。謂一次立表竿，令表竿與高參相直；二次立表竿，令表竿與高參相直。〔兩表兩竿要各相等，又要或前或後立成一直線。〕然後以表竿之較乘兩表相去，而以兩表竿相去之較除之，加表高若干，得所求之高。又以前表竿相去乘兩表相去，而以兩表竿相去之較除之，加前表竿相去，得所求之遠。

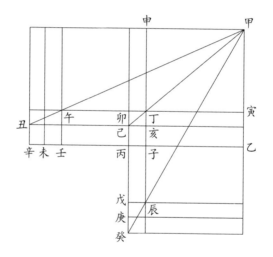

如圖，甲乙高，乙丙遠，各不知數，用重表測之。◎丁子爲前表，己丙爲望竿，子丙爲表竿相去，甲丁己三點參相直。午壬爲後表，丑辛爲望竿，壬辛爲表竿相去，甲午丑三點參相直。丁亥爲表竿之較，子壬爲兩表相去，未辛爲兩表竿相去之較。已上用以測高。◎借丁卯〔元是表竿相

去。〕爲表竿相差,借卯己〔元是表竿相差。〕爲表竿相去,辰戊
亦借爲表竿相差,戊癸亦借爲表竿相去,甲辰癸三點亦參
相直。丁辰亦借爲兩表相去,與丁午等,即庚癸亦爲兩表
竿相去之較,與辛未等。以上用以測遠。

　　解庚癸線與辛未線必等所以然之故。

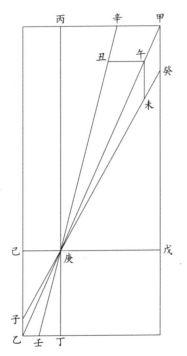

　　如圖,甲乙矩内形,甲乙爲對角線。丙丁及戊己兩線
與矩形之邊爲平行,而交角線於庚。次任作辛壬線,亦交
角線於庚。次截甲癸線與甲辛線等,作癸子線,亦交角線
於庚。則子乙線與壬乙線必等。

　　論曰：試作午丑及午未兩線，與甲辛及甲癸兩線[一]爲平行。夫庚甲辛及庚午丑兩角形相似之形也，則庚甲與庚午，若甲辛與午丑。依顯庚甲與庚午，若甲癸與午未。然則甲辛與甲癸，亦若午丑與午未。夫午丑與午未如是，則子乙與乙壬亦如是矣。

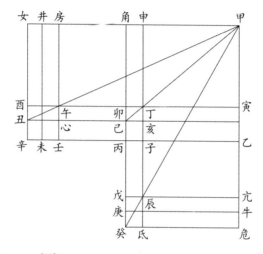

　　先論甲己[二]矩形。此形甲己爲對角線，寅卯、申亥兩線交於角線上之丁點，則卯申矩形與亥寅矩形等。

　　次論甲丑矩形。此形甲丑爲對角線，寅酉、房壬兩線交於角線之午點，則房酉矩形與寅心矩形等。

　　末總論曰：夫房酉矩形與寅心矩形既等，而午井形又與卯申形等，即亦與亥寅形等。然則房酉矩形中所餘之

〔一〕兩線，"兩"原作"相"，據二年本改。
〔二〕甲己，"己"，各本皆作"乙"，依圖改。

井酉形,與寅心矩形中所餘之丁心形必等。於是以丁亥
表竿相差乘丁午兩表相去,得丁心矩形,即井酉形,而以
井女兩表竿相去之較除之,得女酉。加酉辛表,共女辛,
即甲乙高。

先論甲己矩形,同前。

次論甲癸矩形。此形甲癸爲對角線,申氏、戊亢兩線
交於角線之辰點,則亢氏矩形與戊申矩形等。

末總論曰:夫亢氏矩形與戊申矩形既等,而辰牛形又
與亥寅形等,即亦與卯申形等。然則亢氏矩形中所餘之
牛氏形,與戊申矩形中所餘之丁戊形必等。於是以丁卯
表竿相差乘丁辰兩表相去,得丁戊矩形,即牛氏形,而以
牛危兩表竿相去之較除之,得危氏。加氏癸表竿差,共危
癸,即乙丙遠也。

求高又法　既得危氏線,即以亢牛乘之,得牛辰形。
此形即寅亥矩形,亦即申卯矩形也,故以丁卯除之,得丁
申高。

求遠又法　既得女酉線,即以房井乘之,得井午矩
形。此形即申卯矩形,亦即寅亥矩形也,故以丁亥除之,
得丁寅遠。

句股闡微卷二

句股積求句股弦〔一〕〔已後勿菴著。〕

句股積與弦較較求諸數

第一法

假如句股積〔一百二十〕,弦較較〔十二〕。

法以積四之得〔四百八十〕,弦較較自之〔一百四十四〕。兩數相減,餘〔三百三十六〕,折半〔一百六十八〕爲實,弦較較〔十二〕爲法除之,得句股較〔十四〕。以加弦較較〔十二〕,共得〔二十六〕爲弦。〔有弦有句股較,即諸數可求。〕

〔一〕輯要本句股舉隅卷首有梅瑴成識語,正文增加"和較名義""弦實兼句實股實圖""句股求弦""句弦求股""句股弦與弦求句股""句股積與句股和求句股"諸目。其"和較名義"大致同本卷卷末"句股和較","弦實兼句實股實圖"同卷三"句股幂與弦幂相等圖"。"句股求弦"諸條,略見於卷一句股正義之中。今僅錄瑴成識語如次:"句股名義,肇見於周髀算經,其曰'折矩以爲句廣三,股修四,徑隅五'者,著其名也。又曰'偃矩以望高,覆矩以測深,卧矩以知遠'者,致其用也。迨後劉徽、祖沖之割圓以求密率,西人六宗以求八線,可謂精義入神矣。要皆不能外句股以立算,此其所以居九數之終,而曰'以御高深廣遠',良不誣焉。句股之相求者,約有四端,曰句,曰股,曰弦,曰積,四者知其二,即可以得其餘。而以句股弦三者相併相減,以生和較。〔相併爲和,相減爲較。〕參伍錯綜,遂如五花八門,然要皆知其二,即可得其餘也。茲編不過略舉數端,以示塗徑,學者由此而深造焉可已。〔瑴成謹識。〕"

句弦等十二　句股弦等十

弦較較十二　句股較十四

乙	丁
丙	甲

弦二十六

論曰：甲乙丙丁合形爲弦自乘大方冪，甲小方爲句股較冪。弦冪內減句股較冪，所餘丙乙丁罄折形原與四句股積等，於中又減去乙小方爲弦較較自乘冪，仍餘丁丙二長方，並以句股較爲其長，以弦較較爲其闊，故折半而用其一爲實，以弦較較爲法除之，得句股較矣。〔是以闊求長。〕

第二法

置四句股積〔四百八十〕，與弦較較自冪〔一百四十四〕相加，得共〔六百二十四〕，折半〔三百十二〕爲實，弦較較〔十二〕爲法除之，得〔二十六〕爲弦。弦內減去弦較〔十二〕，得餘〔十四〕，爲句股較。

乙	丁	己
丙		

論曰：乙丙丁罄折形原與四句股積等，今加一小方形

如己,爲弦較自乘冪,與乙等。又丁丙二長方原相等,於是合丁己爲一長方,合乙丙爲一長方,必亦相等矣。〔並以弦較較爲闊,以弦爲長。〕故折半而用其一爲實,以弦較較爲法除之,即得弦矣。〔亦是以闊求長。〕

第三法

置四句股積〔四百八十〕爲實,弦較較〔十二〕爲法除之,得〔四十〕爲弦較和。以弦較較〔十二〕加弦較和四十,得〔五十二〕,折半〔二十六〕爲弦;以弦較較〔十二〕減弦較和〔四十〕,得〔二十八〕,折半〔十四〕爲句股較。

於前圖乙丙丁罄折形,〔即四句股積[一]。〕移丁長方置於戊,爲乙丙戊長方。其長如弦較和,其闊如弦較較,故以弦較較除之,得弦較和。〔若以弦較和除之,亦得弦較較。〕

〔一〕即四句股積,原爲大字,據輯要本改小字。

又簡法

置句股積〔一百二十〕爲實，以弦較較〔十二〕半之，得〔六〕，爲法除之，得〔二十〕，爲半弦較和。以半弦較較〔六〕加半弦較和〔二十〕，得〔二十六〕，爲弦；又以半較〔六〕減半和〔二十〕，得〔十四〕，爲句股較。

論曰：長方形闊〔十二〕如弦較較，長〔四十〕如弦較和，其積如四句股。今只用一句股積，是四之一也。積四之一者，其邊必半，觀圖自明。

句股積與弦較和求諸數

第一法

假如句股積〔一百二十〕，弦較和〔四十〕。

法以積四之得四百八十,弦較和自之得〔一千六百〕,兩數相減餘〔一千一百二十〕,折半得〔五百六十〕,爲實,弦較和〔四十〕爲法除之,得〔十四〕,爲句股較。以減弦較和,得〔二十六〕,爲弦。弦自乘〔六百七十六〕,加四句股積〔四百八十〕,得〔一千一百五十六〕,平方開之,得〔三十四〕,爲句股和。以與句股較〔十四〕相加得〔四十八〕,折半〔二十四〕爲股;又相減得〔二十〕,折半得〔一十〕,爲句。

句〔一十〕　　　　股〔二十四〕　　　弦〔二十六〕

句股和〔三十四〕　句股較〔十四〕　弦較和〔四十〕

弦較較〔十二〕

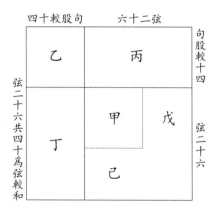

論曰:總方爲弦較和〔四十〕自乘之冪,內分甲戊己方爲弦自乘冪,乙小方爲句股較自乘冪。於弦冪內減去戊己罄折形,即四句股積,則所餘者甲小方,即句股較冪,與乙方等。以甲小方合丁長方,即與乙丙長方等。〔以丁丙小長方原相等故。〕此二長方並以句股較〔十四〕爲闊,以弦較和

爲長，〔四十。〕故折半而用其一爲實，弦較和〔四十〕爲法除之，即得句股較。〔是爲以長求闊。〕

第二法

弦較和自乘〔一千六百〕，與四句股積〔四百八十〕，兩數相加〔二千〇八十〕，折半〔一千〇四十〕爲實，弦較和〔四十〕爲法除之，得〔二十六〕爲弦。以減弦較和，得〔十四〕爲句股較。餘如前。〔觀後圖自明。〕

第三法

置四句股積〔四百八十〕爲實，弦較和〔四十〕爲法除之，得〔十二〕，爲弦較較。餘同弦較較第三法。

又簡法

句股積〔一百二十〕爲實，弦較和〔四十〕半之，得〔二十〕，爲法除之，得〔六〕，爲弦較較之半。餘並同弦較較簡法。

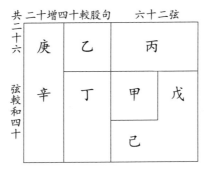

論曰：乙丁丙甲戊己合形爲弦較和〔四十〕自乘之大方，外加一庚辛長方爲四句股積，與戊己罄折形等。於是

中分之爲兩長方,〔乙丁庚辛合爲左長方,丙甲己戊合爲右長方。〕並
以弦爲闊,〔二十六。〕弦較和〔四十〕爲長,故折半爲實,以弦
較和除之,得弦。〔亦爲以長求闊。〕

　　借此圖可解第三法之理,何則?庚辛長方形既爲四
句股積,而其闊〔十二〕如弦較較,其長〔四十〕如弦較和,是
〔十二〕與〔四十〕相乘之積也。故以弦較較除之,得弦較和;
若以弦較和除之,即復得弦較較。

　　若庚辛長方橫直皆均剖之,成四小長方,則其闊皆〔六〕
如〔一〕半較,其長〔二十〕如半和,而其積皆〔一百二十〕,爲一句
股積矣。此又簡法之理也。

句股積與弦和較求諸數

第一法

　　假如句股積〔六千七百五十〕,弦和較〔六十〕。

　　法以弦和較自之得〔三千六百〕,與四句股積〔二萬七千〕
相減,餘〔二萬三千四百〕。折半〔一萬一千七百〕爲實,弦和較
〔六十〕爲法除之,得〔一百九十五〕爲弦。加較〔六十〕,得句股
和〔二百五十五〕。弦幂內減四句股積,開方得句股較。以加
句股和,折半得股;以減句股和,折半得句。

句〔七十五〕	股〔一百八十〕	弦〔一百九十五〕
句股和〔二百五十五〕	句股較〔百〇五〕	弦和和〔四百五十〕
弦較和〔三百〕	弦和較〔六十〕	弦較較〔九十〕

〔一〕如,原作"加",據輯要本改。

第二法

以弦和較自乘〔三千六百〕,與四句股積〔二萬七千〕相加,得〔三萬〇六百〕。折半〔一萬五千三百〕爲實,弦和較〔六十〕爲法除之,得〔二百五十五〕爲句股和。内減弦和較〔六十〕,得〔一百九十五〕爲弦。

論曰:丁丙方爲句股和自乘方幂,内減甲戊方爲弦自乘幂,其餘丁戊丙罄折形,四句股積也。内減戊乙小方爲弦和較自乘積,則所餘丁戊長方與戊丙長方等,而並以弦爲長,弦和較爲闊,故以弦和較除之,得弦。此第一法減四句股積之理也。

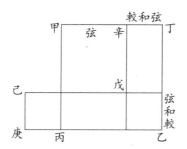

若於丁戊丙乙罄折形外加一己丙小方,與戊乙等,乃併之爲庚戊長方,與辛乙等,並以句股和爲長,弦和較爲闊。此第二法加四積之理也。〔兩法並以闊求長。〕

第三法

置四句股積〔二萬七千〕爲實,弦和較〔六十〕除之,得〔四百五十〕爲弦和和。以與弦和較相加折半爲句股和,又相減折半爲弦。

此如有句股積,有容圓徑,而求句股弦,乃還元之法也。

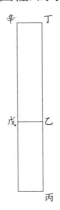

論曰:前圖中辛乙長方并戊丙長方,是四句股積,聯之為辛丙長方,則其闊丁辛,弦和較也;其長丁丙,弦和和也。

又簡法

置句股積〔六千七百五十〕為實,半弦和較〔三十〕除之,得〔二百二十五〕為半弦和和。以與半弦和較相加,得二百五十五,為句股和;又相減,得〔一百九十五〕為弦。此如有容圓半徑,以除句股積,而得半弦和和。

句股積與弦和和求諸數

第一法

假如句股積〔六千七百五十〕,弦和和〔四百五十〕。

法以積四之得〔二萬七千〕,弦和和自之得〔二十〇萬二千五百〕,兩數相減,餘〔十七萬五千五百〕,折半〔八萬七千七百五十〕為實,弦和和〔四百五十〕為法除之,得〔一百九十五〕為弦。以減弦和和，得〔二百五十五〕爲句股和。

第二法

以四句股積與弦和和冪兩數相加，得〔二十二萬九千五百〕，折半得〔十一萬四千七百五十〕，爲實，弦和和〔四百五十〕爲法除之，得〔二百五十五〕爲句股和。以減弦和和，得〔一百九十五〕爲弦。

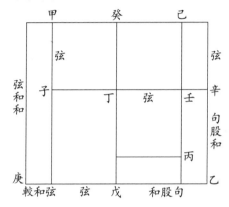

論曰：甲乙大方，弦和和自乘也。内分甲丁方，弦自乘也，與丁丙方等；丁乙方，句股和自乘也。於丁乙内減去丁丙弦冪，則所餘者四句股積，即壬乙、丙戊二小長方也。而己辛小長方與丙戊等，則己乙長方亦四句股積也。今於甲乙大方内減去己乙，則所餘者甲戊、己戊二長方，並以弦爲闊，弦和和爲長，故折半以弦和和除之而得弦〔一〕。此第一法減四句股積之理也，是爲以

〔一〕故折半以弦和和除之而得弦，原無"折半"二字。刊謬云："'故'下落'折半'二字。後二行同。"今據刊謬及輯要本補。後"故折半以弦和和除之而先得句股和"，"折半"二字亦據補。

長求闊。

又論曰：若於甲乙大方外增一甲庚長方，與己乙等，而中分之於癸戊，則癸乙與癸庚兩長方等，並以句股和爲闊，弦和和爲長，故折半以弦和和除之，而先得句股和。此第二法加四句股積之理也，亦是以長求闊。

第三法

置四句股積〔二萬七千〕爲實，弦和和〔四百五十〕除之，得弦和較〔六十〕。

此如併句股弦除四倍積，而得容員徑。

又簡法

置句股積〔六千七百五十〕爲實，半弦和和〔二百二十五〕除之，得半弦和較〔三十〕。此如合半句半股半弦除積，得容員半徑。

欲明加減用四句股之理，當觀古圖。

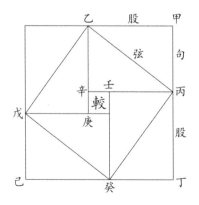

甲乙丙句股形,甲丙句六,甲乙股八,乙丙弦十。甲丁句股和十四,壬辛句股較二。甲己大方,句股和自乘冪也,其積一百九十六。丙戊次方,弦自乘冪也,其積一百。壬庚小方,句股較自乘冪也,其積四。甲己和冪內減弦冪,所餘者四句股也。弦冪內減較冪,所餘者亦四句股也。句股之積並二十四。

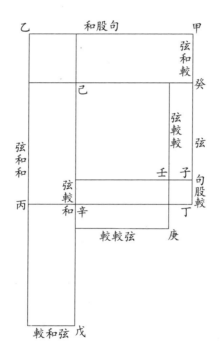

甲丁句股和十四,癸丁弦十,子丁句股較二。甲丙方爲句股和自乘冪〔一百九十六〕,內減癸辛弦冪〔一百〕,餘〔九十六〕,爲甲己丙磬折形。〔亦即四句股積。〕內分甲己直形,移置於丙戊,成乙戊長方,即爲弦〔和較乘弦和和〕。又壬丁小方爲句股較自乘,其冪四,以減弦冪一百,餘九十六,爲癸壬辛己罄折形。〔亦即四句股積。〕内分癸壬直形,移置於辛庚,成己庚長方,即爲弦較較乘弦較和。

假如方環田,有積有田之闊,問:内外方各若干?

法以積四之一爲實,田闊除之得數,爲内外二方半和。與田闊相加,得外方;又相減,得内方。〔蓋田闊即如半較。〕

若但知外方及内小方及環田積,法即并大小方邊爲和,以除積得數爲較較,與和相加折半,爲外周大方;又相減折半,爲小方。以兩方之較折半,爲環田闊。

若方田内有方墩,法同。或方墩不居正中,其法亦同,但只可求大小方邊,不能知闊[一]。

總論曰:弦較較乘弦較和之積,與弦和較乘弦和和之積等,爲四句股,乃立法之根也,而其理皆具古圖中,學者所宜深玩[二]。

〔一〕"假如方環田"至此,輯要本删。

〔二〕輯要本此後增"句弦和股弦和求諸數""句弦較股弦較求諸數""句股較弦和和求諸數""句股較弦和較求諸數"四題,末附梅瑴成識語:"右四題,原稿各具三法,而兼濟堂刻本逸去。原稿又未帶行笺,今各題擬補一法,未能備也。"又刊謬云:"原稿内有'句弦較股弦較求諸數'三法,又'句弦和股弦和求諸數'三法,又'句股較弦和較求諸數'及'句股較弦和和求諸數'各一法,圖解詳明,並棄置不録,而乃自刻其所撰,猶謂原稿零星散軼,賴其增補成書,何其妄也。"又云:"原稿此後尚有'句弦較股弦較'及'句弦和股弦和',又'句股較弦和較'及'句股較弦和和'諸法,俱被學山删去,蓋爲自刻其書地也。"兹據輯要本迻録四題如次:

句弦和股弦和求諸數

假如句弦和二十四尺,股弦和二十七尺。

法以句弦和二十四尺與股弦和二十七尺相乘,得六百四十八尺,(轉下頁)

（接上頁）倍之得一千二百九十六尺，爲實，平方開之，得三十六尺，爲弦和和。內減句弦和二十四尺，餘十二尺，爲股；減股弦和二十七尺，餘九尺，爲句。句股相乘得二十一尺，以減弦和和，餘十五尺，爲弦也。

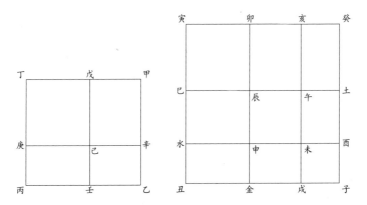

論曰：甲丁爲股弦和，甲乙爲句弦和。甲丙爲兩和相乘之長方，內戊庚爲弦自乘之方，辛壬爲句股相乘之長方，甲己爲股弦相乘之長方，己丙爲句弦相乘之長方。倍之，則如第二圖之癸丑，爲弦和和自乘之方。內卯巳爲弦方，午申爲股方，酉戌爲句方。股方、句方併之與弦方等，是爲弦方者二矣。又土未爲句股相乘，與未金等；亥辰爲股弦相乘，與辰水等；癸午爲句弦相乘，與申丑等。是癸丑正方比甲丙長方之各積，俱加一倍也。故以句弦、股弦兩和相乘，倍之開方，即得弦和和也。

句弦較股弦較求諸數

假如句弦較八尺，股弦較四尺。

法以句弦較八尺與股弦較四尺相乘，得三十二尺，倍之，得六十四尺，爲實。平方開之，得八尺，爲弦和較。以加股弦較四尺，得十二尺，爲句；以加句弦較八尺，得十六尺，爲股。股加股弦較四尺，得二十尺，爲弦也。

論曰：甲乙爲弦自乘之方，甲丁爲股自乘之方，兩方論曰：甲乙爲弦自乘之方，甲丁爲股自乘之方，兩方相減，餘丙壬辛乙庚子己磬折形，與句自乘戊乙方等。而丙辛爲股弦較丙壬乘句弦較壬辛之長方，與己庚等，此兩長方必與戊丁正方等。戊丁方者，弦和較自乘也。〔戊庚句內減去癸庚股弦較，餘戊癸，爲弦和較。〕故倍句弦、股弦兩較相乘爲實，開方而得弦和較也。（轉下頁）

（接上頁）

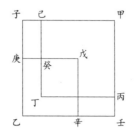

句股較弦和和求諸數

假如句股較七尺,弦和和三十尺。

法以句股較七尺減弦和和三十尺,餘二十三尺,〔爲兩句一弦。〕自之,得五百二十九尺。又以句股較七尺自之,得四十九尺。相減,餘四百八十尺,折半得二百四十尺,爲長方積。乃倍弦和和三十尺,得六十尺,減句股較七尺,餘五十三尺,爲長闊和。用帶和縱平方開之,得闊五尺,爲句,加較得十二尺,爲股。於弦和和三十尺內減去句、股,餘十三尺,爲弦也。

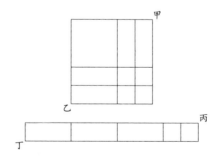

論曰:弦和和內減去句股較,餘爲一弦兩句,自乘成甲乙正方,內函弦方一、句方四、句乘弦之長方四。而弦方內有句乘股之兩長方、〔即四句股積。〕一句股較自乘方。今於甲乙方內減去較自乘方,則餘句方四、句乘股之長方二、句乘弦之長方四。半之,則句方二、句乘股之長方一、句乘弦之長方二。合之,成丙丁長方,其長爲一股兩弦兩句,其闊爲句。故以弦和和倍之,〔句股弦各二。〕減去句股較,餘一股兩弦三句,爲長闊和也。（轉下頁）

又如有辛庚壬圓池，不知其徑。法於乙作甲乙直線，切員池於庚，又乙丙橫線切圓池於壬，乙爲正方角。又自丙望甲作斜線，切員池於辛。乃自丙取乙丙之度，截斜線於丁。又自甲取甲乙之度，截斜線於戊。末但量丁戊有若干尺，即圓池徑。

解曰：此即句股容員法也。丙乙句截甲丙弦於丁，則丁甲爲句弦較；甲乙股截弦於戊，則戊丙爲股弦較，而丁戊爲弦和較，故[一]即爲圓徑。其句股弦不必問其丈尺，但

（接上頁）又法：以弦和和三十尺自乘，得九百尺，折半得四百五十尺，爲長方積。以句股較爲縱，用帶縱平方開之，得闊一十八尺，爲句弦和。以減弦和和，餘五尺，爲句。句加較七尺，得一十二尺，爲股也。

論曰：弦和和自乘方内，有句股弦各自乘之方一，而句方、股方併之，與弦方等，是爲弦方者二，又股乘弦、句乘弦、句乘股之長方各二。今各用其一而合之，成甲丙乙丁長方形。〔乙爲弦自乘，甲爲股乘弦，丁爲句乘弦，丙爲句乘股。〕其闊爲句弦和，其長爲股弦和，其長多於闊之數即句股較也。

句股較弦和較求諸數

假如句股較七尺，弦和較六尺。

法以弦和較六尺自乘，得三十六尺，半之得十八尺，爲長方積。以句股較七尺爲縱，用帶縱平方開之，得二尺，爲股弦較。與弦和較六尺相加，得八尺，爲句。句加較七尺，得十五尺，爲股。股加股弦較二尺，得十七尺，爲弦也。

論曰：弦和較自乘，爲股弦較乘句弦較之倍數。〔圖見前句弦較、股弦較題。〕而句弦較爲句股較與股弦較之併數，故半弦和較自乘爲實，而以句股較爲縱也。

〔一〕故，原本壞作“坆”，據四庫本、輯要本改。

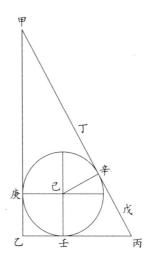

取三直線並切員，而乙爲方角足矣，故爲測員簡法。〔凡城垛、墩臺、錐塔、員柱之類形正員者，並同一法也。〕〔一〕

句股容方〔二〕〔係鮑燕翼法，與平三角舉要不同。〕

句股形引股線法

即依正角作方形於形外，又即引小形成大形。

〔一〕以上兩段，輯要本題“測圓簡法”。又於此條前增“句股容圓”題，術參三角法舉要卷三“三角容圓第一術”，茲不贅引。

〔二〕此“句股容方”條及下“分角線至對邊”“句股容員”“相似兩句股并求減法”諸條，輯要本並删。刊謬云：“此卷所載鮑法，畸零繁瑣，不如原法簡易，本無足深取。先大父猶爲補例，且爲之辭曰‘所設殊新’，亦足徵先人之虛公樂道人矣。”

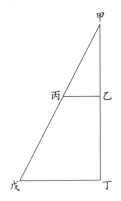

甲乙丙句股形,今欲引甲乙股至丁,甲丙弦至戊,而令乙丁與戊丁等。

法曰:以乙丙分甲乙,得數減一,餘用歸甲乙得之。

解曰:乙丙與甲乙,原若丁戊與甲丁,故以乙丙分甲乙,與以丁戊分甲丁所得之分數等。然則減一者,雖似於甲乙分數內減乙丙之一分,實於甲丁分數內減丁戊之一分也,〔即乙丁之一分。〕故以減餘分甲乙而得。〔勿菴又法:句股相乘爲實,句股較爲法除之,亦即得所引乙丁,與乙戊同數。〕

句股形截股法

即依正角作方形於形內,又即截大形成小形。

甲丁戊句股形內,今欲截甲丁股於乙,甲戊弦於丙,而令乙丁與乙丙等。

法曰:以丁戊分甲丁,得數加一,共用歸甲丁得之。

〔勿菴又法:句股相乘爲實,句股和爲法除之,亦即得所截乙丁,與丁丙同數,即句股容方法。〕

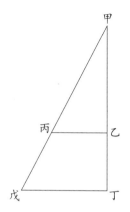

解曰：丁戊與甲丁原若乙丙與甲乙，故以丁戊分甲丁與以乙丙分甲乙所得之分數等。然則加一者，雖似於甲丁分數外加丁戊之一分，實於甲乙分數外加乙丙之一分也，〔即乙丁之一分。〕故以加共分甲丁而得。

若欲令丙戊與丁戊等，或欲令乙丙與丙戊等，依法推之。

按後一法即句股容方也。原法簡易，今鮑燕翼先生所設殊新，要其理亦相通耳。

勿菴補例

設甲乙股十六，乙丙句八。今引甲乙股長出至丁，而令引出之乙丁股分與所當之丁戊句等，問：若干？

答曰：乙丁十六。

法以乙丙句〔八〕、甲乙股〔十六〕相乘，得〔一百廿八〕爲實。句股相減得較〔八〕，爲法除之，得乙丁引出一十六，與丁戊句相等。若如鮑法，以句〔八〕除股〔十六〕得〔二〕，內減去一，仍餘一，用爲法，以除股〔十六〕，仍得〔十六〕，爲

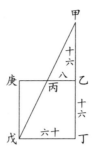

乙丁。

　　又設甲乙股〔四十八〕，乙丙句〔十二〕，依法引出乙丁股〔十六〕，與丁戊句等。^(一)

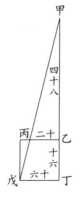

　　法以句十二乘股〔四十八〕，得積〔五百七十六〕爲實。句減股得較〔三十六〕，爲法除之，得〔十六〕，爲乙丁。

　　或以句〔十二〕除股〔四十八〕，得數〔四〕，內減〔一〕，餘〔三〕爲法，以除股〔四十八〕，亦得〔十六〕，爲乙丁。

────────────

〔一〕圖丁戊線長十六，“十六”原刻作“付”，據正文改。

又設甲乙股〔六〕,乙丙句〔四〕,依法引出乙丁股〔十二〕,與丁戊句等。

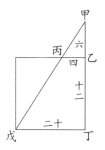

法以句乘股得〔二十四〕為實,句股較〔二〕為法除之,得〔十二〕為乙丁。

或以句〔四〕除股〔六〕得〔一半〕,內減一,餘〔半〕為法,以除股〔六〕,亦得〔十二〕,為乙丁。

解曰:半為除法,則得數倍,此畸零除法也。詳別卷。

又設甲乙股〔三十〕,乙丙句〔十二〕,依法引出乙丁股〔二十〕,與丁戊句等。

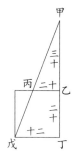

法以句乘股,得〔三百六十〕為實,句股較〔十八〕為法除之,得乙丁〔二十〕。

或以句〔十二〕除股〔三十〕,得〔二半〕,內減一,餘〔一半〕為法,以除股〔三十〕,亦得乙丁〔二十〕。

解:兩法相同。所以然之故,蓋此是依句股正角〔即乙角。〕作正方形於形之外也,本法以句股較^{〔一〕}爲法,除句股形倍積。〔即句股相乘。〕今不用句股較之本數,而用其除過之句股較爲法,〔以句除股,則股内所原帶句數及句股較數,並爲句所除,而減去其一,即減去除過之句也。用減餘爲法,即是用其除過之句股較爲法也。〕故亦不用句股形之倍積,而用其除過之倍積爲實。〔倍積^{〔二〕}是句股相乘之數,若以句除之,必仍得股。今徑以股數受除,即是用其除過之倍積爲實也。〕法實並爲除過之數,則其理相同,而得數亦同矣。

以上補第一條之例。

設甲丁戊形,甲丁股〔廿八〕,丁戊句〔廿一〕,甲戊弦〔三十五〕。欲截甲丁股於乙,截甲戊弦於丙,而令所截之乙丁與乙丙等,問:其數若干?

答曰:乙丁一十二。

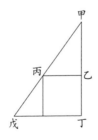

〔一〕句股較,原作"句弦較",據"句股容方"術改。

〔二〕倍積,"積"原作"即",據刊謬改。

法以甲丁股〔廿八〕、丁戊句〔廿一〕相乘,得〔五百八十八〕爲實,併句股得和〔四十九〕爲法除之,得〔一十二〕,爲所截乙丁,與乙丙截句等。

如鮑法,以句〔廿一〕除股〔廿八〕,得一〔又三之一〕,又外加一數,共二〔又三之一〕爲法,〔通作七。〕用以除股二十八,〔通作八十四。〕亦得〔十二〕,爲乙丁截股。

設甲丁股〔三百四十五〕,丁戊句〔一百八十四〕,甲戊弦〔一〕〔三百九十一〕,欲截乙丁與乙丙等,該若干?

答曰:一百二十。

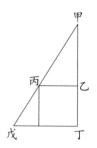

法以句〔一百八十四〕、股〔三百四十五〕相乘,得〔六萬三千四百八十〕爲實,句股和〔五百二十九〕爲法除之,得所截乙丁〔一百二十〕,與截句乙丙等。

或以句〔一百八十四〕除股〔三百四十五〕,得一〔又八之七〕,又外加一,共二〔又八之七〕,通作〔二十三〕爲法,以股〔三百四十五〕通作〔二千七百六十〕爲實,法除實,亦得〔一百二十〕,爲乙丁截股。

〔一〕甲戊弦,原作"弦甲戊",據文例改。

解：兩法相同。所以然之故，蓋此是依句股形正角作方形於內〔即句股容方。〕也，本法以句股和爲法，除句股形倍積。〔即句股相乘。〕今不用句股和本數，而用其除過之句股和爲法，〔股被句除，既變爲除過之股，而得數中之一，其本數皆與句同。今於得數又加一，是又加一除過之句，合之，則共爲除過之句股和矣。〕故即用股爲實，以當除過之倍積。法與實並爲除過之數，則其理相同，而得數亦同矣。

以上補第二條之例。

按數度衍有在遠測正方形之算，立破句，名色不穩，圖亦不真。今於此第一例中，生二法補之。

分角線至對邊〔亦係鮑法。〕

甲乙丙句股形，今平分乙方角，作乙丁線至對邊弦，欲知丁點之所在。

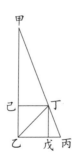

法曰：先依句股求方，求得己丁戊乙正方形。次用丁戊丙形，或丁己甲形，求得丁丙弦或甲丁弦，即得。

甲乙丙句股形，今平分乙銳角，作線至甲丙股，欲知丁點所在。

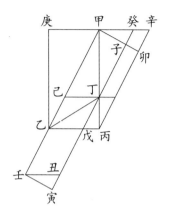

　　法以甲丙股、乙丙句相乘,得丙庚長方,亦即乙辛長斜方。其辛戊小長斜方,又即戊壬長斜方。取甲子癸小句股形,補壬寅丑虛句股形,成甲寅長方,此即句股相乘實。以句弦和除之也,〔甲乙爲弦,乙壬即句。〕得壬寅邊。

　　丙甲辛句股形中,〔即甲乙丙原設形。〕作甲卯垂線至丙辛弦,〔法另具。〕於是一率甲卯,二率甲辛,三率甲子,四率甲癸,〔即丁己。〕成丁己乙戊四斜方形。

　　次用丁戊丙形,或丁己甲形,依句弦求股,求得丁丙或丁甲,即得。

　　按上鮑法。此寅甲長方,爲句弦和除句股形倍積,所得壬寅邊必小於句股容方之邊;其内容丁己乙戊四斜方形之丁己邊,又必大於句股容方之邊,二者之間可以得容方邊矣。〔容方邊除倍積得句股和,以減句弦和得股弦較,即其他可知。〕

求丁己線法,一率甲丙股,二率甲乙弦,三率壬寅,四率丁己。〔即壬丑。〕

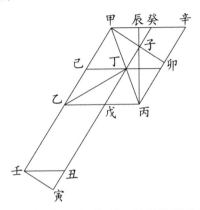

甲乙丙銳角形,求分乙角作線至甲丙邊之丁點。

法於形中求得辰丙垂線,〔丙辛甲形即甲乙丙形,故其垂線等。〕用丙辰線乘乙丙,所得即辛乙長斜方形。自此以下,至成丁己乙戊四斜方。〔並同前法。〕

次用比例法,一率甲乙,二率甲丙,三率丁戊,四率得丁丙。或一率甲乙,二率甲丙,三率甲己,四率甲丁。

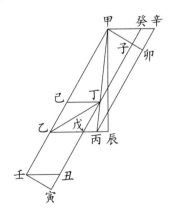

甲乙丙鈍角形。法先從形外求得甲辰外垂線，引乙
丙線與之相遇。次以甲辰垂線乘乙丙，得乙辛長斜方形。
餘同前法。

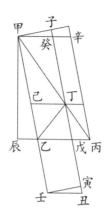

甲乙丙鈍角形，甲辰垂線在形外，與右圖同法。

鼎按：若依幾何六卷三題法，甚捷。

句股容員

甲乙丙句股形，求容員徑卯戊。〔即丁辛。〕

法於甲丙弦上截丁丙如句，〔乙丙。〕又截甲辛如股，〔乙
甲。〕因得丁辛，即容員之徑。

試依所截丁丙爲句，作戊丁丙句股形。〔自丁作弦之垂綫
至戊，又引乙丙句遇於戊，即成此形。〕又依所截甲辛爲股，作甲辛
氐句股形。〔自辛作弦之垂綫，長出至氐，引甲乙股遇於氐。〕又作戊
戊房句股形。〔引戊丁股至房，如弦之度，自房作垂線至戊，即成。〕乃
自甲自戊各爲分角綫，遇於己，成十字，則己即容員心也。

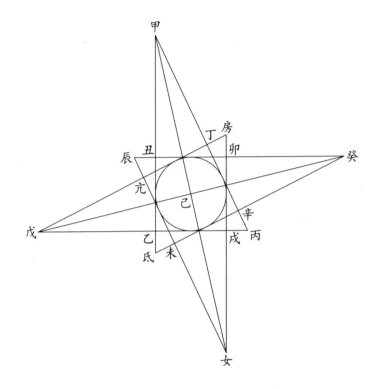

又引十字綫透出，而以甲己爲度，截之於癸於女。乃自癸
作綫，與丙戊平行至辰，又自女作辛氐及房戊之垂綫，穿
而過之，與癸辰綫遇於辰，又引氐辛綫至癸，引房戊綫至
女。得女辰、女房、癸辰、癸氐四綫，皆如甲丙弦；女卯、女
亢、癸丑、癸未四綫，皆如甲乙股；卯辰、房亢、丑氐、辰未
四綫，皆如乙丙句。又成女卯辰、女亢房、癸未辰、癸丑氐
四句股形。共八句股形，縱橫相叠，並以容員心己點爲心。
此同心八句股形，各綫相交，成正方形二。其一卯戊丑乙
形，依原形之句股而立，其乙方角即原形之所有也；其一

丁辛兊未形,依原形之弦而立,即所謂弦和較也。此兩形
者皆相等,而其方邊並與容員徑等,即容員徑上之方冪也。

　　然則何以又爲弦和較?試即以原弦論之,甲丙弦上
所截之丁丙即句也,甲辛即股也,句股相併,即重叠此丁
辛一邊,是句股和多於弦之數。古人以弦和較爲容員徑,
蓋謂此也。八句股形,即有相等之八弦,每一弦上各有此
重叠之線,以成兩四方形相等之八邊,可以觀矣。〔因鮑圖
改作之,彼原有八角形外小句股形轉成一等面八角形之論,但圖欠明顯。〕

　　相似兩句股并求簡法

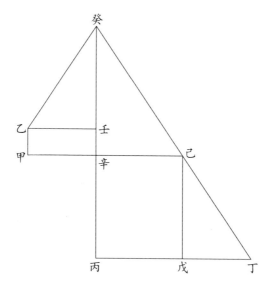

　　假如癸辛己大形,癸壬乙小形,其癸角等,則爲相似
之兩句股形,今欲求兩形之兩句合線。〔兩句者,一爲己辛大句,
一爲壬乙小句,即辛甲也,則己甲爲兩句合線。〕

法以兩弦〔一癸己大弦,一癸乙小弦。〕并之爲三率,以癸角之正弦〔兩癸角等,只用其一。〕爲二率,二三相乘爲實,半徑全數爲法,實如法而一,得四率己甲,即己辛、壬乙兩句之合數。

何以知之?曰:試引癸己弦至丁,截己丁弦如癸乙,則丁癸即兩弦合數也。乃以癸角之正弦乘之,半徑〔全。〕除之,即得丁丙。而丁戊即壬乙,〔以己丁即癸乙也。亦即辛甲。〕戊丙即己辛,〔同在直線限内也。〕則所得丁丙亦即己甲矣。

有句股和有弦求句求股〔量法。〕

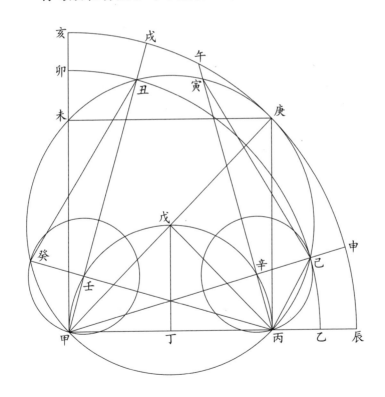

乙甲句股和,丙甲弦。

原法以甲爲心,作乙己卯象限。又以丙甲弦半之於丁,以丁爲心,作甲戊丙半圓。

次於丙戊半員上,任以辛爲心,丙爲界,作丙己小員。屢試之,令小員正切象限如己。乃作己辛甲及辛丙二綫,則辛丙爲句,辛甲爲股,如所求。

按此法不誤,但己點正切處難真,今別立法求己點。

法曰:自丁點作垂線,分半員於戊。以戊爲心,用丙爲界,作丙己庚丑甲全員。全員與象限相割於己,從己向甲作直線,割半員於辛,乃作辛丙爲句,即辛甲爲股。合問。

如此則徑得辛點,不用屢試,得數既易,且真確矣。

論曰:凡半員內作兩通弦至員徑兩端,必爲句股,而員徑常爲弦。今既以丙甲弦爲半員徑,則其辛丙與辛甲兩通弦必句與股也。而己辛甲線與乙甲等,即句股和也。今以辛爲心作小員,而其邊正切己,則己辛與丙辛等,爲小員之半徑,即等爲句線矣。於己甲句股和內截己辛爲句,則辛甲必爲股,故此法不誤也。

又論曰:半員內所容句股形,以半方形爲最大,〔即甲戊丙也。其餘皆半長方形之句股,故小。〕其句股和亦最大,〔丙戊句、甲戊股相等,其和甲戊庚爲最大。其餘股長者句反甚小,故其和皆小於甲戊庚。〕即弦上方冪之斜徑也。〔甲未庚丙爲弦上平方冪,甲戊庚爲其斜徑。〕以此爲象限之半徑,〔如辰庚亥象限,其半徑辰甲及亥甲並與庚戊甲等。〕則能容弦上平方。〔如甲未庚丙平方必在辰庚亥象限內。〕又戊心所作平方外切之平圓,亦能容弦上平方。〔此員以

戊爲心，以平方四角爲界，其全徑甲戊庚即平方之斜徑也。〕三者相切於
庚點，惟相切不相割。其餘句股和並小，〔如乙甲和必小於辰
甲^{〔一〕}。〕不能包平方之角，即不能外切平圓，而與之相割矣。
〔如乙甲和爲半徑，作乙己卯象限，不能包庚點，即與平圓相割如己。〕其自
庚至丙，並可爲相割之己點，而四十五度之句股具焉，〔八
線表所列之句股只四十五度，互相爲正餘，句爲正弦，股即餘弦也。分言正
弦，則初度小而九十度最大也。若合正弦餘弦爲和數，則初度與九十度皆最
小，惟四十五度最大。〕己足以盡句股之變態矣。〔若過庚向未，亦
四十五度。己點至此，其和數反小，而與前四十五度爲正餘。〕

　　句股和之最大者，以略小於弦上斜線而止；〔凡句股有
和有較，皆長方形之半，非半方也。若半方形，則有和無較，可無用算，非句
股所設。〕其最小者，以稍大於弦線而止。〔若同弦線，即無句股。〕
無有不割平圓，故可以己點取之也。

　　又論曰：以方斜爲半徑作象限，則能容平方；以方斜
爲半徑作半圓，則能容方斜上平圓。〔如庚己丙甲未平圓，其徑
甲戊庚方斜，是即方斜之上平圓也。若以甲戊庚半徑作大半圓，即能容之。〕
凡半圓內所容之圓度，每以兩度當外周半圓之一度，何
則？論度必以角，惟在心之角，一度爲一度；若在邊之角，
則兩度爲一度。〔如辰庚亥半圓，從甲心出兩線，一至庚，一至辰，作辰
甲庚角，其度辰庚四十五度，是一度爲一度也。若庚己丙甲未圓，從甲邊出兩
線，一過戊至庚，一至丙，作庚甲丙角，其度庚己丙象限，只作四十五度，是兩

〔一〕辰甲，原作“辰丙”，據圖及輯要本改。
〔二〕輯要本無此圖，刊謬云此圖“誤設”。按此圖即前圖局部。

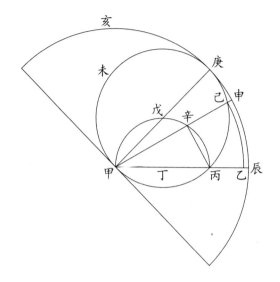

度當一度,以同用甲角故也。〕準此論之,則弦上半圓所作之戊甲
丙角亦必四十五度矣。〔既同用甲角,則戊辛丙象限亦兩度當一度。〕
若是,則庚己丙之度與戊辛丙等,〔並同用甲角,以庚辰爲度故
也。〕而己點所割之己丙弧及辛丙弧,亦必等度矣。〔己丙爲
方外切圓之度,辛丙爲方內切圓之度,大小不同,而同用甲角,以己乙爲其度,
角等者度亦等。〕

　　又引辛丙至寅,則寅丑甲與辛戊甲兩弧亦必等度,〔以
同用丙角故也。〕而同爲甲角之餘。〔丙角原爲甲角之餘,乃甲角減象
限,是以己甲乙減象限,得己甲卯角,與辛丙甲角等也。其度則兩度爲一度,
乃甲角之倍度減半周,是以寅庚減半周得寅丑甲,以丙辛弧減半周得辛戊甲
也。〕又己庚丑未弧原爲己丙減半周之餘,即與寅丑甲等。
於此兩弧內各減寅丑未,則己庚寅與未癸甲亦等。於是
作己寅線,與未甲等,亦即與丙甲等。

而寅己丙與甲丙己又等,〔於寅己及甲己各加一己丙。〕則丙辛寅及己辛甲兩直線亦等。〔皆句股和也。〕兩和線相交於辛,則交角等。〔皆十字正角。〕

又作己丙線,成己辛丙三角形,而己角、丙角等,〔己甲丙三角形與己寅丙等,則對丙甲之己角、對己寅之丙角亦等。〕則角所對己辛邊、丙辛邊亦等矣。準上論,己辛與丙辛必等,故用己點以求辛點,而和數中句股可分也。

又論曰:凡句股和所作象限,與斜方上平員相割有二點,其一爲己,其一爲丑。自丑作直線至甲心,〔象限心也。〕割半員於壬,作丙壬線,即成丙壬甲句股形,與甲辛丙等。〔丑甲丙角爲丙甲壬角之餘,與壬丙甲角等,而其度丑卯與己乙等,是丙甲辛角與壬丙甲等也。辛壬又皆正角,又同以丙甲爲弦,是兩句股形等也。〕準此論之,凡半員內所作句股,皆兩兩相似,〔句股之正角必負員周,亦兩兩相對。如辛點在戊丙象限內,即有壬點在戊甲象限與之相對,皆與象限上己點、丑點相應,其所作句股形亦兩兩相似。〕故四十五度能盡句股之變也。〔戊丙與戊甲兩象限,並兩度當一度,其真度在庚辰及庚亥兩半象限中,故皆四十五度。〕

試以壬爲心,丑爲界,作員界必過丙。是丙壬股即丑壬,而丑甲爲和也。丑壬股大於戊丙,而丑甲和小於庚甲,以是知和數之大,至庚甲而極也。

準上論,又足以證己庚丑癸員能盡割員句股之理。

句股和較〔一〕

弦與句股較	相和即弦較和	加句即股弦和	減股即句弦較	內減弦存句股較
	相較即弦較較	減句即股弦較	加股即句弦和	用減弦存句股較
弦與句股和	相和即弦和和	減弦即句股和	減股即句弦和	減句即股弦和
	相較即弦和較	加句弦較即股	加股弦較即句	加句弦較、股弦較即弦
弦與句弦較	相和加句即兩弦	減句即兩句弦較	減弦即句弦較	
	相較即句			
句與股弦較	相和即句較和	加句股較即弦	減股弦較即句	加句股較減股弦較即股〔二〕
	相較即句較較	加句股較、股弦較即股	加股弦較即句	加句股較、股弦較較即弦〔三〕
句與股弦和	相和即句和和	減弦即句股和	減股即句弦和	減句即股弦和
	相較即句和較	減股即句弦較	減弦即句股較	加句即股弦和

〔一〕輯要本句股舉隅卷首"和較名義"與此條相當。

〔二〕加句股較減股弦較即股,"句股較"原作"句弦較",據演算改。

〔三〕加句股較股弦較較即弦,文意不通,似當作"加句弦較股弦較即弦"。

句與句股較	相和即股	
	相較加句	加兩句股
	股較即句	較即股
句與句股和	相和減股 即兩句	加股即兩 句股和 [一]
	相較即股	
句與句弦較	相和即弦	
	相較加句	加兩句弦
	弦較即句	較即弦
句與句弦和	相和	
	相較即弦	
句股較句弦較	相較即股弦較	
	相和即股弦和內減兩句	
句股較股弦較	相較即句弦和內減兩句又兩股弦較	
	相和即句弦較	
句弦較股弦較	相較即句股較	
	相和即兩弦內減一句一股	
句股和句弦和	相較即股弦較	
	相和即兩句一股一弦	

〔一〕"減股即兩句""加股即兩句股和"二句原誤植"句與句股和相較"下，今移至此處。

句股和股弦和	相較即句弦較 相和即兩股一句一弦
句弦和股弦和	相較即句股較 相和即兩弦一句一股
句股較與句股和	相和即兩股 相較即兩句
句股較與句弦和	相和即股弦和
句股較與股弦和	相和 相較即句弦和
句弦較句弦和	相和即兩弦 相較即兩句
句弦較與句股和	相和即股弦和 相較
句弦較與股弦和	相和 相較即句股和
弦和較弦和和	相和半之爲句股和 相較半之爲弦
弦和較弦較和	相和半之爲股 相較半之爲句弦較

弦和較弦較較	相和半之爲句 相較半之爲股弦較
弦和較句較和	相和半之爲句 相較半之爲股弦較
弦和較句和較	相和半之爲股 相較半之爲句弦較〔一〕
弦和較句較較	相和半之仍爲弦和較 相較即減盡
弦和和弦較和	相和半之爲股弦和 相較半之爲句
弦和和弦較較	相和半之爲句弦和 相較半之爲股
弦和和句較和	相和半之爲句弦和 相較半之爲股
弦和和句和較	相和半之即股弦和 相較半之爲句
弦和和句較較	相和半之即句股和 相較半之爲弦

〔一〕弦和較句和較相和半之爲股，相較半之爲句弦較，"爲股"原作"爲句"，"句弦較"原作"股弦較"，輯要本同，今據演算改。

| 弦較和弦較較 | 相和半之爲弦
相較半之爲句股較 |

弦較和弦較較　相和半之爲弦　相較半之爲句股較

弦較和句較和　相和半之爲弦　相較半之爲句股較

弦較和句和較　相和半之爲股與句弦較或弦與句股較　相較恰盡

弦較和句較較　相和半之爲股　相較半之爲句弦較

弦較較句較和　相和半之爲句與股弦較　相較恰盡

弦較較句和較　相和半之爲弦　相較半之爲句股較

弦較較句較較　相和半之爲句　相較半之爲股弦較

句較和句和較　相和半之爲弦　相較半之爲句股較

句較和句較較　相和半之爲句　相較半之爲股弦較

句和較句較較　相和半之爲股　相較半之爲句弦較

句股闡微卷三〔一〕

句股法解幾何原本之根

句股冪與弦冪相等圖〔二〕

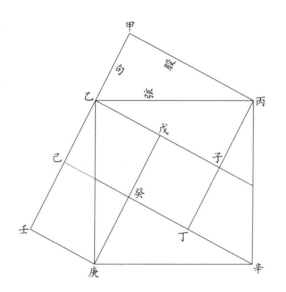

甲乙丙句股形，乙辛大方爲弦冪，弦冪內兼有句、股二冪。

論曰：試於弦冪作對角之乙子線，與甲丙股平行而

〔一〕底本無此卷題，據上下文補。

〔二〕以下二圖，輯要本移入句股舉隅，分別題作"弦實兼句實股實圖"與"又圖"。

等,又作丙丁對角線,與甲乙句平行,與乙子線遇於子,成
十字正角,則丙子與甲乙句相等,成乙子丙句股形,與甲
乙丙句股形等。又作辛癸及庚戊兩線,皆與丙丁等,亦與
乙子等,而皆與甲丙股等,又辛丁及癸庚及戊乙皆與丙子
等,即皆與甲乙句等。則弦冪内所作四句股形,皆與原設
句股形等。於是以丙丁辛形移作乙壬庚,以癸庚辛形移
作甲乙丙,成甲丙丁癸庚壬磬折形。末引丁癸至己,截成
大小二方形,則丙己方形即股冪,癸壬小方即句冪也。

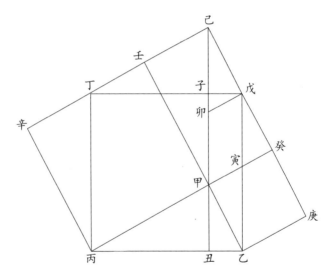

　　若先有丙己股冪、癸壬句冪,則聯爲磬折形,而移乙壬
庚句股補於丙丁辛之位,移甲乙丙句股補於癸庚辛之位,
即復成乙辛大方,而爲弦冪。

　　又法:

甲乙丙句股形，乙丙弦，其冪乙戊丁丙。甲丙股，其冪甲壬辛丙。甲乙句，其冪乙庚癸甲。

法於原形之甲正角作十字線，分弦冪爲兩長方，〔一爲丑子丁丙〕，準股冪；〔一爲丑子戊乙〕，準句冪。又引之至己，又自庚癸自壬辛，並引之至己，而成方角。

次移甲丑丙句股補己子丁虛形，又移己壬甲句股補丁辛丙虛形，即成股冪，而與丑子丁丙長方等積。

又移甲丑乙句股補己子戊虛形，再移己卯戊句股補戊癸寅虛形，又移戊卯甲癸形補癸寅乙庚虛形，即成句冪，而與丑子戊乙等積。

解幾何二卷第五題　第六題

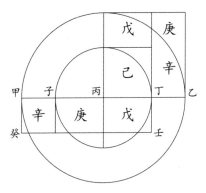

甲丙爲弦，丁丙爲句。丁甲句弦和，乙丁句弦較。〔子甲[一]同，丁壬、甲癸並同。〕

庚辛戊己，弦冪也。己，句冪也。戊庚辛，較乘和之長

〔一〕子甲，原作“丁甲”，據圖及輯要本改。

方冪也。

移戊補戊，移庚辛補庚辛，而弦冪内净多一己形，即句冪也，故弦冪内有和較相乘之長方，又有句冪也。

論曰：凡大小方形相減，則其餘必爲兩形邊和較相乘之長方。是故己形者，句自乘之小方也；戊庚辛，句弦較乘句弦和之長方也。合之成戊庚辛己形，即弦自乘之大方矣。

幾何二卷第五題以倍弦爲甲乙原線，以甲丙弦爲平分之線，以甲丁和、乙丁較爲任分之兩線，以丁丙句爲分内線，其理一也。

第六題以子丁倍句爲原線，以丁丙句爲平分線，以句弦較乙丁〔即子甲。〕爲引增線，以丁甲句弦和爲全線，其理亦同。

以數明之，甲丙弦八，丁丙句五，乙丁較三，丁甲和十三。和較相乘三十九，句自乘二十五，以句冪加和較長方共六十四，與甲丙弦冪等。

又論曰：用股弦和較亦同。

解幾何二卷第七題

甲丁股冪，〔即甲乙元線上方。〕子戊句冪，〔即甲乙方内所作己辛方，乃任分線甲丙上方也。〕併之成癸寅弦冪。〔即所謂兩直角方形併也。〕

弦冪内有戊甲股、〔即甲乙原線。〕戊癸句〔即任分之甲丙線〕相乘長方形二，〔即己甲長方及丁辛長方，亦即甲乙偕甲丙矩形二也。〕

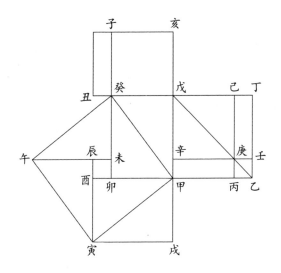

及句股較乙丙上方一。〔即壬丙小方,亦即所謂分餘線上方也。〕

　　何以明之?曰:試於戊癸線引長至丑,令丑癸如己丁較。〔即乙丙。〕遂作子丑小長方,〔與丁庚等。〕以益亥癸,成亥丑長方。〔與丁辛等,亦與己甲等。〕

　　次於癸寅內作甲酉、寅辰、午未、癸卯四線,皆與甲乙股等。自然有甲卯、寅酉、午辰、癸未四線,皆與戊癸句等。又自有未卯、卯酉等句股較,與乙丙較等。即顯弦冪內有句股形四、較冪一也。

　　試於弦冪[一]內移午辰寅句股補癸戊甲之位,成戊卯長方。〔與己甲等。〕又移癸未午句股補甲戊寅之位,成戊酉長方。〔與亥丑等。〕而較冪未酉小方元與壬丙等,又子丑小

────────

〔一〕冪,各本俱作"羃",據文意改從正字。下文徑改。

長方元與丁庚等。

合而觀之，豈非丁甲股冪及子戊句冪併，即與己甲、亥丑兩長方及壬丙小方等積乎？

解幾何二卷第八題

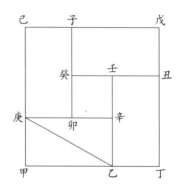

庚甲乙句股形，取丁乙如庚甲句，則丁甲爲句股和。

和之冪爲丁己大方，〔即元線甲乙偕初分線上直角方也。〕於大方周線取戊丑、己子，皆與庚甲句等，即丑丁、戊子、己庚皆與甲乙股等。〔即甲乙元線也，句線則初分線。〕

次作丑癸、庚辛、乙壬、子卯四線，皆與外周四股線平行而等，自有丑壬、子癸、庚卯、乙辛四線，皆與外周四句線平行而等。

又有壬癸、癸卯、卯辛、辛壬四句股較線自相等。〔即分餘線也。〕

丁己和冪內有長方形四，皆句乘股之積。〔即元線偕初分線矩內形四也。〕又有句股較自乘冪一，即分餘線上方形也。

解幾何二卷第九題

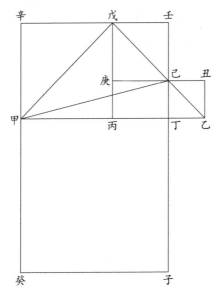

甲丙爲股,丁丙爲句,丁甲句股和,乙丁句股較,壬庚爲句冪,辛丙爲股冪,丑丁較冪,丁癸和冪。戊己線上方爲句冪之倍,戊甲上方爲股冪之倍。幷和、較冪,倍大於句冪、股冪之幷。古法倍弦冪内減句股和冪,開方得較;若減較冪,亦開方得和,即其理也。

斜線上方倍於元方圖 [一]

〔一〕輯要本無此圖。

〔甲丙乙丁方內有甲乙斜線，依斜線作庚戊辛己方，則爲元方之倍。〕

論曰：己丁較上方與丁甲和上方併之，即己甲上方
也。戊己線上方與戊甲線上方併，亦即己甲上方也。而
戊己爲句冪斜線，戊甲爲股冪斜線。凡斜線上方形倍於
原方，故較冪併和冪，亦倍大於句冪、股冪之併也。而句
冪、股冪併之即弦冪，古人所以用倍弦冪也。

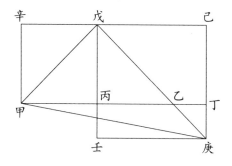

此第十題與前題同法，甲丙即句，丁丙即股，丁甲全
線即和，丁乙引增線即較。

準前論，丁庚〔即丁乙。〕較上方冪與丁甲和上方冪併，
成庚甲線上冪。而庚甲冪內原兼有丙丁股〔即己戊，亦即己
庚。〕及丙甲句二冪〔己壬爲股冪，辛丙爲句冪。〕之倍數，〔戊戊爲股
斜線，其冪必倍於股冪；戊甲爲句斜線，其冪必倍於句冪。〕故庚甲冪內
能兼戊庚及戊甲二冪。

丙丙線皆弦也，丙丙方弦冪也。甲丙之長者皆股也，
〔亦即丙丁丁。〕甲丙之短者皆句也。〔亦即丙丁。〕丁丁線句股較
也，丁丁小方較冪也；甲丙甲句股和也，甲甲大方和冪也。

丁甲長方皆句股相乘，即倍句股形積也。

古圖〔一〕

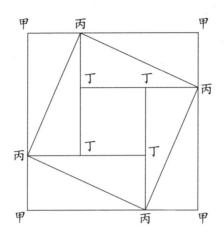

合而觀之，則弦冪內有句股積四及較冪一也，和冪內有句股積八及較冪一也。若倍弦冪，則有句股積八及較冪二也，故以和冪減倍弦冪得較冪；若以較冪減之，亦得和冪矣。

以句股法解理分中末線之根

即幾何二卷第十一題、六卷第三十題、四卷第十第十一題。

癸庚弦，其冪庚乙。丙癸句，其冪丙戊。引庚甲弦至壬，使甲壬如丙癸句，則庚壬爲句弦和。丙庚原爲句弦較，以較乘和，成丙壬長方。長方內截甲丁小長方，與戊辛等，其餘庚辛。合而觀之，是弦冪內兼有句弦較乘和之

〔一〕輯要本無此圖。

積及句冪也。

古法句弦較乘句弦和開方得股之圖

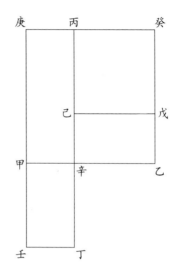

夫弦冪內原有句股二冪,而今以句弦較乘和之積可代股冪,是句弦較乘和即同股冪也。

句弦和及股及句弦較爲連比例圖

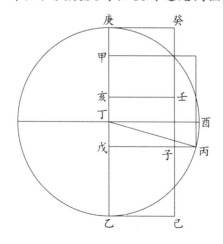

用法：

有句弦和，有句弦較，求股。

法以較乘和，開方得股。

或有股，有句弦和，求句求弦。

法以股自乘爲實，以句弦和除之得較。以較減和，半之得句，句加較得弦。若先有較，以除股冪，亦得和矣。

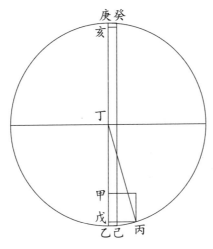

如圖，丙戊丁句股形，丙丁弦與丁乙等。〔亦與丁庚等。〕丁戊句，亥戊爲倍句。乙戊爲句弦較，與庚亥等；戊庚爲句弦和，與亥乙等。

亥己爲句股和乘句弦較之積，與戊癸等。丙戊股，其方冪甲丙。

準前論，甲丙方與亥己長方等積，〔戊癸亦同。〕則庚戊和與丙戊股，若丙戊股與戊乙較也。

一　句弦和　庚戊

二	股	丙戊	自相乘得甲丙方
三	股	丙戊	
四	句弦較	戊乙	

以戊乙較減亥乙和,餘亥戊倍句,折半爲句,〔丁戊或
亥丁。〕或戊乙較與丙戊股,若丙戊股與庚戊和也。

一	句股較	戊乙	
二	股	丙戊	自相乘得甲丙方
三	股	丙戊	
四	句股和	庚戊	

又論曰:以二圖合觀之,凡倍句加句弦較,即句弦和;
以倍句減句弦和,餘即句弦較。

此不論句小股大如前圖,或句大股小如後圖,並同。

此可以明倍句與句弦較必爲句弦和之兩分線,故以
句弦和爲全線,則其內兼有倍句及句弦較之兩線矣。但
倍句有時而大於較,有時而小於較,故不能自爲連比例,
而必藉股以通之。

今於句弦和全線內取倍句如股,則先以股線爲和、
較之中率者。今以如股之倍句當之,而倍句原係句弦和
全線之大分,於是和與倍句之比例若倍句與較,亦即爲全
與大分,若大分與小分,此理分中末線所由出也。下文
詳之。

丙戊線上取理分中末線。

先以丙戊線命爲股,以丙戊折半成丁戊命爲句。

取丙丁弦與丁乙等,則戊乙爲句弦較。

亥戊倍句與丙戊股等，以加較成亥乙，即句弦和。

亥己爲和、較相乘積，與丙亥股冪等。〔丙亥爲丙戊股之方，即爲亥戊倍句之方。〕

準前論，亥乙和與丙戊股，若丙戊股與戊乙較。今亥戊即丙戊，則又爲亥乙和與亥戊倍句，若亥戊倍句與戊乙較也。

變股爲倍句成理分中末線圖

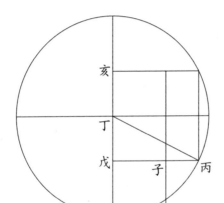

夫亥乙者，全線也，亥戊其大分，戊乙其小分也。合之，則是全線與其大分，若大分與其小分。

論曰：此以丙戊股線爲理分中末之大分，而求得其全線亥乙與其小分戊乙也。而大分與小分之比例，原若全線與大分，故即可以丙戊大分爲全線，而以小分戊子〔即戊乙也。〕爲大分，則子丙自爲小分矣。

理分中末線比例圖

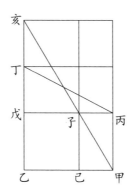

以亥乙爲全線，〔亥戊大分，即丙戊，亦即乙甲。戊乙小分，即戊子。〕
亥乙與乙甲，〔即亥戊大分。〕若亥戊與子戊也。〔即亥戊與戊乙。〕

此用亥乙甲大句股比亥戊子小句股，若丙戊爲全線，
則又戊子爲大分，〔亦即子己。〕子丙爲小分，〔亦即己甲。〕爲亥
戊與戊子，〔即丙戊與戊子。〕若子己與己甲也。〔即子戊與子丙。〕

理分中末線相生不窮圖 [一]

〔一〕此圖原無甲點及辛甲、己甲二線，輯要本同，今據刊謬補。

此用亥戊子大句股比子己甲小句股。

亥戊與戊乙若戊子與子丙，又相視之理也。

又若子己爲全線，則子庚又爲大分，庚己又爲小分。其法但於大分子己内截取子庚如小分丙子，作丙庚小方，則戊子〔即子己。〕與子丙，若子庚與庚己。

以[一]此推之，可至無窮[二]。

解幾何六卷[三]第二十七題

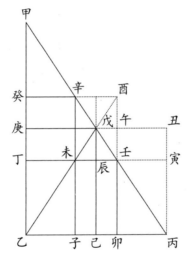

甲乙丙句股形，以乙丙句折半於己，作己戊線與股平

〔一〕以，原作“似”，據輯要本改。
〔二〕輯要本此後有“甲乙線求作理分中末線”“甲乙線十數求作理分中末線”“附長方變正方法”“理分中末線用法”“用理分中末線説”諸目，均見本書卷四。
〔三〕六卷，原作“三卷”，據幾何原本改。

行,平分甲丙弦於戊。又作戊庚線與句平行,平分甲乙股於庚。成己庚長方,此即半句乘半股,爲句股積之半也。

　　凡句股形内依正角作長方,惟此爲大。若於形内别作長方,皆小。〔皆不及句股半積也。〕

　　今任[一]作卯丁形,則小於己庚,何以知之?曰:試作丑戊線與丙己半句平行而等,又作丑丙線與戊己半股平行而等,又引辰壬至寅,引壬卯至午,即顯壬丑形與壬己形等。又乙辰原與己寅等,則以己寅加壬丑,而成丑午壬辰己之磬折形,即亦與卯丁形等矣。夫磬折形在丑己方形内,而缺午辰之一角,即相同磬折之卯丁形以較己庚半積方形,亦缺戊未之一角也。蓋丑己等己庚,而所缺之午辰小方亦等戊未也。準此言之,即凡作長方於丙戊界内者,皆小於己庚半積形也。

　　又作子癸形,則亦小於己庚,何以知之?曰:試作戊乙對角線,引之至酉,即顯癸未形與卯未形等,即卯丁形與子癸形亦等,而其小於己庚形爲所缺之戊未小方,亦等矣。準此言之,即凡作長方於甲戊界内者,皆小於己庚半積形也。

　　又知句股内容方之積,亦皆小於半積,惟句股相等如半方者,容方即爲半積。

　　論曰:此磬折形依弦線而成,蓋即幾何所謂“有闕依形”也。所闕之小方午辰及戊未,皆與丑己形相似而體勢等,以有弦線爲之對角也,然以句股解之殊簡。

〔一〕任,原作“仍”,據輯要本改。

又論曰：若壬角在弦線上，去戊角更遠，則所缺之午辰小方亦更大，而其形皆相似而體勢等，辛角亦然。

解幾何三卷三十五題

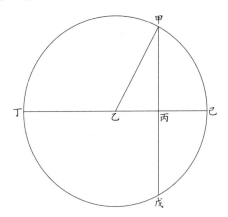

員內有一線不過心，而十字交於員徑，即句股和較之法。

甲丙乙句股形，以甲乙弦爲半徑作員，則甲丙股爲正弦，丙乙句爲餘弦，己丙矢爲句弦較，丁丙大矢爲句弦和。依句股法，較乘和開方得甲丙股，而丙戊亦甲丙也，故甲丙乘丙戊與己丙乘丁丙等積也。

幾何三卷第三十五題言員內兩線相交，則其各分之線相乘等積，即此理也。

若有一線不過心而斜交於徑，則如此圖，以他句股交錯求之，與後圖參看更明。[一]

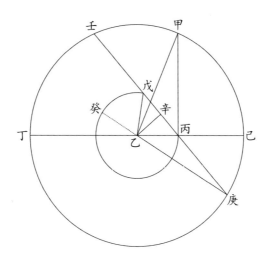

　　己丁過員心線,有庚壬斜線相交於丙,〔分丙己及丙丁,又丙庚及丙壬。〕皆分爲兩。

　　法自員心乙作十字線至辛,平分庚壬爲兩,〔辛庚、辛壬。〕皆斜線之半。辛庚半線内,又分辛丙爲小線。以辛丙減辛庚,餘庚丙爲較;以辛丙加辛壬,成丙壬爲和。以大小二方相較之理言之,庚辛方内,有庚丙較乘丙壬和之積及辛丙方。乙辛庚句股形以乙庚爲弦,弦冪内兼有庚辛及乙辛句股二冪,即兼有庚丙乘丙壬之積及辛丙、乙辛二方也。又乙辛丙小句股形以乙丙爲弦,則乙丙方内兼有辛乙、辛丙二方。而甲丙乙句股形以同庚乙之甲乙爲弦,弦冪内兼有甲丙及乙丙二方。此兩弦者既等,其冪必等,而其所兼之辛丙、乙辛二方又與乙丙方等。則各減等率,而其所餘之庚丙乘丙壬積,亦必與甲丙方等矣。而己丙乘丙丁原與甲丙方等,則己丙乘丙丁亦必與庚丙乘丙壬等矣。

若兩線俱不過心，則作一過心線和之。

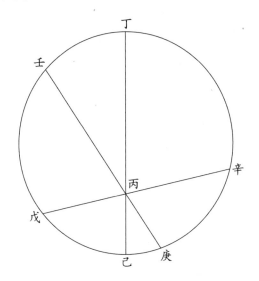

辛戊線、庚壬線相交於丙，則戊丙乘丙辛與庚丙乘丙壬亦等。

何以知之？曰：試作一丁己過心線，與兩線交於丙。準前論，戊丙乘丙辛之積及庚丙乘丙壬之積，皆能與丁丙乘己丙之積等，則亦必自相等矣。

又法：

以大小兩句股相減，若不用乙戊、乙癸線，即前法。

丁己員徑，有庚壬斜線相交於丙，則庚丙乘丙壬與己丙乘丙丁等。

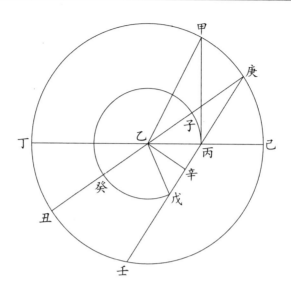

　　如法作乙辛及乙庚線，成乙辛庚句股，又成乙辛丙小句股。以丙辛句減庚辛句，餘庚丙爲較；以同丙辛句之辛戊加庚辛句，成庚戊爲和。〔即丙壬。〕

　　又以乙丙弦〔即乙子，亦即乙癸。〕減庚乙弦，餘子庚爲較；又兩弦相加，成庚癸爲和。〔即子丑。〕以庚子較乘庚癸和，與庚丙較乘丙壬和之積必等。〔詳後條。〕而己丙即庚子，丙丁即子丑，〔亦即庚癸。〕故己丙乘丙丁與庚丙乘丙壬亦等。

　　又大小方相減之理，庚乙方內兼有庚子乘庚癸之積及乙子方，即如兼有庚丙乘丙壬之積及乙丙方也。〔乙丙即乙子。〕

　　而同庚乙之甲乙弦幂內，原兼有甲丙方及乙丙方。此庚乙、甲乙兩積內各減去乙丙方，則所存者一爲庚丙乘丙壬之積,一爲甲丙自乘積,此所餘兩積亦必相同,可知矣。

又己丙乘丙丁之積原與甲丙方等,則亦與庚丙乘丙壬等矣。

先解兩方相減。

寅辛大方內減子己小方。〔寅辰爲兩方邊之較,卯辰爲兩方之和,即子辛。〕

兩方相減又兩句股相加減合圖

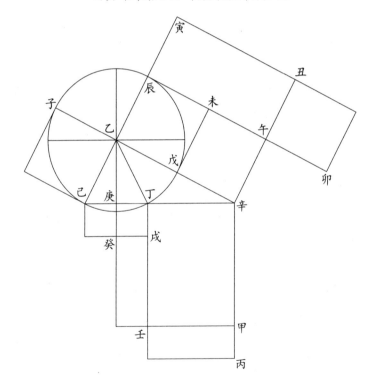

法以小方邊〔乙子〕爲度,於大方邊截取乙辰、乙戊,作辰午線及戊未線,成辰戊小方,與己子等,爲減去之積,其

餘爲寅午長方〔即二方較線寅辰乘大方邊之積。〕及未辛長方。〔即較線午未乘小方邊之積。〕末取未辛長方移補丑卯之位，成卯寅長方。〔即較乘和之積。〕

　　又庚甲大方内減己癸小方。〔丁辛爲兩方較，己辛爲兩方和，亦即辛丙。〕

　　如法作丁壬、癸戌二線，減去丁癸小方，與己癸等，其餘辛壬、壬癸兩長方。又移癸壬爲丙壬，成丁丙長方，即較乘和之積也。

　　準此論之，凡大小二方相減，其所餘者必皆爲較乘和之積。

　　　次解兩句股形相減。

　　凡兩句股同高，即可相加減。〔謂股數同也。〕

　　乙庚辛句股内減乙庚丁句股，則以丁庚句減辛庚句，餘〔辛丁〕爲兩句之較；又以同〔丁庚〕之己庚句加辛庚句，成辛己爲兩句之和。和乘較，成丁丙長方。

　　又以乙丁弦減辛乙弦，餘辛戊爲兩弦之較；又兩弦相加成辛子，爲兩弦之和。〔戊乙、子乙並同丁乙。〕和乘較，成卯寅長方。

　　此兩長方者，其積必等。〔無論乙爲正角，或鈍角，或銳角，並同。〕

　　何以明其然也？曰：依句股法，乙辛弦上方兼有乙庚、庚辛上二方，又乙己弦上方兼有乙庚、庚己上二方。今既以乙己上方減乙辛上方，則各所兼之乙庚方已相同而減盡，故乙辛上方之多於乙己上方者，即是庚辛上方多於庚己上方之數也。

又所用者是兩分之乙庚辛句股及乙庚己句股,〔即乙庚丁。〕故不論乙角銳鈍,其法悉同也。

解幾何三卷三十六、三十七題

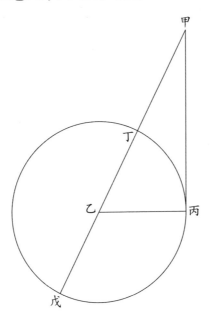

甲丙乙句股形,以丙乙句爲半徑作員,則甲丙股爲切線,甲乙弦爲割線。甲乙割線内減丁乙半徑,則甲丁爲句弦較;甲乙割線加戊乙半徑,成甲戊,爲句弦和。和、較相乘,平方開之,得甲丙股。

幾何三卷第三十六題、三十七題之理,蓋出於此。

若割員線不過乙心,如甲庚,則以他句股明之。

法自乙心向割員線作乙己,爲十字正交線,則割線之在員内者平分爲兩,〔子己、己庚。〕並爲員内線子庚之半。

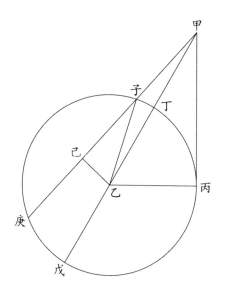

又作乙子半徑，成子己乙小句股，則子乙小弦上方
冪，兼有子己小股、乙己小句兩冪。又甲庚總線既分於
己，則甲己大線內減子己小線，其餘甲子在員外者爲較；
以小線己庚加大線甲己，成甲庚總爲和。

凡大小二方相較，則大方內兼有較乘和及小方之積，
則是甲己冪內必兼有甲子乘甲庚之長方及子己方也。

又甲己乙亦句股形，其甲乙弦內原兼有甲己及乙己
句股二冪，即是兼有甲子乘甲庚之長方，及子己方與乙己
方也。而子己及己乙二方原合之成一子乙方，子乙即丙
乙也，是合丙乙方與甲子乘甲庚[一]之長方而成甲乙方也。

〔一〕甲庚，原作“甲寅”，據前文改。

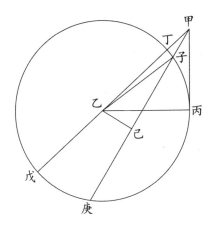

又甲丙乙句股形，同以甲乙爲弦，原合丙乙方與甲丙方而成甲乙方。

兩形之甲乙方內各去其相等之丙乙方，則其餘積一爲甲子乘甲庚[一]之長方，一爲甲丙自乘方，是二者不得不等矣。

用法：凡測平員形，既得甲丙切線，自乘爲實，以甲丁之距爲法除之，得甲戊之距，以甲丁距減之，得丁戊員徑。

若欲測庚物之在員周者，亦以甲丙切線自乘爲實，以甲子爲法除之，即得甲庚之距。

又法：用兩句股相加減。

甲乙丙句股形，以乙丙句爲半徑作員，又以甲乙弦爲半徑作外員。自外員任取甲點，作過心員徑至戊，又任作一不過心斜線入內員至庚。則以兩員間距線乘其全線，

〔一〕甲庚，原作“甲寅”，據輯要本及前文改。

皆與股冪等，而亦自相等。

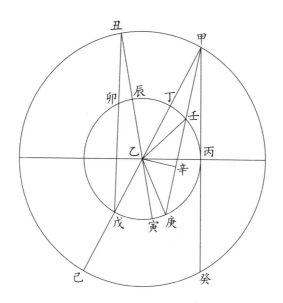

如以甲丁乘甲戊，或甲壬乘甲庚，其積皆等，又皆與甲丙切線上方冪等。

法以兩句股相加減，先自乙心作乙辛十字正線，平分壬庚線於辛，成乙辛甲句股。

又作乙壬、乙庚二線，成乙辛壬小句股，與乙辛庚等。

法以辛壬與甲辛相減，餘甲壬爲兩句之較；又相加成甲庚全線，爲兩句之和。則以甲壬乘甲庚，爲句之較乘和也。

又以乙壬與甲乙相減，餘甲丁爲兩弦之較；亦相加成甲戊全線，爲兩弦之和。則以甲丁乘甲戊，爲弦之較乘和也。

此句與弦之和較相乘，兩積必等。而甲丁乘甲戊原與甲丙自乘等，〔以甲丙乙句股言之也。〕故三積俱等。

　　準此論之，凡自甲點任作多線入內員，其法並同。不但此也，但於外員周任作線入內員亦同。如於丑作丑戊線，則丑卯乘丑戊亦與甲丙冪等。

　　何以知之？曰：試於丑作丑寅過心線，即諸數並同甲戊矣，而丑卯戊之於丑辰寅，猶甲壬庚[一]之於甲丁戊故也。

　　簡法[二]：

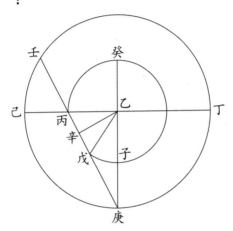

　　庚壬斜線交丁己員徑於丙，如法作乙辛線，成乙辛庚句股形及乙辛丙小句股形。

　　又以丙辛小句與辛庚大句相減得庚戊較，又相加成庚丙和。

　　再以乙丙小弦〔即乙癸，亦即乙子。〕與庚乙大弦相減得子庚較，又相加成癸庚和。

────────────

〔一〕甲壬庚，原作“甲壬寅”，據輯要本、刊謬改。
〔二〕輯要本無此條。

　　依大小兩句股相加減法,庚戊較乘庚丙和與子庚較
乘庚癸和同積。

　　而壬丙原同庚戊,又己丙原同子庚,而丁丙亦同癸
庚,則壬丙乘庚丙亦必與己丙乘丁丙同積矣。

　　又簡法:

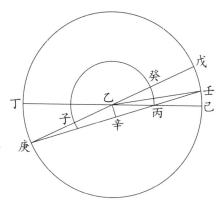

　　壬庚線斜交己丁員徑於丙,依法作乙辛,又作乙壬
線,成乙辛壬句股及乙辛丙小句股,皆如前。

　　今自庚別作一過乙心線如庚戊,則乙辛庚與乙辛壬成
相同之兩句股,即顯壬丙爲大小兩句之較,而丙庚爲其和。

　　又顯戊癸爲兩弦之較,而與己丙等,則己丙亦較也;
又癸庚爲兩弦之和,而與丙丁等,則丙丁亦和也。

　　是故壬丙乘丙庚,較乘和也;己丙乘丙丁,亦較乘和
也,而其積必等。[一]

〔一〕輯要本無下圖。刊謬云:"二十七頁有圖無解,本不必載,即此可見悉聽
梓人照草稿寫刻,任校仇者竟未寓目也。"

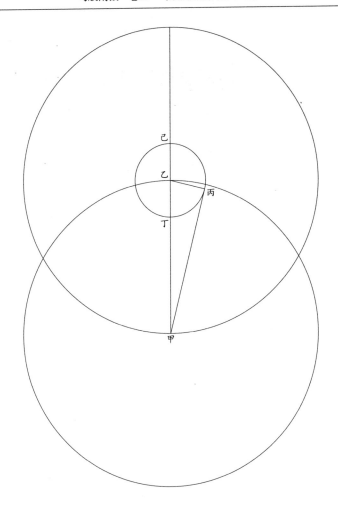

句股闡微卷四

幾何增解

方斜較求原方〔幾何約論線第十四條有用法，今解其理。〕

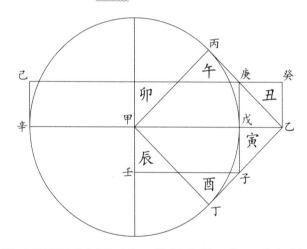

甲乙丙丁正方形，甲乙其對角線，戊乙爲方斜之較。於戊乙上作庚癸乙戊小方，則丙庚與庚戊等。

論曰：法於方之一角甲作員，而以丙甲方徑爲員之半徑，則乙丙爲切員線，乙辛爲自員外割員之全線，乙戊較爲割員在外之餘線，而兩線皆出一點，則乙戊乘乙辛之矩形與乙丙切線方形等。

　　夫乙丙即原設方也,今以同乙戊之癸乙爲橫,乙辛爲直,作乙己長方。〔即乙戊乘乙辛之矩。〕又移切甲己長方爲子甲長方,又移卯補午,移辰補酉,移丑補寅,則復成乙丙甲丁方形矣。而丑、卯、午、酉等斜剖半方形,皆以乙戊較爲半方形之邊,是庚戊及丙庚皆與乙戊等,而亦自相等,又何疑焉?

　　用法:有方斜之較乙戊,求原方形之一邊。法以乙戊較作小方形,取其斜乙庚,再引長之,截丙庚如乙戊,得乙丙,如所求。

　　從此圖生一測員之法。假有員城八面開門,正西門如戊門,外有塔如乙,其距如乙戊,西南門如丙,距塔若干步如乙丙,問城徑。

　　法以乙丙之距自乘得數爲實,以乙戊之距爲法,法除實,得乙辛。於乙辛內減去乙戊,即員城之徑。捷法:但倍乙丙,即得城徑。

　　有員城正西之門如戊,西南之門如丙。人立於庚,可兩見之,而庚丙與庚戊皆等,問城徑。

　　法以庚戊自乘,成戊癸小方,以方斜之法求其斜距爲乙庚,以乙庚加庚丙爲乙丙,即城半徑。

　　按:此即幾何約之用法也。

　　又以句股法解之。

　　又論曰:試於庚丙上作丙子較線上方,引庚戊至丁,則丁庚又爲丙子方之斜,而丁戊與乙丙等,從丁戊作丁壬甲戊,爲元方,如所求。

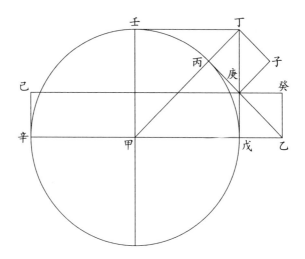

又論曰：此即句弦和較相乘開方得股也。乙甲、丁甲皆如弦，戊甲、甲辛〔甲丙、甲壬。〕皆如句。乙戊如句弦較，〔丁丙同。〕乙辛如句弦和。和、較相乘成癸辛長方，開方得丁戊股。〔乙丙同。〕

切線角與員周角交互相應〔幾何三卷三十二、卅三增題。〕

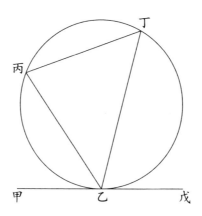

乙丙丁三角形在員内,有甲乙切員線,則所作丙乙甲角與丙丁乙角同大,又丁乙戊角與丁丙乙角同大,所謂交互相應也。

論曰:丁角以乙丙弧分論度,而丙乙甲角亦以乙丙弧分之度爲度,故丙乙甲角即丁角也;丙角以丁乙弧分爲度,而丁乙戊角亦以丁乙弧分爲度,故丁乙戊角即丙角也。凡用員周度爲角度,皆以兩度爲一度,詳後第三增題。[一]

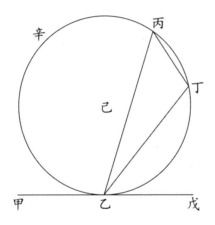

若丁爲鈍角,則丙乙甲亦鈍角,兩鈍角同以丙辛乙弧爲度故也。其丙鋭角與丁乙戊鋭角,則同以丁乙弧爲度。

又增題:員内三角形,一角移動,則餘二角變而本角度分不變,交互相應之角度亦不變。

_____

[一] 原圖脱"辛"字,據輯要本、刊謬補。

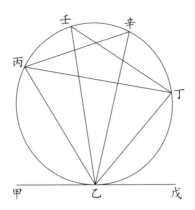

如上圖,〔三圖。〕丁角移至辛,則丙角加大,而相應之辛乙戊角亦從之而大,以辛丁乙弧大於丁乙弧也。辛乙戊大,則辛乙丙小矣,其較皆爲丁辛弧。若丁角雖移至辛,而其度不變,相應之丙乙甲角亦不變,以所用之丙乙弧不變也。

又丙角移至壬,則丁角加大,相應之壬乙甲亦從之而大,以壬丙乙弧大於丙乙弧也。壬乙甲大,則壬乙丁小矣,其較皆爲丙壬弧。若丙角雖移至壬,其度不變,相應之丁乙戊亦不變,以所用之丁乙弧不變也。

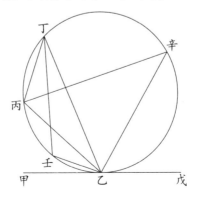

此圖同論，但丁角移則丙角變小，丙角移亦然。

又增題：切員線作角與員周弧度相應圖。

有子甲戊員，有乾艮線相切於子。從子點出線，與切線作角，必割圓周之度，其大小皆相應，但皆以員周兩度當角之一度。

如用子午正線，則所作兩旁子角皆正角，〔百八十度分兩正角，各皆九十度。〕而亦剖員爲半周，〔兩半員並百八十度。〕是兩度當一度。

又如用子辛線作辛子艮銳角，〔四十五度。〕而本線割員周於辛，爲九十度象限，亦兩度當一度。

又如用子辛線作辛子乾鈍角形，〔百三十五度。〕而線割辛午子[一]員分〔爲二百七十度〕三象限，亦兩度當一度。

又如於員內任作辛子乙角形，乙辛子角所乘之子甲乙弧六十度，乾子乙角同用子甲乙弧，亦六十度。然其實度是坎寅弧，實只三十度，亦兩當一也。

又子乙辛角乘子癸壬辛弧，〔一象限。〕艮子辛角亦割子癸壬辛弧，〔一象限。〕然其實度爲震酉弧，只四十五度，亦兩當一也。

所以者何？曰：試作心乙線[二]，移角於心，則所乘弧〔子甲乙〕六十度，皆實度也。今也角在辛[三]，是員周也，非員心也，凡員周之角小於員心一倍故也。

─────────

〔一〕辛午子，原作"辛午乾"，據輯要本改。
〔二〕心乙線，"心"原作"辛"，據刊謬、輯要本改。下"移角於心"同。
〔三〕辛，原作"心"，據刊謬、輯要本改。

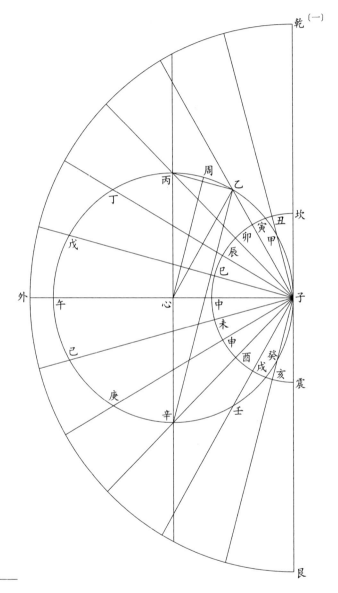

〔一〕原圖乾子艮線水平，子心線垂直，因版面寬度限制，乾子艮線右側未繪全。輯要本將原圖順時針旋轉九十度，改橫爲縱。今從輯要本。

論曰：員周至員心，正得員徑之半，故所作角爲折半比例。試作乙丙線，成辛乙丙句股形。又從心作心周線，與辛乙平行，則所作周心丙角與乙辛丙等。而此心周線平剖乙丙句，亦平分乙周丙於周，而正得其半矣。

系句股形，平分弦線作點，從此作線與股平行，即平分句線爲兩。

又論曰：查角度之法，皆以切點爲心，作半員即見真度。此不論半員大小，或作於員内，或作於員外，並同。作於員外，其度開明，易於簡查。

又論曰：試於所切圈心作豎徑線[一]，與切線平行，如辛丙線。引長之出員外，而以查角度之線，割員周而過之，則皆成大小句股形。而所過豎線上點，皆即八線中之切線，爲句股形之股。角度斜線爲豎線所截處，即八線中割線，常爲弦；而切點至員心之半徑，常爲句。

如子辛角度線割豎線於辛，成辛心子句股形，其所當角度爲酉中四十五度，則辛心即四十五度之切線，辛子即四十五度之割線，餘並同。其子心即半徑也。

又論曰：角度半員有大小，而子心半徑常爲句者，以所作豎線在員心，欲用員度相較也。若於半員之端〔如中如外。〕作豎線與切線平行，其所作切線、割線亦同比例，而即以各半員之半徑爲句矣。

〔一〕豎徑線，原作“横徑線”，今既依輯要本改横圖爲縱圖，亦從輯要本改“横”爲“豎”。下同。

不但此也，即任於子心外直線上任作一豎線，其所作句股並同。但皆以十字交處距子點之度命爲半徑，此八線割員之法所由以立也。

量無法四邊形捷法〔一〕

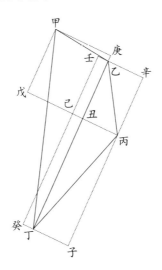

甲乙丙丁形求其容。先作乙丁對角線，分爲兩三角形。次自丙作丙戊橫線，與乙丁線相交於丑，爲十字正角。而取戊點與甲齊平，則戊丑即甲庚也。次以丙戊點折半於己。次作壬癸線與乙丁平行而等。又作壬辛、癸子二線，皆與己丙平行而等。得辛癸長方，即原形之容。

────────────

〔一〕以下“量無法四邊形捷法”“取平行線簡法”“補測量全義斜坡用切線法”諸條，輯要本並無。

取平行線簡法

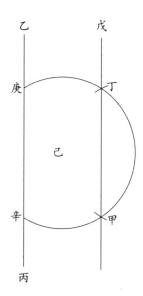

　　法曰：乙丙線欲於甲點作線與之平行，法於線外任取己點爲心，甲點爲界，作辛甲丁庚圈分。次以庚爲心，取甲辛之度爲界，截員分得丁點。末自丁作戊丁甲線，此線必與乙丙平行矣。

　　論曰：凡圈內兩直線相距之度等，則其線必平行。如〔丁甲〕與〔庚辛〕兩線俱在一圈之內，而所距之〔甲辛〕圈分與〔庚丁〕圈分等，是相距之度等，而其線平行也。因讀數度衍得此法，似較他處爲捷。

補測量全義斜坡用切線法〔係勿菴補。〕

　　斜三角形有一角兩邊，求餘邊。

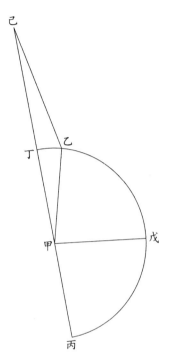

法用切線分外角，求得餘角，即以得邊，可不用垂線。

如甲乙己斜角形，有乙甲及己甲二邊，有甲角，求乙己邊。

法以己甲線引長之，成乙甲丙角，爲原有甲角之外角。〔以元有甲角減半周得。〕次分外角之度而半之，爲半外角，而求其切線爲三率。併乙甲、己甲二邊爲首率，又以二邊相較爲次率。次率乘三率爲實，首率爲法除之，得半較角之切線。以查表得半較角之度，以減半外角得己角。末用正弦法，得己乙邊，法爲己角正弦與乙甲，若甲角正弦與乙己。

三率法：

一　兩線之和　　　己丙

二　兩線之較　　　己丁

三　半外角之切線　戊癸

四　半較角之切線　壬戊

用外角者，乙、己兩角之和度；而較角者，乙、己兩角之較度。〔以用切線，故半之也。〕

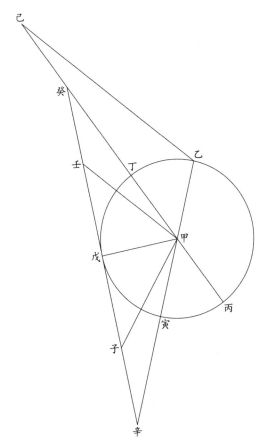

論曰：又如後圖，己甲引至丙，而乙甲亦引至辛，則乙甲丙及丁甲寅兩角皆原有甲角之外角。再作甲戊線平分外角，則丁甲戊及寅甲戊皆半外角。又作甲壬線與乙己平行，則壬甲癸角即同己角，壬甲辛角即同乙角。再於甲戊半徑之端，作癸戊辛十字線切員於戊，則戊癸及戊辛皆半外角之切線也。再以壬甲癸角減壬甲辛角，其較爲壬甲子角，則壬甲戊即半較角，而壬戊其切線也。

其比例爲己丙〔二邊和。〕與己丁，〔二邊較。〕若癸辛〔外角全切線，即乙己丁角和度之全切。〕與壬子，〔較角度之全切線。〕則亦若癸戊〔半外角切線。〕與壬戊，〔即半較角之切線。〕何也？全與全若半與半也。

理分中末線 [一]

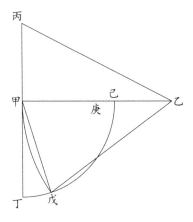

甲乙線求作理分中末線。

法以甲乙全線折半於庚,乃作垂線於甲端爲丙甲,如半線甲庚之度爲句,全線爲股,次作丙乙線爲弦。

次以丙爲心,乙爲界,作乙丁圈界。次引丙甲句至丁,則丙丁即丙乙也。末以甲爲心,丁爲界,作丁戊己圈分。則甲己爲理分中末之大分,己乙爲小分,其比例爲甲乙與甲己,若甲己與己乙也。

遞加法:借右圖以乙爲心,甲爲界,運規,截丁己圈分於戊,自戊作線向甲,成甲戊線,與甲丁等。乃自戊作戊乙線,與乙甲等,成甲乙戊三角形。

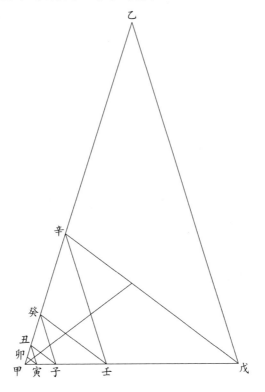

此形甲、戊兩角悉倍於乙角,乃平分戊角作戊辛線,
此線與甲戊並大,亦與乙辛同大,成辛戊甲相似三角形,
則甲乙與乙辛,〔即戊辛。〕若乙辛與辛甲也。又平分辛角作
辛壬線,與壬戊與辛甲皆同大,則成甲辛壬三角形,與辛
戊甲相似,則乙辛〔即戊辛,亦即戊甲。〕與辛甲,〔即辛壬、戊壬。〕
若辛甲與壬甲也。如此遞半,則其角比例並同。

一〔乙甲〕　　　　　二〔乙辛即戊辛、戊甲〕　三〔辛甲即辛壬、戊壬〕

四〔辛癸即壬癸、壬甲〕　五〔癸甲即癸子、壬子〕　六〔癸丑即丑子、子甲〕

七〔丑甲即丑寅、寅子〕　八〔丑卯即卯寅、寅子〕　九〔卯甲〕

若能知其數,則以大分遞乘,全數除之,得細數。

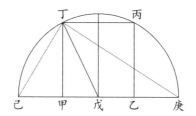

先得甲乙爲大分,而求乙己全分及乙庚小分。用此
圖,亦爲半圓內求容方法。則以乙己全分加乙庚小分,折
半於戊,得戊己爲半徑。若先得戊己,則以戊己〔即戊丁。〕
爲弦,作丁甲戊句股,使戊甲句半於丁甲股,則丁甲即爲
戊己理分中末之大分。

解曰:甲庚〔即乙己。〕全數與丁甲大分,若丁甲大分〔即
甲乙。〕與甲己小分〔即乙庚。〕也[一]。

――――――――

〔一〕圖及圖後文字,輯要本無。

以量分

甲乙線十數，求作理分中末線。

乙　　　　　　　戊　　　　　甲

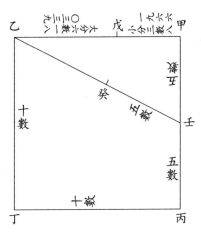

先依甲乙線作甲乙丁丙正方形。〔四面皆十數。〕次任用一面平分之，如甲丙平分於壬，〔甲壬及壬丙皆五數。〕甲乙之半數也。〔甲丙與甲乙等，其分亦等。〕次自壬向乙角作乙壬斜線，其數一十一〔一八〇三三九〕。次自壬量甲壬或丙壬之度，〔即甲乙之一半。〕移置於乙壬線上，截壬癸如甲壬，則其餘癸乙即理分中末之大分，其數六〔一八〇三三九〕。末以癸乙之度移置於甲乙線上如乙戊，則乙戊爲大分，戊甲爲小分，其數三〔八一九六六〇〕。

簡法：

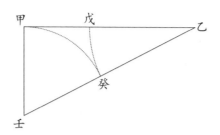

　　作句股形,令甲壬句如甲乙股之半。乃以壬爲心,甲爲界,作虛線圓分,截乙壬弦於癸。末以乙爲心,癸爲界,作圓分,截甲乙線於戊。則乙戊爲大分,甲戊爲小分。

　　又簡法:

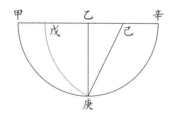

　　以甲乙全線爲半徑,作半圓形,則乙庚、乙辛皆與甲乙等。次平分乙辛於己。次以己爲心,庚爲界,運規,割甲乙線於戊。〔戊己之度即同己庚。〕則乙戊爲大分,甲戊爲小分。

　　又簡法〔一〕:

〔一〕此條輯要本無。按此法與前法同。

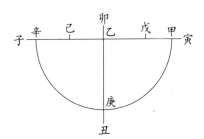

作子寅丑卯十字線,相交於乙。次以乙爲心,甲爲界,運規,截十字線於甲於庚於辛,則乙庚、乙辛皆與設線甲乙等。乃折半〔乙辛〕於己,以己爲心,庚爲界,運規,截甲乙於戊。則乙戊大分,甲戊小分,皆得矣。此法可於平面圓器上求之。

附長方變正方法

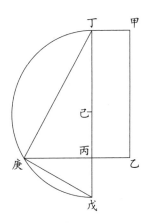

甲乙丙丁長方形欲變正方,以長方形之橫邊〔乙丙〕、直邊〔丙丁〕二線取其中比例,即所求。

取中比例法：以丙丁、乙丙〔即戊丙。〕聯爲一直線，〔丁戊。〕而折半於己，以己爲心，丁若戊爲界，作半圓。次引乙丙橫線至圓界，截圓界於庚，成丙庚線，即乙丙及丙丁二線之中比例線。次於丙庚線上作小方形，其容與甲乙丙丁長方形等。

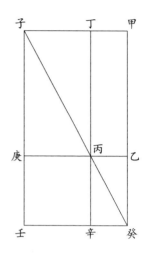

如右圖，丙庚線上方形爲丙壬，乃子壬癸句股形內之容方也。而甲丙長方形，則子壬癸句股外之餘方也。餘方與容方等積。

簡法：

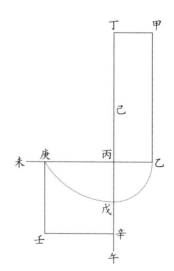

先引丁丙邊至午，引乙丙邊至未。次以丙角爲心，乙

爲界,作小圓界虛線,截引長線於戊。次以丁戊線折半於
己[一]。次以己爲心,戊爲界,運規作小圓界,截引長線於
庚,則丙庚即所變方形之一邊。末依丙庚線作方形,與甲
乙丙丁長方形等積。其法以丙爲心,庚爲界,運規,截丙
辛與丙庚等。

理分中末線用法

一用以分平圓爲十平分。

法爲半徑與三十六度之分圓,若全分與理分中末之大
分也。

一用以分平圓爲五平分。

曆書言以全分爲股,理分中末之大分爲句,求其弦。
即半徑全數爲股,三十六度之分圓爲句,求得七十二度
之分圓爲弦。

一用以量十二等面體。

法爲立方邊與所容十二等面邊,若理分中末之全
分與其小分也。又十二等面體之邊與內容立方邊,若
理分中末之大分與其全分也。又立方內容十二等面
體,其內又容小立方,則外立方與內立方,若理分中末
之全與其大分也。

一用以量二十等面體。

法爲立方邊與所容二十等面邊,若理分中末之全

〔一〕原文此處有"次引乙丙至未"六字,與前文重複,據輯要本刪。

與其大分也。

　一用以量圓燈。

　　法爲圓燈邊與其自心至角線,若理分中末之大分與其全分也。此自心至角之線,即爲外切立方、立圓及十二等面、二十等面之半徑,又爲內切八等面之半徑。圓燈爲有法之形,即此可見。

　用理分中末線説

　　言西學者,以幾何爲第一義,而傳只六卷,其有所秘耶?抑爲義理淵深,翻譯不易,而姑有所待耶?測量全義言有法之體五,其面其積皆等,其大小相容相抱,與球相似,幾何十一、十二、十三、十四卷諸題極論此理。又幾何六卷言理分中末線,爲用甚廣,量體所必需。幾何十三卷諸題全賴之,古人目爲神分線。又言理分中末線求法,見本卷三十題,而與二卷十一題同理。至二卷十一題則但云“無數可解,詳見九卷”,其義皆引而未發。故雖有此線,莫適所用,疑之者十餘年。辛未歲,養病山阿,遊心算學,於量體諸法稍得窺其奧,爰證曆書之誤數端,於十二等面、二十等面得理分中末之用,及諸體相容之確數。故以立方爲主,其內容十二等面邊得理分線之末,二十等面邊得理分線之中,反覆推求,了無凝滯。始信幾何諸法可以理解,而彼之秘爲神授,及吾之屏爲異學,皆非得其平也。其理與法,詳幾何補編。

遙量平面法

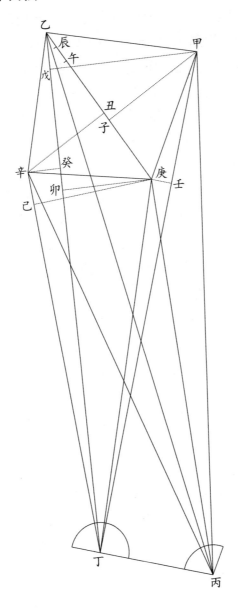

甲乙庚辛爲所欲量之平面而不能到，如仰視殿上承塵，而人在殿外；又如峭壁懸崖之上，有碑若碣。凡平面之物，人從地面斜視，灼然可見而不能到。

或平面在下，如田池之類，人從臺上俯視可見，或臨深崖，瞰谷底，其理不異，但倒用其圖即是。

欲量甲乙庚辛平面而不能到，可到者丙丁，則先知丙丁之距及丙丁所作各角，即可以知之。

先求甲乙線。

法於丙於丁各安平圓儀，各以指尺向甲向乙，又自相向各作角，成甲丙丁、甲丁乙、乙丁丙，凡三角形者三。

依第一法，用甲丙丁形。此形有丙丁線，〔兩測之距。〕有丙角，有丁角，自有甲角，可求甲丁線。法爲甲角之正弦與丙丁，若丙角之正弦與甲丁也。

次仍依第一法，用乙丁丙形。此形亦有丙丁線，〔兩測之距。〕有丙角，有丁角，自有乙角，可求乙丁線。法爲乙角之正弦與丙丁，若丙角之正弦與乙丁也。〔此丙角與前形之丙角不同。〕

次仍依第一法，用甲丁乙形。此形有甲丁、乙丁兩線，及兩線間所作之丁角，〔與前形丁角不同。〕可求甲乙線，爲所測之一邊。法自甲角作甲戊垂線至戊，分乙丁線爲兩，而甲丁乙三角形分爲兩句股形。其一甲戊丁句股形，有丁角，有甲丁線爲弦，可求甲戊句、戊丁股。法爲全數與甲丁弦，若丁角之正弦與甲戊句；又全數與甲丁弦，亦若丁角之餘弦與戊丁股也。其一甲戊乙句股形，有甲戊句，有乙戊股,〔戊丁減乙丁得之。〕可求甲乙弦。法以甲戊句、乙戊股各自乘而并之,開方得甲乙,即所測平面之一邊。

　　第二求庚辛線。

　　法亦於丙於丁各安平員儀,〔即先所安之元處。〕各以指尺向庚向辛,又自相向,各作角,成庚丙丁、庚丁辛、辛丙丁,凡三角形亦三。

　　依第一法,用庚丙丁形。此形有丙丁線,〔兩測之距。〕有丙角,有丁角,自有庚角,可求庚丁線。法爲庚角之正弦與丙丁,若丙角之正弦與庚丁也。〔此丙角與前兩丙角不同。〕

　　依上法,用辛丙丁形。此形有丙角,〔此丙角又與上不同。〕有丁角,自有辛角,可求辛丁線。〔丁角與前不同。〕法爲辛角之正弦與丙丁,若丙角之正弦與辛丁也。

　　仍依上法,用庚丁辛形。此形有庚丁、辛丁兩線及兩線間所作丁角,〔此丁角又不同。〕可求庚辛線,爲所測之又一邊。法自庚角作庚己垂線至己,分辛丁線爲兩,而庚丁辛三角形分爲兩句股形。其一庚己丁句股形,有丁角,有庚丁線爲弦,可求庚己句、己丁股。法爲全數與庚丁弦,若丁角之正弦與庚己句,亦若丁角之餘弦與己丁股也。其一庚己辛句股形,有庚己句,有辛己股,〔己丁減辛丁得之。〕可求庚辛弦。法以庚己句、辛己股各自乘而并之,開方得庚辛,爲所測平面之又一邊。〔即甲乙之對邊。〕

　　第三求甲庚線。

　　法於丁點側安平儀,以指尺向甲向庚,作甲丁庚角,成甲丁庚形。此形有甲丁、庚丁兩線及兩線所作之丁角。

〔此丁角在甲丁、庚丁兩線間。〕可求甲庚線,爲所測形之側邊。

法自庚角作甲丁之垂線至壬,分甲丁線爲兩,而甲丁庚三角形分爲兩句股形。其一庚壬丁句股形,有庚丁線爲弦,有丁角,可求庚壬句、壬丁股。〔法同前用丁角之正弦、餘弦。〕其一庚壬甲句股形,有庚壬句、甲壬股,〔丁壬減甲丁,得甲壬。〕依句股法,可求甲庚弦線,爲所測平面之側邊。

第四求乙辛線。

法亦於丁點側安平儀,指尺向乙向辛,作乙丁辛角,成乙丁辛形。此形有乙丁、辛丁兩線及兩線所作之丁角,〔此丁角在辛丁、乙丁兩線間。〕可求乙辛線,爲所測形之又一側邊。

法自辛角作乙丁之垂線至癸,分乙丁線爲兩,而乙丁辛三角形分爲兩句股形。其一辛癸丁句股形,有辛丁線爲弦,有丁角,可求辛癸句、癸丁股。〔法亦同前,用丁角之正弦、餘弦。〕其一辛癸乙句股形,有辛癸句、乙癸股,〔癸丁減乙丁,得乙癸。〕依句股法,可求乙辛弦線,爲所測平面之又一側邊。

如此,則所測形之四邊皆具,乃用後法求其幂。

第五求乙庚線。

法仍於丁點斜立平儀,以指尺向乙向庚,作乙丁庚角,成乙丁庚形。此形有庚丁、乙丁兩線及兩線所作之丁角,〔此丁角又在乙丁、庚丁兩線間。〕可求乙庚線,爲所測形內之對角斜線。

乙庚丁角形內,自庚角作乙丁之垂線至卯,分乙丁線爲兩,而乙庚丁三角形亦分爲兩句股形。其一庚卯丁句股形,有庚丁線爲弦,有丁角,可求庚卯句、卯丁股。〔依上法,用丁角之正弦、餘弦。〕其一庚卯乙句股形,有庚卯句,有卯乙股,〔卯丁減乙丁,得卯乙。〕依句股法,可求乙庚弦線,爲所測平面形内對角之斜線。

　　既有乙庚線,則所測甲乙辛庚平面形分爲兩三角形,可以求其冪積。

　　其一乙甲庚形,有乙庚底,有甲庚、甲乙兩腰。法以兩腰相減爲較,相併爲和,和乘較爲實,乙庚底爲法除之,得乙午。以減乙庚,得午庚,半之得子庚。乃用句股法,以甲庚、子庚各自乘,相減爲實,開方得甲子垂線。垂線半之,以乘乙庚底,得乙甲庚形平積。

　　其乙辛庚形,有乙庚底,有乙辛、辛庚兩腰。如上法,以乙辛、辛庚相減爲較,又相併爲和,和乘較爲實,乙庚底爲法除之,得乙辰,爲底較。以減乙庚,得辰庚,半之得丑庚。乃用句股法,以丑庚、庚辛各自乘,相減爲實,開方得丑辛垂線。垂線半之,以乘乙庚底,得乙辛庚形平積。

　　末以兩三角形積併之,爲所測甲乙辛庚平面四不等形之總積。

　　右法可以不用丈量,而遥知畞步,即有種種異態,以三角御之足矣。新法曆書言測量詳矣,然未著斯法,意者其在幾何後數卷中,爲未譯之書歟?

　　庚午蠟月既望,晤遠西安先生,談及算數,云量田可以不用履畞。初聞之,甚不以爲然。歸而思之,得此法。然未知其所用者即此與否,而此法固已足用矣。

　　若用有縱衡細分之測器指尺，一量即得，無煩布
算矣。

方根小表 [一]

平方積	根	差	差差
一〇〇〇〇	一〇〇	四一	〇九
二	一四一	三二	〇五
三	一七三	二七	〇四
四	二〇〇	二三	〇二
五	二二三	二一	〇一
六	一四四	二〇	〇二
七	二六四	一八	〇〇
八	二八二	一八	〇二
九	三〇〇	一六	〇一
十〇〇〇〇	三一六 [二]	一五	〇〇
一一〇〇〇〇	三三一	一五	〇一
一二	三四六	一四	〇〇
一三	三六〇	一四	〇一
一四	三七四	一三	〇〇
一五	三八七	一三	〇一
一六	四〇〇	一二	〇〇
一七	四一二	一二	〇一
一八	四二四	一一	〇一
一九	四三五	一二	〇一
二〇	四四七	一一	〇〇 [三]

〔一〕此表輯要本無。

〔二〕三一六，原作"二一六"，據刊謬改。

〔三〕〇〇，原作"〇一"，據刊謬改。

平方積	根	差	差差
二一〇〇〇〇	四五八	一一	〇一
二二	四六九	一〇	〇〇
二三	四七九	一〇	〇一
二四	四八九	一一	〇二
二五	五〇〇	〇九	〇一
二六	五〇九	一〇	〇〇
二七	五一九	一〇	〇一
二八	五二九	〇九	〇〇
二九	五三八	〇九	〇〇
三〇	五四七	〇九	〇〇
三一〇〇〇〇	五五六	〇九	〇〇
三二	五六五	〇九	〇〇
三三	五七四	〇九	〇一
三四	五八三	〇八	〇一
三五	五九一	〇九	〇一
三六	六〇〇	〇八	〇〇
三七	六〇八	〇八	〇〇
三八	六一六	〇八	〇〇
三九	六二四	〇八	〇〇
四〇	六三二	〇八	〇〇
四一〇〇〇〇	六四〇	〇八	〇一
四二	六四八	〇七	〇一
四三	六五五	〇八	〇一
四四	六六三	〇七	〇一
四五	六七〇	〇八	〇一
四六	六七八	〇七	〇〇
四七	六八五	〇七	〇一
四八	六九二	〇八	〇一

平方積	根	差	差差
四九	七〇〇	〇七	
五〇	七〇七		

測量用影差義疏[一]

凡方形內從角剖成兩句股形，必相似而等。〔正方或長方並同。〕

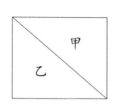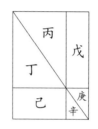

方形內作對角斜線，分爲兩句股。又於斜線上任取一點作直線，縱橫相交如十字，而悉與方邊平行，分方形爲大小四句股形。此四句股形，各兩兩相似而等。〔大形丙與丁等，小形庚與辛等。〕

則其四句股旁之兩餘方形雖不相似，而其容必等。

解曰：於原斜線所分相等句股內，各減去相等之大小

〔一〕輯要本題作“句股測量”，收入卷十七句股舉隅中。首錄題解數語：“測量之術，因卑以知高，即近以見遠，而句股之用於是乎神。言測量至西術詳矣，究不能外句股以立算，故三角即句股之變通，八線乃句股之立成也。然三角非八線不能御，而句股則無藉於八線。古書雖不盡傳，而海島量山之算，猶存什一於千百。故論測量而并錄其要，以存古意焉。”節自勿庵曆算書目。

兩句股,則其餘亦等。〔丙戊庚形內減去大形丙、小形庚,餘戊;又於丁己辛形內減去大形丁、小形辛,餘己。原形既等,所減又等,則其餘必等。故戊己兩長方雖不相似,而其容必等也。〕

句股測遠

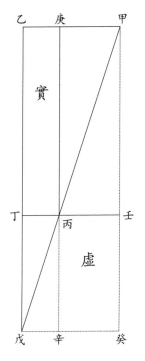

有甲乙之距,人在戊立表,又立表於丁,使戊丁乙爲一直線。再於丙立表,使丙丁與乙戊如十字之半,而與甲乙平行。則丁戊小股與丙丁小句,若丙庚大股與甲庚大句也。

法以丙丁小句爲二率,乙丁大股爲三率,〔即丙庚。〕相

乘爲實,戊丁小股爲一率爲法,法除實得大句甲庚。再以
庚乙加之,得甲乙。

假如丙丁兩表相距〔三步〕,人在戊窺丁到乙遠,〔戊丁
十二步,丁乙十八步。〕欲求甲乙之距。

法以丙丁〔三步〕乘乙丁〔十八步〕,得〔五十四步〕爲實,戊丁
〔十二步〕爲法除之,得〔四步五分^{〔一〕}〕爲甲庚。加丙丁〔三步,即乙
庚〕。共七步半^{〔二〕},爲甲乙。

解曰:此以乙丙長方形變爲丙癸也。依前論,乙丙實
形、丙癸虛形不相似而容積等故也。

重測法

有巽乙甲井方池,欲遙望測其甲乙之一面方,并乙丁
之距。

法立表於丁,望測方池之東北角乙至東南角巽,使丁
乙巽爲一直線。再於丁橫過,立一表於丙,使丙丁爲乙丁
之橫立正線。〔丙丁橫六步四分。〕次從丁退而北行至〔戊〕,量
得〔十二步〕。從戊斜望池西北隅〔甲〕,不能當〔丙〕表,而出
其間如〔戊〕,又於戊立表,〔戊丁〕之距〔四步〕。再退而北行
至〔己〕,從〔己〕窺〔甲〕正過〔丙〕表,己丙甲爲一直線,量得
己丁之距〔三十六步〕。

法以〔丙丁六步四分〕爲一率,〔丁己三十六步〕爲二率,〔戊丁

〔一〕四步五分,原作"四十五步",據刊謬改。
〔二〕七步半,原作"四十八步",據刊謬改。

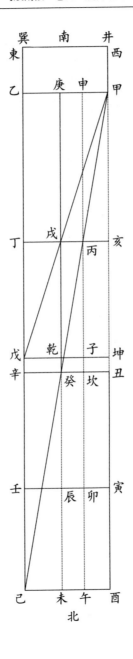

四步〔一〕〕爲三率。二三相乘，得〔一百四十四步〕爲實，一率〔六步四分〕爲法除之，得〔二十二步半〕爲辛己。於辛己內減丁戊〔十二步〕，餘〔十步半〕爲壬己，是爲景差。

次以〔戊丁四步〕減〔丙丁六步四分〕，餘〔丙戊二步四分〕，以戊丁〔十二步〕乘之，得〔二十八步八分〕爲句實。景差〔十步半〕爲法，除句實得二步〔八分弱〔二〕〕，爲甲申大句之距。加丙丁〔六步四分，即申乙〕。得共〔九步二分弱〕，爲甲乙，即方池一面之闊。

次以辛己〔二十二步半〕減丁己〔三十六步〕，餘〔十三步半〕。辛丁爲二率，丁戊〔十二步〕爲三率，相乘得〔一百六十二步〕爲股實。景差〔十步半〕爲法除之，得〔十五步四分強〔三〕〕，爲乙丁大股之距。

解曰：此以四表重測改爲三表，乃巧算也。若測高，則重測本爲前後二表者，亦改用一表，故當先知本法，然後明其所以然。下文詳之。

試先明四表本法。

有甲乙之闊，先立〔丁〕表，從戊測之，戊、〔人目。〕丁、〔表。〕乙〔遠物之末端。〕三者參相直。次於〔丁〕表橫過與〔甲乙〕平行，作戊丁乙直線之橫直線。此線上取戊立表，人目從

〔一〕刊謬："'二率'下注'戊丁四步即癸辛'，落'即癸辛'三字。"

〔二〕二步八分弱，刊謬云："二步七分半弱，訛八分弱。"按以二十八步八分除以十步半，得二步七分四釐，以不足二步七分五釐，可言"二步七分半弱"；以不足二步八分，亦可言"二步八分弱"。原本不誤，無庸校改。

〔三〕十五步四分強，原作"十五步八分半弱"，據刊謬改。

〔戊〕過〔戊〕表,窺甲遠物之西端,亦參相直,但於戊丁乙線爲斜弦,成句股形。量得戊丁兩表橫距〔四步〕,丁戊〔人目距東表。〕直距〔十二步〕。

次於丁戊直線退而北行至己,又於西表戊作戊乾癸直線與丁戊平行,此平行線上^{〔一〕}取癸立西後表,人目從〔己〕過〔癸〕至甲參相直,成己甲癸斜弦。亦從〔癸〕橫行至〔丁己〕線,尋〔辛〕立東後表,此後兩表〔癸辛〕之距,與^{〔二〕}前表〔戊丁〕等。〔四步。〕又量得〔辛己〕爲東後表距人目之數^{〔三〕}〔二十二步半〕。次以丁戊〔十二〕減辛己〔二十二半〕,得〔十步半〕,爲壬己景差。末以己辛〔二十二半〕減〔己丁三十六〕,餘辛丁^{〔四〕}〔十三步半〕,爲前後表間之距。以表橫距〔四步〕乘之,得〔五十四步〕,爲表間積。〔即丁癸長方。〕置表間積爲實,以景差〔十步半〕爲法除之,得甲庚^{〔五〕}〔五步一分半弱^{〔六〕}〕。加表橫距〔四步〕,得共〔九步二分弱〕,爲所測遠物甲乙之闊。

解曰:前表測得成〔戊乙甲〕句股形内,有戊乙餘方與形外戊坤餘方等積。後表測得〔己乙甲〕句股形内,有癸乙餘方與形外酉癸餘方等積。於〔癸乙〕内減〔戊乙〕,於〔酉癸〕

〔一〕上,四庫本作"内"。

〔二〕與,原作"爲",據刊謬改。

〔三〕"人目之數"下原有"辛丁"二小字,據刊謬删。

〔四〕"辛丁"二字原無,據刊謬補。

〔五〕"甲庚"二字原無,據刊謬補。

〔六〕五步一分半弱,"一"下原脱"分"字,據文意補。輯要本作"五步一分強",亦可。

內減〔寅癸，即坤戌^{（一）}〕。則所餘之〔癸丁〕及〔酉辰〕兩餘方亦必等積也。故以〔丁癸〕變〔辰酉〕而得〔辰寅〕，亦即〔甲庚〕也。

　　次明改用三表之理。

　　用三表者，於〔丙、丁〕兩表間增一〔戌〕表，其實則於〔戌、丁〕兩表外增一〔丙〕表也。前增一表而無後表，則無從而得景差，故以三率法求而得之。其實〔癸辛〕即後表也，其理與四表同。

　　然不用〔癸子^{（二）}〕形而用〔戌子〕形，何也？曰：準前論，〔辰酉〕形與〔丁癸〕形等積，而〔午癸〕形與〔丁癸〕形亦等積，〔兩餘方在己丙丁句股形內外，故等。〕則〔酉辰〕與〔午癸〕亦等積矣。各減同用之〔卯未〕，則所餘之〔酉卯〕與〔卯癸〕二形亦自相等積。而〔卯癸〕原與〔戌子〕等，故用〔戌子〕變爲〔卯酉〕而得〔卯寅〕，即得〔甲申〕矣。是故〔戌子〕可名句實也。

　　其以〔辛丁〕乘〔戌丁〕爲股實，何也？曰：此三率法也。〔丁乙〕外加〔丁辛〕前後兩測之表距，故〔辛壬即戌丁〕。外亦加〔壬己〕兩測之景差，法爲壬己與辛丁，若戌丁與丁乙也。

　　準此，測高可用一表而成兩測。〔即借前測遠之圖而以橫爲直。〕

　　假如有〔甲乙〕高，立〔丙丁〕表，人目在〔戌〕測之，則表之端不相值，而參相直於表之若干度如〔戌〕。退若干步至〔己〕測之，正對表端〔丙〕。其法並同。

――――――――

〔一〕坤戌，原作"丑戌"，據輯要本及刊謬改。
〔二〕癸子，原作"癸卯"，據刊謬改。

　　因看<u>數度衍</u>中"破勾測遠"條,疑其圖不真,因作此以證明其説。

　　測量圖説^{〔一〕}

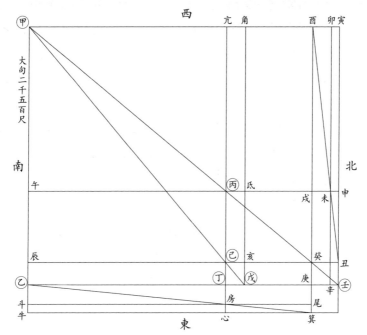

　　一測股六十四尺八寸,〔壬丁。〕二測句四十三尺二寸,〔丙丁。〕三大股三千六百八十五尺二寸,〔乙丁即丙午。〕四大

〔一〕以下輯要本題作"窺望海島",設"度影量竿"、"隔水量高"、海島測量三問。首解題云:"<u>程賓渠</u>著<u>算法統宗</u>,頗能備九章。其句股章言'<u>劉徽</u>注九章,立重差之法,以窺望海島爲篇目。迨後<u>唐 李淳風</u>、<u>宋 楊輝</u>,釋名圖解,以彰前美,其書繁衍,難於引證。而<u>孫子</u>度影量竿之術,頗足以誘進後學。因各具一問'云云。今觀<u>程</u>書,算例圖解略具,而殊欠詳明。<u>劉</u>、<u>李</u>諸君之書必有精義,而世不多有。恐古人立法之深意遂致泯没,故因其問例而各加剖析焉。"

句二千四百五十六尺八寸,〔甲午〕加〔午乙〕得二千五百尺,
爲甲乙之高。

　　解曰:癸丁長方形,即古人所謂表間積也。以景差壬
辛〔即丑子。〕除之,變爲寅子形,是寅子與癸丁同積也。而
申癸形原與癸丁同積,則寅子與申癸亦同積也。於内各
減同用之申子,而寅未與未癸亦同積矣。夫未癸即氐己
也,是戊丁〔即亥己。〕乘丙己之積也,故可命爲句實。而以
景差壬辛〔即申未。〕除之,得甲午句也。〔甲午即戊酉。〕

　　其取股實何也? 曰:三率法也。表在丁,其景丁戊;
後表在庚,則其景庚壬。後表之遠於前表者爲庚丁,故後
景之大於前景者爲辛壬。則其比例爲辛壬與庚丁,若丁
戊〔即庚辛。〕與丁乙也。

　　試引癸庚至箕,截庚箕如庚壬,又截尾箕如壬辛〔一〕。
於尾於箕各作與庚乙平行線,而於乙作垂線〔二〕爲乙牛,
聯之作長方形。又作丁心線截之,作箕乙線斜分之,則
其理著矣。

　　三角形求外切圓法〔三〕

　　設如鋭角形,有甲丙邊七十五尺,甲乙邊六十一尺,
乙丙邊五十六尺,問:外切圓徑若干?

　　　　─────────────

〔一〕原圖尾箕線大於辛壬,尾斗線不過房點,刊謬云:“後圖不如法,因所截尾
箕之分大於辛壬,故尾斗平行線太近上,則箕乙斜線不過丁心、尾斗兩線十字
之交,而其理不著矣。”今據此改繪原圖。
〔二〕垂線,原作“垂弧”,據文意改。
〔三〕此條輯要本無。

答曰：外切圓半徑三十八尺一寸二分五釐。

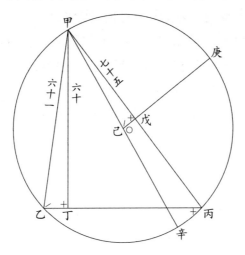

　　法先求得甲丁中長線六十尺爲一率，甲乙邊六十一尺爲二率，甲丙邊折半得戊甲三十七尺五寸爲三率。二率與三率相乘，一率除之，得四率〔三八一二五〕，爲甲己圓半徑。

　　解曰：此甲丁乙三角形與甲己戊三角形同式，故其線爲相比例率也。若甲爲鈍角，其理亦同。

　　以甲丙折半爲三率，故四率亦爲半徑。若以甲丙全線爲三率，則四率必得甲辛，爲全徑矣，蓋甲辛丙形與甲乙丁形同式也。何以見甲乙丁形與甲辛丙形同式？蓋兩形之乙角、辛角同當甲庚丙弧分，則二角必相等；而丁、丙又同爲直角，則兩甲角亦必等，而爲同式無疑矣。

　　又界角比心角所當之弧大一倍，今己心角所當甲庚弧，適當乙界角所對甲庚丙之一半，則兩角爲等可知；而戊爲直角，與丁角等，則兩甲角必等，故甲己戊與甲乙丁亦爲同式形也。

三角舉要有量法，未著算例，因作此補之。

又如甲乙丙鈍角形，求外切員徑〔甲辛〕、半徑〔甲己〕。

法先求得中長線〔乙丁〕，得〔乙丁丙〕句股形。

次作〔乙辛〕線，成〔甲乙辛〕大句股形。

又甲乙半之於戊，從員心〔己〕作直線過戊至庚，又成〔甲戊己〕句股形。

一率　　乙丁股〔形內垂線〕

二率　　乙丙弦　並原邊，在垂線旁。

三率　　甲乙股　　　　　三率　　甲戊股〔即甲乙之半〕

四率　　甲辛弦〔即外切員徑〕　四率　　甲己弦〔即切員半徑〕

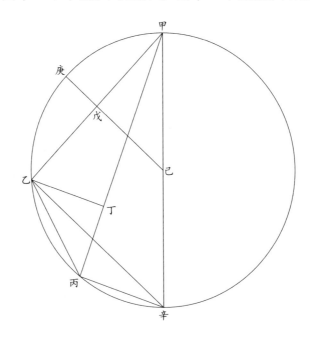

解曰：三句股形皆相似，故可以三率比例求之。

問：何以知其爲相似形也？曰：原設形之丙角與甲乙辛形之辛角，所當者同爲甲庚乙員分，則兩角等；而乙丁丙形之丁角與甲乙辛大形之乙角又皆正角，則餘角亦等，而爲相似形。

又甲己爲甲辛之半，甲戊爲甲乙之半，戊正角與大形乙正角等，又同用甲角，則己戊亦乙辛之半，而爲相似形。

一系凡三角形，求得形內垂線爲法，垂線左右兩原邊相乘爲實，法除實，得外切員徑。銳、鈍同法。

假如甲乙丙鈍角形，求得中垂線乙丁六分爲法，左右兩斜邊〔甲乙十八分、乙丙十分。〕相乘〔一百八十分。〕爲實。法除實，得外切員徑甲辛三十分，即可借用前圖。〔分寸畸零，稍爲整頓。〕

通率表（一）

面線不同面積相等	面線相等面積不同	圓線內各形比例
一〇〇〇〇〇〇〇	一〇〇〇〇〇〇〇	一〇〇〇〇〇〇〇
一三四六七三八〔二〕	〇五五一二八九	〇四一三四九六七
〇八八六二二七〇〔三〕	一二七三三九四〔四〕	〇六三六六一九六七〔五〕
〇六七五六四八〇〔六〕	二一九〇五七九六〔七〕	〇七五六八六七

（一）刊謬云："通率表係抄存中秘之書，非先大父所作。想因夾在諸稿本之中，學山不察，而遂附於卷末耳。"輯要本附入幾何補編卷四中，按語云："此表數成供奉內廷，抄得中秘之本，謹附於諸體比例卷後，以公同好。"

（二）一三四六七三八，梅續高重刻輯要本"八"作"七"。

（三）〇八八六二二七〇，梅續高重刻輯要本"七〇"作"六九"。

（四）一二七三三九四，梅續高重刻輯要本"七"作"八"。

（五）〇六三六六一九六七，梅續高重刻輯要本"七"作"八"。

（六）〇六七五六四八〇，梅續高重刻輯要本"八〇"作"七九"。

（七）二一九〇五七九六，梅續高重刻輯要本"六"作"九"。

續表

〔圖形〕	尺寸不一 積數相等	積數不一 尺寸相等	圓線外各形比例
六角形	○五四九八一八○ [一]	三三○七九七三一 [二]	○八二六九九三二
圓形	一○○○○○○○	一○○○○○○○	一○○○○○○○○
立方形	○八○五九九六○	一九○九八五九二 [三]	一六五三九八六七
圓錐形	一二五九二一一	○五○○○○○○○	一二七三三九四 [四]
圓柱形	○八七三五八○五	一五○○○○○○	一一五六三二八四 [五]

（一）○五四九八一八○，梅纘高重刻輯要本末"○"作"一"。
（二）三三○七九七三一，梅纘高重刻輯要本末"一"作"三"。
（三）一九○九八五九二，梅纘高重刻輯要本末"二"作"三"。
（四）一二七三三九四，梅纘高重刻輯要本末"四"作"五"。
（五）一一五六三二八四，梅纘高重刻輯要本末"四"作"三"。

續表

一六二四四七四	○六三六六一九七	一一○二六五七八	（六面體）
（四面體）	（四面體）	（四面體）	（六面體）
徑　一一三	兩錢分	兩錢分	週　三五五
寸　○	鉛　九三		兩錢分釐
金　一六八○	銅　七五○		石　二五○○
水銀　一二三八	鐵　六七○		水　○九一七 (一)
銀 (二)　○九○○	錫　六三○		油　○八二○ (三)
知一邊求垂線	知一邊求一面	知一邊求體積	知一邊求體積
（立方）一○○○○○○○	一○○○○○○○	一○○○○○○○	一○○○○○○○

(一) ○九一七，梅氏叢書輯要本作"○九三○"。
(二) 輯要本"銀"下有"玉"，比重爲"○三○○"，梅氏叢書輯要本作"○二六○"。
(三) ○八二○，梅氏叢書輯要本"二"作"三"。

續表

形	求球內各形之一邊	求球內各形之一面	求球內各形之體積
（四面）	〇八一六四九六五[一]	〇四三三〇一一七	〇一一七八五一一
八面	〇七〇七一〇六七[二]	〇四三三〇一一七	〇四七一四〇四五
十二面	一一三五一一六	一七二〇四七四	七六六三一一八〇[三]
廿面	〇七五五七六一四	〇四三三〇一一七	二一一六六九五二[四]
（球）	一〇〇〇〇〇〇〇	一〇〇〇〇〇〇〇	一〇〇〇〇〇〇〇
（球內四面）	〇八一六四九六五[五]	〇二八八六七五一	〇〇六四一五〇〇

[一] 〇八一六四九六五，梅瓚高重刻輯要本"五"作"六"。
[二] 〇七〇七一〇六七，梅瓚高重刻輯要本末"七"作"八"。
[三] 七六六三一一八〇，梅瓚高重刻輯要本末"〇"作"九"。
[四] 二一一六六九五二，梅瓚高重刻輯要本末"二"作"〇"。
[五] 〇八一六四九六五，梅瓚高重刻輯要本"五"作"六"。

續表

形	求球外各形之一邊 (五)	求球外各形之一面	求球外各形之體積
（立方圖）	○五七七三五○三	○三三三三三三二	○一九二四五○○ (一)
八面	○七○九一○六七 (二)	○二一六五○六四	○一六六六六六六
十二面	○三五六八二一一	○二○九一○四六	○三四八一四五三 (三)
廿面	○三二五七一一	○一一六六八一七	○三一七○一七九 (四)
（球圖）	一○○○○○○○○	一○○○○○○○○	一○○○○○○○○

（一）○一九二四五○○，梅鑽高重刻輯要本末"○"作"一"。
（二）○七○九一○六七，梅鑽高重刻輯要本作"○七○七一○六八"。
（三）○三四八一四五三，梅鑽高重刻輯要本末"三"作"五"。
（四）○三一七○一七九，梅鑽高重刻輯要本"七○一七九"作"八八"。
（五）邊，原作"面"，據梅鑽高重刻輯要本改。

續表

形體	知一邊求面積	知面積求一邊	知一邊求高數
（四面內切球圖）	二四四九四八九七	二五九八○七六	一七三二○五○七[一]
（六面內切球圖）	一○○○○○○○	一○○○○○○○	一○○○○○○○
八面	一二一四七四五○	○六四九五一九二	○八六六○二五八[二]
十二面	○四四九○二八二[三]	○三四六八八三七	○六九三八七五[四]
廿面	○六六一五四八五	○一八九五三一七	○六六一五四八五
（三角形圖）	○四三二○一二七	三三○九四○一	○八六六○二五九[五]

（一）一七三二○五○七,梅鑽高重刻輯要本末"七"作"八"。
（二）○八六六○二五八,梅鑽高重刻輯要本末"八"作"四"。
（三）○四四九○二八二,梅鑽高重刻輯要本"三"作"○"。
（四）○六九三八七五,梅鑽高重刻輯要本"七五"作"六四"。
（五）○八六六○二五九,梅鑽高重刻輯要本"五九"作"五四"。

續表

知徑數求面積	知徑數求渾圓面幂	知徑數求渾圓體積
○七八五三九八二	三一四一五九二六	○五二三五九九四 (一)
知大小徑數求面積 (二)	知大小徑數求外面積	知大小徑數求體積
○七八五三九八二	三一四一五九二六	○五二三五九九四 (三)
知底徑高數求體積	知底徑高數求體積	知上下徑高數求體積
○七八五三九八二	○二六一七九九四	○二六一七九九四
知上下各大小徑高數求體積	知一邊數求體積	知一邊求對角線
○一三○八九九七	○一一七八五一一	一四一四二一三四 (四)

(一)○五二三五九九四，梅續高重刻輯要本"九四"作"八八"。
(二)以下三組當為橢圓與橢球，原均繪作圓形，今重繪。
(三)○五二三五九九四，梅續高重刻輯要本"九四"作"八八"。
(四)一四一四二一三四，梅續高重刻輯要本"四"作"六"。

兼濟堂纂刻梅勿菴先生曆算全書

弧三角舉要 [一]

〔一〕勿庵曆算書目算學類著録，爲中西算學通續編一種。初稿成於康熙二十三年，定稿於康熙三十九年。康熙四十三年前後，與交食蒙求訂補、環中黍尺、塹堵測量同刻於李光地 保定府邸，參與文字校訂的有李鍾倫、李鑑、徐用錫、陳萬策、魏廷珍、王之鋭、王蘭生、梅以燕、梅瑴成等，書中幾何圖形則出於魏廷珍、梅瑴成之手。四庫全書本前二卷收入卷七，後三卷收入卷八。輯要本收入卷二十九至卷三十三，校字者略同康熙本，惟無李鑑、陳萬策二人。

弧三角舉要舊序

　　曆家所憑，全恃測驗。昔者蔡邕上書，願匍匐渾儀之下，按度考數，著於篇章，以成一代盛典。古人之用心，蓋可想見。然則儒者端居斗室，足不履觀臺，目不睹渾象，安所得測驗之事而親之？而安從學之？曰：所恃者有測驗之法之理在，則句股是也。遭秦之厄，天官書器散亡。漢洛下閎、鮮于妄人等追尋墜緒，歷代相承，攷訂加詳，至於今日，厥理大著，則句股之用於渾圓是也。今夫測量之法，方易而圓難，古用徑一圍三，聊舉成數，非有所不知也。自劉徽、祖沖之各爲圓率，逮元趙友欽定爲徑一則圍三一四一五九二，與今西術略同，皆割圓以得之，非句股奚藉焉？〔西法割圓比例，以直角三邊形爲主，即句股也，但異其名不異其實。〕然用句股測平圓猶易，用句股測渾圓更難。曆家所測，皆渾圓也，非平圓也。古有黃赤道相準之率，大約於渾器比量僅得梗概，未能彰諸筭術。近代諸家以相減相乘推變其差，損益有序，稍爲近之，而未親也。惟元郭太史守敬始以弧矢命筭，有平視、側視諸圖，推步立成諸數，黃赤相求斯有定率，視古爲密。由今觀之，皆句股也。但其立法必先求矢，又用三乘方，取數不易，故但能列其一象限中度率，不復能求其細分之數。曆書之法，則先求角，既因弧以知角，復因角以知弧，而句股之形能預定其比例，又佐之八線互用，以通其窮。其法以三弧度相交，輒成三角，則此三弧度者，各有其相應之弦。弧與弧相割，即弦與弦相遇，而句股生焉。苟熟其法，則正反斜側，八線犁然，各相得而成句股。〔八線比例以半徑全數爲弦，正弦、餘弦爲句爲股；又以割線爲弦，切線與半徑全數爲其句股。表中所列句股形，凡五千四百。〕於是乎黃可變赤，赤可變黃，可以經度知緯，可以緯度知經。羅絡鉤連，旁通曲暢，分秒忽微，臚陳笨位。求諸中心，可無纖芥之疑；告諸同學，亦如指掌之晰。即不必匍匐渾儀之下，可以不窺牖而見天道，賴有此具也。全部曆書皆弧三角之理，即皆句股之理。顧未嘗正言其爲句股，使人望洋無際。〔彼云直角三邊形，此云句股，乃西國方言。譯書時不知此理，遂生分別。〕又譯書者識有偏全，筆有工拙，語有淺深詳略，所載圖説，不無滲漏之端、影似之談與臆參之見，學者病之。兹稍爲摘其肯綮，從而疏別訂補，以直截發明其所以然，竊爲一言以蔽之，曰析渾圓尋句股而已。蓋於是而知古聖人立法之精，雖弧三角之巧，豈能出句股範圍？然句股之用，亦必至是而庶無餘蘊爾。曆法之深微奧衍，不啻五花八門；其章句之詰曲離奇，不啻羊腸紆度，而由是以啓其扃鑰，庶將掉臂游行，若揭日月而騁康莊矣。文雖不多，實爲此道中開關塗徑。

　　蓋積數十年之探索，而後能會通簡易，故亟欲與同志者共之。余老矣，禹服九州之大，歷代聖人教澤所漸被，必有好學深思其人，所冀大爲闡發，俾古人之意晦而復

昭,一綫之傳引而弗替,則生平之志願畢矣。豈必身擅其
名,然後爲得哉? 余拭目竢之。

　　康熙二十三年上元甲子長至之吉,勿菴 梅文鼎書於
柏梘山中。

弧三角舉要目録

弧三角與平異理，故先體勢。知體勢，然後可以用算，而算莫先於正弧，猶平三角之有句股形也，故以爲弧度之宗。正弧形之乙角，取法於黄赤交角，則有定度；而餘角取法於過極圈交黄道之角，則隨度而移，互用之，其理益顯，故有求餘角法。弧三角以一角對一邊而比例等，與平三角同，而其理迴别，故有弧角比例法。斜弧無相對

之弧角,則比例之法窮,故有垂弧法。三角求邊,則垂弧
之法又窮,故有次形法。垂弧與次形合用,則有捷法。弧
與角各有八綫,而可以互視,故有相當法。〔餘詳環中黍尺及塹
堵測量。〕

弧三角舉要卷一[一]

宣城梅文鼎定九著

柏鄉魏荔彤念庭輯　　男　乾敷一元

　　　　　　　　　　　士敏仲文

　　　　　　　　　　　士説崇寬同校正

　　　　錫山後學楊作枚學山訂補

弧三角體勢

弧度與天相應

弧三角之法以測渾員，渾員之大者莫如天，員之至者亦莫如天，故弧三角之度皆天度也。

以平測員，其難百倍；以員測員，其簡百倍，而得數且真，是故測天者必以弧度，而論弧度者必以天爲法。

測弧度必以大圈

渾球上弧度有極大之圈，乃腰圍之一綫也。如赤道帶天之紘，原止一綫，如黃道，如子午規，如地平規，盡然。又如測得兩星相距之遠近，亦爲大圈之分。〔若以此兩星之距弧引而長之，必匝於渾員之體而成大圈，不論從衡斜側，皆同一法。〕

〔一〕此題原無，據底本目錄補。下幾卷同。

球上大圈必相等

所以必用大圈者，以其相等也。渾球上從衡斜側，皆可爲大圈，而其大必相等者，以俱在腰圍之一綫也。如黃道、赤道及子午規、地平規，俱係大圈，必皆相等。不相等，即非大圈。故惟大圈可相爲比例。〔任測兩星之距，不必當黃赤道，而能與二道相比例者，以其皆大圈也。〕

球上兩大圈無平行者

大圈在渾球，既爲腰圍之一綫，則必無兩圈平行之法。若平行，即非大圈。〔如黃赤道並止一綫而無廣，即無地可容平行綫也，子午規、地平規亦然。〕

球上圈能與大圈平行者皆小圈，謂之距等圈

離大圈左右作平行圈，皆曰距等圈，謂其四圍與大圈相距皆等。〔如於黃道內外作緯圈，其與黃道相距，或近則四面皆近，或遠則四面亦皆遠，無毫忽之不同，平行故也。赤道緯圈、地平高度並同。〕而其自相距亦等，故曰距等也。〔如黃道內外，或近或遠，處處可作距等圈，而皆與黃道平行，即其圈亦自相平行，故並爲等距。〕距等圈皆小於大圈，〔如黃道內外緯圈，但離數分，其圈即小於黃道，其距益遠，其圈益小，小之極，至一點而止。諸緯圈並然。〕不能與大圈爲比例，〔大圈惟一，距等圈無數，無一同者，無法可爲比例。〕故爲比例者必大圈也。

距等圈正視圖

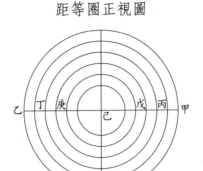

距等圈旁視圖

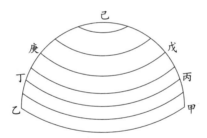

〔如圖，甲乙爲大圈，大圈只一。丙丁及戊庚等皆小圈，小圈無數。漸近圓頂己，即其圈愈小，而成一點。大小縣殊，故不可以相爲比例。〕

大圈之比例以度，不拘丈尺

凡圈皆可分三百六十度，〔每圈平分之成半周，四平分之成象限，象限又各平分之爲九十度，成三百六十度。〕而球大者其大圈大，球小者其大圈小，皆以本球之圍徑自爲比例，不拘丈尺。〔儘本球之圍，分爲全周之度，其球上之度即皆以此爲準。但在本球上爲最大，故謂之大圈，非以丈尺言其大小。〕古人以八尺渾儀準周天，蓋以此也。又如古渾儀原有三重，其在内之環周必小於外，而其度皆能相應者，在内環周雖小，而在内之渾員以此爲大圈，即在内之各度並以此爲準故也。

大圈之度爲公度

凡球上距等圈，亦可平分三百六十度，而其圈皆小於本球之大圈，又大小不倫，則其所分之細度，亦皆小於大圈，而大小不倫矣。惟本球腰圍大圈上所分之度得爲公度，故凡言度者，必大圈也。

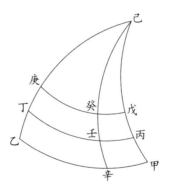

如圖，甲乙爲大圈一象限，丙丁及戊庚各爲距等小圈一象限，象限雖同，而大小迥異。又如甲辛爲大圈三十度，丙壬及戊癸亦各爲小圈之三十度，其爲三十度雖同，而大小亦異。再細攷之，至一度或至一分，亦大小異也，故惟大圈之度爲公度。

大圈即本球外周，其度即外周之度，而橫直皆相等

平員有徑有周，渾員亦有徑有周，立渾員於前，則外周可見，即腰圍之大圈也。旋而視之，皆可爲外周，故大圈之橫直皆等。〔皆以外周度爲其度，故等。〕

如圖，子午規爲渾儀外周，其度三百六十，乃直度也。地平爲腰圍，度亦三百六十，乃橫度也。橫度、直度皆得爲外周，故其度相等。若依北極論之，則赤道又爲腰圍，而亦即外周也。推是言之，渾球上大圈，從衡斜側皆相等。何則？旋而視之，皆得爲腰圍，即皆得爲外周故也。

大圈上相遇，有相割無相切。大圈相割，各成兩平分

球上從衡斜側，既皆成大圈，則能相割矣。而皆爲渾員之外周，則必無相切之理。〔若相切者，必在外周之內爲距等小圈。〕

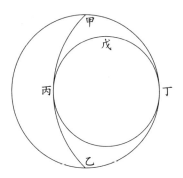

〔如圖,甲丙乙爲大圈半周,能割大圈於甲於乙,而不能相切。丙丁戊^{〔一〕}小圈,則能切大圈於丙於丁。〕

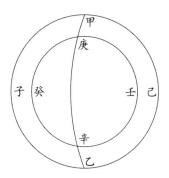

〔如圖,甲庚辛乙爲大圈半周,割外圈於甲於乙,則甲己乙、乙子甲亦各成半周。若壬癸距等圈割大圈於庚於辛,而庚辛非半周。〕

　　球上兩大圈相割,必有二處,此二處必相距一百八十度,而各成兩平分。如黄赤二道相交於春分,必復相交於秋分。即二分之距,必皆半周一百八十度,而黄道成兩平分,赤道亦兩平分也。〔若距等圈與大圈相割,必不能成兩平分。〕

─────────

〔一〕戊,原作“成”,據康熙本改。

兩大圈相遇則成角

球上大圈既不平行,則其相遇必相交相割而成角,弧三角之法所由以立也。角有正有斜,斜角又有銳、鈍,共三種。而角兩旁皆弧綫,與直綫角異。

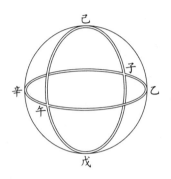

如圖,己午戊子爲子午規,辛午乙子爲地平規,兩大圈正相交於南地平之午、北地平之子,則皆正角,而四角皆等,並九十度角也。〔正角一名直角,一名十字角,一名正方角。〕

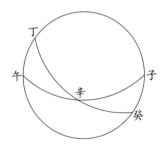

如圖,午辛子爲地平規,丁辛癸爲赤道規,兩大圈斜相交於辛,則丁辛子鈍角大於九十度,丁辛午銳角小於九十度。兩角相並一百八十度,減銳角,其外角必鈍;若

減鈍角，亦得銳角也。故有内角，即知外角。又兩銳角相對，兩鈍角相對，其度分必等，故有此角，即知對角。

凡此數端，並與平三角同。然而實有不同者，以角兩旁之爲弧綫也。

弧綫之作角必兩

直綫剖平員作角，形如分餅，角旁兩綫皆半徑，至周而止。弧綫剖渾冪作角，形如剖瓜，角旁兩弧綫皆半周，必復相交作角而等。〔如黃赤道交於二分，其角相等。〕

角有大小，量之以對角之弧，其角旁兩弧必皆九十度

弧綫角既如瓜瓣，則其相距必兩端狹而中闊，其最闊處必離角九十度，此處離兩角各均，即球上腰圍大圈也，故其度即爲角度。〔如黃赤道之二分交角二十三度半，即二至時距度，此時黃赤道離二分各九十度，乃腰圍最闊處也。〕

大圈有極

大圈能分渾員之面冪爲兩，則各有最中之處而相對，是爲兩極。兩極距大圈四面各九十度。

如圖，甲辛乙爲赤道大圈，己爲北極，壬爲南極，甲己、丁己等弧綫距北極各九十度，距南極亦然。若己爲天頂，甲辛乙爲地平大圈，亦同。如甲正北，辛正東，乙正南，丁東北，丙東南，所在不同，而甲乙等高弧距天頂各九十度皆等。

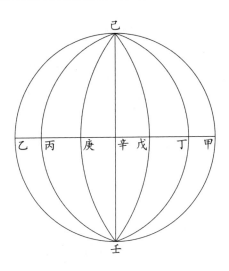

大圈上作十字弧綫,引長之必過兩極。兩極出弧綫至大圈,必皆十字正交

如赤道上經圈,皆與赤道正交爲十字角,則其圈必上過北極,下過南極也。然則從兩極出弧綫過赤道,必十字正交矣。

大圈之極爲衆角所轄

如赤道上逐度經圈皆過兩極,則極心一點爲衆角之宗。〔經圈之弧在赤道上成十字者,本皆平行,漸遠漸狹,至兩極,則成角形之銳尖。〕角無論大小,皆轄於極而合成一點。離此一點外,即成銳鈍之形,而皆與赤道度相應。所謂量角以對弧度,而角兩旁皆九十度以此。

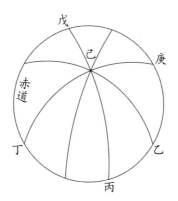

如圖，己爲北極，即衆角之頂銳。其所當赤道之度，如乙丙等，則己角爲銳角；如丙庚等，則己角爲鈍角。若己爲天頂，外圈爲地平，亦然。

角度與角旁兩弧之度並用本球之大圈度，故量角度者以角爲極

有弧線角不知其度，亦不知角旁弧之度，法當先求本球之九十度，〔其法以角旁二弧各引長之，使復作角，乃中分其弧，即成本弧之九十度，而角旁弧之度可知。〕以角爲心，九十度爲界，作大圈。〔與角旁兩弧，並本球大圈，而其分度等。〕乃視角所當之弧〔即角旁兩九十度弧所界。〕於大圈上得若干度分，即角度也。故曰以角爲極。

三大圈相遇，則成三角三邊

此所謂弧三角形也。如黃道、赤道既相交於二分，又有赤道經圈截兩道而過之，則成乙丙甲弧三角形。

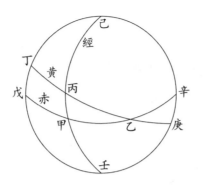

如圖，己爲北極，戊辛爲赤道，丁庚爲黃道。二道相交於春分，成乙角。又己壬爲過極經圈，自北極己出弧線，截黃道於丙，得丙乙邊，爲黃道之一弧；亦截赤道於甲，成甲乙邊，爲赤道之一弧。而過極經圈爲二道所截，成丙甲邊，爲經圈之一弧，是爲三邊。即又成丙角、甲角，合乙角⁽一⁾爲三角。

弧三角不同於平三角之理

弧三角形有三角三邊，共六件，以先有之三件求餘三件，與平三角同。所不同者，平三角形之三角，并之皆一百八十度，弧三角不然。其三角最小者，比一百八十度必盈，〔三邊在一度以下，可借平三角立算，因其差甚微，然其角度視半周必有微盈。〕但不得滿五百四十度。〔角之極大者，合之以比三半周，必不能及。〕

平三角之邊，小僅咫尺，大則千百萬里。弧三角邊

────────────

〔一〕乙角，“乙”原作“一”，據康熙本、二年本、輯要本及刊謬改。

必在半周以下,〔不得滿一百八十度。〕合三邊不得滿三百六十度。〔如滿全周,即成全員,而不得成三角。〕

　　平三角有兩角,即知餘角。弧三角非算不知。

　　平三角有一正角,餘二角必銳。弧三角則否。〔有三正角、兩正角者,其餘角有鈍有銳,或兩銳兩鈍、或一銳一鈍不等。〕

　　平三角有一鈍角,餘二角必銳。弧三角則否。〔其餘角或銳或正或鈍,甚有三鈍角者。〕

　　平三角以不同邊而同角爲相似形,同邊又同角爲相等形。弧三角則但有相等之形,而無相似之形,以同角者必同邊也。

　　平三角但可以三邊求角,不可以三角求邊。弧三角則可以三角求邊。〔弧三角之邊,皆員度也,初無丈尺可言,故三角可以求邊。若平三角邊,各有丈尺,則必有先得之邊以爲之例,所以不同。前條言有相等之形,無相似之形,亦謂其所得之度相等,非謂其丈尺等也。〕

弧三角用八綫之理

　　平三角用八綫,惟用於角;弧三角用八綫,并用於邊。平三角以角之八綫與邊相比,弧三角是以角之八綫與邊之八綫相比。平三角有正角,即爲句股;若正弧三角形,實非句股,而以其八綫轉成句股。

　　平三角以角求邊,是用弧綫求直綫也;〔有角即有弧。〕以邊求角,是用直線求弧線也。然角以八綫爲用,仍是以直綫求直綫也,句股法也。弧三角以邊求角、以角求邊,並是以弧綫求弧綫也。而角與邊並用八綫,仍是以直綫求直綫也,亦句股法也。〔蓋惟直綫可成句股。〕所不同者,平三角所成句股形,即在平面;而弧三角所成句股,不在弧面,而在其內外。

弧三角之點綫面體

測量家有點綫面體,弧三角備有之。其所測之角即點也,但其點俱在弧面。〔如於渾球任指一星爲所測之點,即角度從茲起。如太陽、太陰角度,並從其中心一點論之。〕

弧三角之邊即綫也,但其綫皆弧綫。〔如渾球上任指兩星,即有距綫。或於一星出兩弧綫,與他星相距,即成角,而角旁兩綫皆弧綫也。〕

弧三角之形即面也,但其面皆渾球上面冪之分形。

弧三角之所麗,即渾體也。剖渾員至心,即成錐體,而並以弧三角之形爲底。〔詳塹堵測量。〕

渾員內點綫面體與弧三角相應

前條點綫面體俱在球面,可以目視器測,但皆弧綫,難相比例。〔比例必用句股,句股必直綫故也。〕賴有相應之點綫面體,在渾體內歷歷可指,雖不可以目視,而可以算得,弧三角之法所以的確不易也。

如渾球中剖,則成平員,即面也。於是以球面之各點,〔即弧三角之各角。〕依視法移於平員面,即渾員內相應之點也。又以弧與角之八綫,移至平面成句股,以相比例,是渾員內相應之綫也。又如弧三角之三邊,各引長之成大圈。各依大圈以剖渾員，即各成平員面，是亦渾員內相應之面也。二平員面相割，成瓜瓣之體；三平員面相割，成三楞錐體。若又依八綫橫剖之，即成塹堵諸體，是渾員體內相應之分體也。此皆與弧面相離，在渾員之內，非剖渾員，即不可見，而可以算得，即不啻目視而器測矣。

大圈與渾員同心

球上大圈之心，即渾員之心。〔若依各大圈剖渾員，成平員面，其平員心即渾員之心。〕若距等小圈，則但以渾員之軸爲心，而不能以渾員心爲心。同心者亦同徑，〔大圈以渾員徑爲徑。若距等圈，則但以通弦爲徑。〕渾體內諸綫能與弧三角相應者以此。〔渾員體內諸綫皆宗其徑，弧三角既以大圈相割而成，必宗大圈之徑。徑同，故內外相應。〕弧三角之邊不用小圈，亦以此也。〔距等圈既與大圈異徑，則其度不齊，不能成邊，而所作之角必非真角，無從考其度分。〕

弧三角視法

弧三角非圖不明，然圖弧綫於平面，必用視法，變渾爲平。

　　平置渾儀,從北極下視,則惟赤道爲外周不變,而黃道斜立,即成橢形。其分至各經圈本穹然半員,今以正視,皆成員徑,是變弧綫爲直綫也。

　　立置渾儀,使北極居上,而從二分平視之,則惟極至交圈爲外周不變,其赤道、黃道俱變直綫爲員徑,而成轄心之角,〔即大距度平面角。〕是變弧綫角爲直綫角也。〔又距等圈亦變橫綫而成各度正弦,與員徑平行。〕其赤道上逐度經圈之過黃赤道者,雖變橢形,而其正弦不變,且歷歷可見,如在平

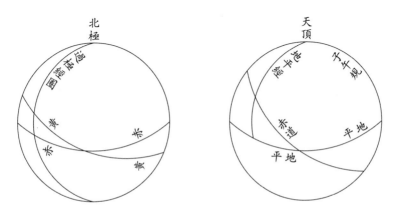

面,而與平面上之大距度正弦同角,成大小句股比例,是弧面各綫皆可移於平面也。故視法不但作圖之用,即步算之法已在其中。

　　以上謂之正視。〔以黃赤道爲式,若於六合儀取天頂、地平諸綫,亦同。他可類推。〕

　　以上謂之旁視。〔渾員上有堆疊諸綫,從旁側視之,庶幾可見。雖不能按度肖形,而大意不失,以顯弧三角之理,爲用亦多。〕

角之矢

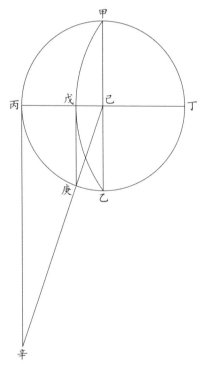

　　如圖,甲丙乙丁半渾員,以甲戊乙弧界之,則其弧面

分兩角,爲一鋭一鈍。以視法移此弧度於相應之平面,亦一鋭一鈍,即分員徑爲大小二矢,而戊丙正矢爲戊甲丙鋭角之度,〔戊乙丙亦同。〕戊丁大矢爲戊甲丁鈍角之度,〔戊乙丁亦同。〕故得矢即得角。

角之八線

如前圖,丙戊弧爲甲鋭角之度,與丙庚等,則丙戊之在平面者變爲直綫,即爲甲鋭角之矢。而戊己爲角之餘弦,戊庚爲角之正弦,丙辛爲角之切綫,己辛爲角之割綫,皆與平面丙庚弧之八綫等。

丁己戊過弧爲甲鈍角之度,與丁乙庚過弧等,則丁戊在平面者變爲鈍角之大矢,而戊己餘弦、戊庚正弦、丙辛切綫、己辛割綫,並與鋭角同。〔平面鈍角之八綫與外角同用,弧三角亦然。〕

正弧斜弧之角與邊分爲各類

凡三角内有一正角,謂之正弧三角形。三角内並無正角,謂之斜弧三角形。

正弧三角形之角,有三正角者,有二正角一鋭角者,有二正角一鈍角者。〔以上三種,不須用算。〕又有一正角兩鋭角者,〔内分二種,一種兩鋭角同度,一種兩鋭角不同度。〕有一正角兩鈍角者,〔内分二種,一種兩鈍角同度,一種兩鈍角不同度。〕有一正角一鋭角一鈍角者。〔内分二種,一種鋭鈍兩角合之成半周,一種合鋭鈍兩角不能成半周。〕計正弧之角九種,而用算者六也。

正弧三角形之邊,有三邊並足者,〔足,謂足九十度。〕有二邊足一邊小者,〔在象限以下爲小。〕有二邊足一邊大者,〔過象限以上爲大。◎以上三種,可不用算。〕有三邊並小者,〔内分二種,一種二邊等,一種三邊不等。〕有二邊大而一小者。〔内分三種,一種二大邊等,一種二大邊不等,一種小邊爲一大邊減半周之餘。〕計正弧之邊八種,而用算者五也。

二邊俱小,則餘邊必不能大,故無二小一大之形。二邊俱大,則餘邊亦不能大,故無三邊並大之形。一邊若足,則餘邊亦有一足,故無一邊足之形。

正弧三角形圖一〔計三種。〕

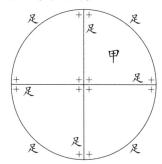

甲形〔三角並十字正方,三邊並足九十度。〕

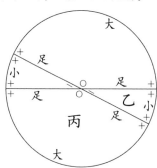

乙形〔角二正一銳,邊二足一小。〕

丙形〔角二正一鈍,邊二足一大。〕

此置正角在凸面,與正角在邊者並同一法。

以上三種,不須用算。

正弧三角形圖二〔計三種。〕

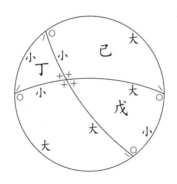

丁形〔角一正二銳,銳同度。三邊並小,同者二。〕

戊形〔角一正二鈍,鈍同度。邊二大同度,一小。〕

己形〔角一正一銳一鈍,其鈍銳兩角共成一半周。邊二大一小,內一大邊與小邊共成一半周。〕

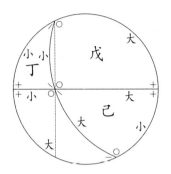

［*此置正角在邊，與前圖正角在面者並同一法。後庚、辛、壬形，倣此論之。*〕

以上正弧形三種，有同度之邊與角，謂之二等邊形。

內有己形，雖無同等之邊角，而有共爲半周之邊角，度雖不同，而所用之正弦則同，即同度也。

凡邊等者角亦等，後倣此。

正弧三角形圖三〔*計三種。*〕

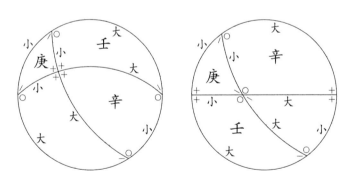

庚形〔*角一正二銳，三邊並小。並同丁形，而無等度。*〕

辛形〔*角一正二鈍，邊二大一小。並同戊形，而無等度。*〕

壬形〔*角一正一銳一鈍，邊二大一小。並同己形，而大小二邊不能成*

半周，角亦然。〕

以上正弧形三種，邊角與丁、戊、己三種無異，但無同度之邊。

凡正弧三角形共九種。

斜弧三角形之角，有三角並銳者，〔內分三種，一種有二角相等，一種三角不相等，一種三角俱等。〕有二角銳而一鈍者，〔內分四種，一種二銳角相等，一種二銳角不相等，一種鈍角爲一銳角減半周之餘，一種二銳角相等而又並爲鈍角減半周之餘。〕有二角鈍而一銳者，〔內分四種，一種二鈍角相等，一種二鈍角不相等，一種銳角爲一鈍角減半周之餘，一種二鈍角相等而又並爲銳角減半周之餘。〕有三角並鈍者，〔內分三種，一種有二角相等，一種三角不相等，一種三角相等。〕計斜弧之角十有四種。

斜弧三角形之邊，有一邊足二邊小者，〔內分二種，一種二小邊相等，一種二小邊不等。〕有一邊足二邊大者，〔內分二種，一種二大邊等，一種二大邊不等。〕有一邊足一邊小一邊大者，〔內分二種，一種大小二邊合之成半周，一種合二邊不能成半周，〕有三邊並小者，〔內分三種，一種三邊不等，一種二邊等，一種三邊俱等。〕有二邊大而一小者，〔內分四種，一種二大邊等，一種二大邊不等，一種小邊爲一大邊減半周之餘，一種二大邊等而又並爲小邊減半周之餘。〕有二邊小而一大者，〔內分四種，一種二小邊等，一種二小邊不等，一種大邊爲一小邊減半周之餘，一種二小邊等而又並爲大邊減半周之餘。〕有三邊並大者，〔內分三種，一種三邊不等，一種二邊等，一種三邊俱等。〕計斜弧之邊二十種。

斜弧三角形圖一〔計四種。〕

乾形〔三角並鈍，又皆同度。三邊並大，又皆同度。〕

坤形〔角一鈍二銳，銳同度，其鈍角爲銳角減半周之餘。邊一大二小，小同度，其大邊爲小邊減半周之餘。〕

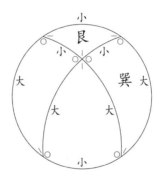

艮形〔三角並銳，又皆同度。三邊並小，又皆同度。〕

巽形〔角一銳二鈍，鈍同度，又皆爲銳角減半周之餘。邊一小二大，大同度，又皆爲小邊減半周之餘。〕

　　以上斜弧形四種，並三角三邊同度，謂之三等邊形。內有二等邊者，其一邊爲等邊減半周之餘，與三等邊同法。〔以同用正弦故。〕

斜弧三角形圖二〔計十二種。〕

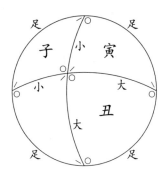

子形〔二銳角同度，一鈍。二小邊同度，一足。〕

丑形〔三鈍角，內同度者二。二大邊同度，一足。〕

寅形〔二銳角一鈍，內一銳角爲鈍角減半周之餘。邊一足一大一小，小邊爲大邊減半周之餘。〕

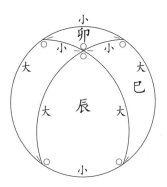

卯形〔二銳角同度，一鈍。三邊並小，同者二。〕

辰形〔三角並鈍，內同度者二。二大邊同度，一小。〕

巳形〔二銳角一鈍，內一銳角爲鈍角減半周之餘。二大邊一小，內一大邊爲小邊減半周之餘。〕

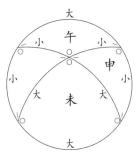

午形〔二鋭角同度，一鈍。二小邊同度，一大。〕

未形〔三角並鈍，同度者二。三邊並大，同度者二。〕

申形〔二鋭角一鈍，内一鋭角爲鈍角減半周之餘。二小邊一大，内一小邊爲大邊減半周之餘。〕

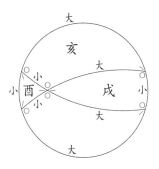

酉形〔三角並鋭，同度者二。三邊並小，同度者二。〕

戌形〔二鈍角同度，一鋭。二大邊同度，一小。〕

亥形〔二鈍角一鋭，内一鈍角爲鋭角減半周之餘。二大邊一小，内一大邊爲小邊減半周之餘。〕

以上斜弧三角形十二種，並二等邊形。内有四種，以大小二邊度成半周，與二等邊同法。〔小邊爲大邊減半周之餘，則同用一正弦。〕

斜弧三角形圖三〔計十種。曆書只九種，遺一銳二鈍形。〕

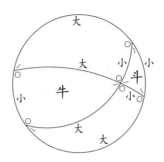

斗形〔三角並銳，三邊並小。〕

牛形〔角一銳二鈍，邊二大一小。〕

女形〔角一鈍二銳，三邊並小。〕

虛形〔角一鈍二銳，邊二大一小。〕

危形〔三角並鈍，邊二大一小。〕

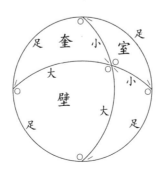

室形〔角一鈍二銳，邊一足二小。〕

壁形〔三角並鈍，邊一足二大。〕

奎形〔角一鈍二銳，邊一大一足一小。〕

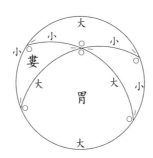

婁形〔角一鈍二銳，邊一大二小。〕

胃形〔三角並鈍，三邊並大。〕

以上斜弧三角形十種，並三邊不等。〔用算只四種。〕

凡斜弧三角形共二十六種。

通共弧三角形三十五種。〔內除正弧三種不須用算，實三十二種。〕

弧三角舉要卷二

正弧三角形〔以八線成句股。〕

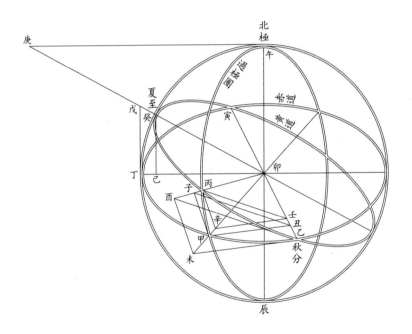

乙丁寅爲赤道，乙丙癸爲黃道，乙與寅爲春、秋分，癸爲夏至，午癸丁辰爲極至交圈，午與辰爲南北極，午丙甲爲過極經圈。

丙乙爲黃道距二分之度，甲乙爲赤道距二分之度，〔即同升度。〕丙甲爲黄赤距緯,成丙乙甲三角弧形〔一〕,甲爲正角,乙春秋分角與渾員心卯角相應。

癸丁弧爲黄赤大距,〔即乙角之弧,亦爲卯角之弧。〕癸己爲乙角正弦,卯己其餘弦,戊丁爲乙角切線,戊卯其割線,卯癸及卯丁皆半徑,成癸己卯及戊丁卯兩句股形。

又午卯半徑,庚午爲乙角餘切,庚卯爲乙角餘割,成午卯庚倒句股形〔二〕。

丙辛爲丙甲距度正弦,丙壬爲丙乙黄道正弦,作辛壬線與丁卯平行,成丙辛壬句股形。

子甲爲丙甲距度切線,甲丑爲甲乙赤道正弦,作子丑線與丙壬平行,成子甲丑句股形。

酉乙爲丙乙黄道切線,未乙爲甲乙赤道切線,作酉未線與子甲平行,成酉未乙句股形。

前二句股形在癸丁大距弧内外,〔癸己卯用正餘弦,在弧内;戊丁卯用割切線,出弧外。〕後三句股形在丙乙甲三角内外。〔丙辛壬在丙角,用兩正弦,在渾員内;子甲丑在甲角,兼用正弦、切線,半在内,半在外;酉未乙用兩切線,在渾員外。〕

論曰:此五句股形皆相似,故其比例等,何也?赤道平安,從乙視之,則丁乙象限與丁卯半徑視之成一線,而辛壬聯線、甲丑正弦、未乙切線皆在此線之上矣,以其線皆平安,皆在赤道平面,與赤道半徑平行故也。〔是爲句線。〕

〔一〕三角弧形,據文意似當作"弧三角形"。
〔二〕"又午卯半徑"至"倒句股形",輯要本無。又前圖輯要本無庚午、庚戊線,下文凡涉午卯庚句股形者,輯要本皆删。

赤道平安，則黃道之斜倚亦平，其癸乙象限與癸卯半徑，從乙視之亦成一線，而丙壬正弦、子丑聯線、酉乙切線皆在此線之上矣，以其線皆斜倚，皆在黃道平面，與黃道半徑平行故也。〔是爲弦線。〕

黃赤道相交成乙角，而赤道既平安，則從乙窺卯，卯乙半徑竟成一點，而乙、丑、壬、卯角合成一角矣。

諸句股形既同角，而其句線皆同赤道之平安，其弦線皆同黃道之斜倚，則其股線皆與赤道半徑爲十字正角而平行矣，是故形相似而比例皆等也。〔其卯午庚倒句股形爲相當之用，與諸句股形亦相似而比例等。〕

又論曰：丙辛壬形兩正弦〔丙辛、丙壬〕俱在渾體之内，其理易明。子甲丑形甲丑正弦在渾體内，子甲切線在渾體之外，已足詫矣。酉未乙形兩切線〔酉乙、未乙〕俱在渾體之外，雖習其術者未免自疑，曆書置而不言，蓋以此耶？今爲補説詳明，欲令學者了然心目，庶以用之不疑。

用法：

假如有丙乙黃道距二分之度〔一〕，求其距緯丙甲，法爲半徑癸卯與乙角之正弦癸己，若丙乙黃道之正弦丙壬與丙甲距緯之正弦丙辛也。

一　半徑全數　癸卯　弦

二　乙角正弦　癸己　股

〔一〕丙乙黃道距二分之度，“二分”原作“春分”。按前圖乙點爲秋分，作“春分”誤，據前後文改。

三　黃道正弦　丙壬　弦

四　距緯正弦　丙辛　股

　若先有丙甲距度而求丙乙黃道距二分之度，則反用之，爲乙角之正弦癸己與半徑癸卯，〔若欲用半徑爲一率以省除，則爲半徑午卯與乙角之餘割庚卯，其比例亦同。〕若丙甲距緯之正弦丙辛與丙乙黃道之正弦丙壬也。

一　乙角正弦　癸己　　半徑全數　午卯　股

二　半徑全數　癸卯　　乙角餘割　庚卯　弦

三　距緯正弦　丙辛　　　　　　　　　　股

四　黃道正弦　丙壬　　　　　　　　　　弦

　右丙辛壬形用法。

　假如有甲乙赤道同升度，求距緯丙甲。法爲半徑卯丁與乙角之切線丁戊，若甲乙赤道之正弦甲丑與丙甲距緯之切線子甲也。

一　半徑全數　卯丁　句

二　乙角正切　丁戊　股

三　赤道正弦　甲丑　句

四　距緯正切　子甲　股

　若先有丙甲距緯而求甲乙赤道，則反用之，爲乙角之切線戊丁與半徑丁卯，〔或用半徑爲一率，則爲半徑卯午與乙角之餘切午庚。〕若丙甲距緯之切線子甲與甲乙赤道之正弦甲丑也。

一　乙角正切　戊丁　　半徑全數　卯午　股

二　半徑全數　丁卯　　乙角餘切　午庚　句

三　距緯正切　子甲　　　　　　　　　　股

四　赤道正弦　甲丑　　　　　　　　　　句

　　右子甲丑形用法。

　　論曰：以上四法，曆書所有。但於圖增一卯午庚句股形，則互視之理更明。

　　假如有丙乙黃道距二分之度，徑求甲乙赤道同升度。法爲半徑卯癸與乙角之餘弦卯己，若丙乙黃道之切線酉乙與甲乙赤道之切線未乙也。

　　一　半徑全數　卯癸　弦
　　二　乙角餘弦　卯己　句
　　三　黃道正切　酉乙　弦
　　四　赤道正切　未乙　句

　　若先有甲乙赤道而求其所當黃道丙乙，法爲半徑丁卯與乙角之割線戊卯，若甲乙赤道之切線未乙與丙乙黃道之切線酉乙也。

　　一　半徑全數　丁卯　句
　　二　乙角正割　戊卯　弦
　　三　赤道正切　未乙　句
　　四　黃道正切　酉乙　弦

　　論曰：以上兩條酉未乙形用法，予所補也。有此二法，黃赤道可以自相求，而正角弧形之用始備矣。外此仍有三弧割線餘弦之用，具如別紙。

　　十餘年前曾作弧三角，所成句股書一册，稿存兒輩行笈中，覓之不可得也。庚辰年，乃復作此。至辛巳夏，復得舊稿，爲之憫然。然其理固先後一揆，而説有詳略,可以互明,不妨並存,以徵予學之進退。因思古人畢生平之力而成一事,良自不易。世有子雲,或不以覆瓿置之乎?康熙辛巳七夕前兩日,勿菴梅文鼎識。是日也爲立秋之辰,好雨生涼,炎歊頓失,稍簡殘帙,殊散人懷。

附舊稿

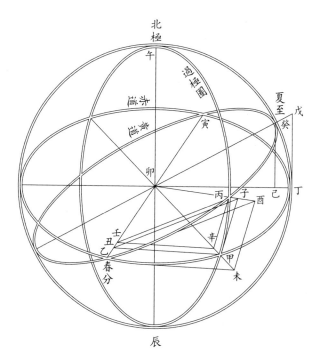

甲乙丙正弧三角形,即測量全義第七卷原圖,稍爲酌定,又增一酉未乙形。

又圖

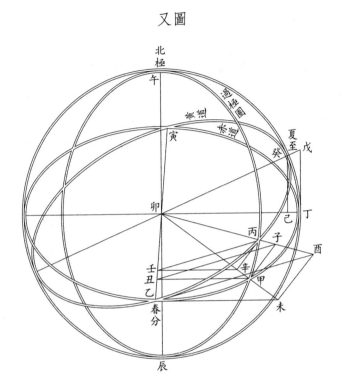

測員之用甚博，非止黃赤也，然黃道、赤道、南北極、二分、二至諸名，皆人所習聞，故仍借用其號，以便識別。

案圖中句股形凡五，皆形相似。

其一癸己卯形。以癸卯半徑爲弦，〔即黃道半徑。〕癸己正弦爲股，〔即黃赤大距弧之正弦。〕己卯餘弦爲句。〔即黃赤大距弧之餘弦。〕

其二戊丁卯形。以戊卯割線爲弦，〔即黃赤大距弧之正割線。〕戊丁切線爲股，〔即黃赤大距弧之正切線。〕丁卯半徑爲句。

〔即赤道半徑。〕

以上二句股形生於黄赤道之大距度,乃總法也。
兩句股形一在渾體之内,一出其外,同用卯角。〔即黄道
心,亦即春分角。〕

其三丙辛壬形。以丙壬正弦爲弦,〔即黄經乙丙弧之正弦,
以丙卯黄道半徑爲其全數,而卯壬其餘弦。〕丙辛正弦爲股,〔即黄赤距
緯丙甲弧之正弦,亦以丙卯黄道半徑爲其全數,而辛卯其餘弦。〕辛壬横線
爲句。

法於赤道平面上作横線,聯兩餘弦,成卯壬辛平句
股形。此形以距緯餘弦〔卯辛〕爲弦,黄經餘弦〔卯壬〕爲
股,而辛壬其句也。此辛壬線既爲兩餘弦平句股形之
句,亦即能爲兩正弦立句股形之句矣。曆書以辛壬爲
丙辛之餘弦,誤也。然則當命爲何線? 曰:此非八線中
所有,乃立三角體之楞線也。

其四子甲丑形。以子丑斜線爲弦,〔此亦立三角體之楞線
也,非八線中之線。〕子甲切線爲股,〔即黄赤距緯弧之正切線,以赤道半
徑甲卯爲其全數,而子卯其割線也。〕甲丑正弦爲句。〔即赤經乙甲弧之
正弦,亦以赤道半徑甲卯爲其全數,而丑卯其餘弦也。〕

其五酉未乙形。以酉乙切線爲弦,〔即黄經丙乙弧之正切
線,以黄赤半徑卯乙爲其全數,而酉卯其割線也。〕酉未立線爲股,〔此亦
立三角之楞線,非八線中之線。〕未乙切線爲句。〔即赤經乙甲弧之正切
線,亦以黄赤半徑卯乙爲其全數,而未卯其割線也。〕

以上三句股形生於設弧之度。第三形在渾體之
内,第四形半在渾體之内而出其外,第五形全在渾體

之外。

　　問：既在體外，其狀何如？曰：設渾圓在立方之內，而以兩極居立方底蓋之心。以乙春分居立方立面之心，則黃、赤兩經之切線〔酉乙、未乙〕皆在方體之立面，而未乙必爲句，酉乙必爲弦。於是作立線聯之，即成酉未乙句股形矣。此一形曆書遺之，予所補也。〔詳塹堵測量。〕

　　論曰：此五句股形皆同角，故其比例等。然與弧三角真同者，乙角也。

　　第一〔癸己卯形〕、第二〔戊丁卯形〕兩形，皆乙角原有之八線，即春、秋分角也，其度則兩至之大距也。

　　或先有角以求邊，則以此兩形中線例他形中線，得線則得邊矣。

　　或先有邊以求角，則以他形中線例此兩形中線，得線則亦得角矣。〔蓋卯角即乙角也。◎若欲求丙角，則以丙角當乙角，如法求之。〕

　　第三形〔丙辛壬形〕以黃經之正弦〔丙壬〕、黃赤距度之正弦〔丙辛〕爲弦與股，是以黃經與距緯相求。

　　或先有乙角，有黃經，以求距緯。〔用乙角，實用壬角，下同。〕

　　或先有乙角，有距緯，以求黃經。

　　或先有黃經距緯，可求乙角，亦可求丙角。

　　第四形〔子甲丑形〕以黃赤距緯之切線〔子甲〕、赤經之正弦〔甲丑〕爲股與句，是以距緯與赤經相求。

或先有乙角,有赤經,以求距緯。〔用乙角,實用丑角,下同。〕

或先有乙角,有距緯,以求赤經。

或先有赤經距緯,可求乙角,亦可求丙角。

第五形〔酉未乙形〕以赤經之正切〔未乙〕、黃經之正切〔酉乙〕爲句與弦,是黃、赤經度相求。

或先有乙角,有黃經,以求赤道同升度。

或先有乙角,有赤道同升,以求黃經。

或先有黃、赤二經度,可求乙角,亦可求丙角。

又論曰:諸句股形所用之卯、壬、丑、乙四角,實皆一角,何也?側望則弧度皆變正弦,而體心卯作直線至乙,爲卯壬丑乙線,即半徑也。今以側望之故,此半徑直線化爲一點,則乙角即卯角,亦即壬角,亦即丑角矣。

側望之形

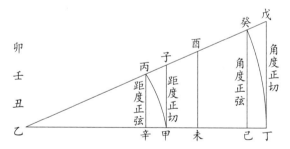

癸丁爲乙角之度,〔即黃赤大距二至緯度。〕癸乙爲黃道半徑,丁乙爲赤道半徑,戊丁爲乙角切線,癸己爲乙角正弦,戊乙爲乙角割線,己乙爲乙角餘弦,癸己乙、戊丁乙皆句股形,其乙角即卯角。

丙甲爲設弧距度,其正弦丙辛,其切線子甲。

丙乙爲所設黃道度,其正弦丙壬〔因側望,弧度、正弦成一線。〕偕距度正弦丙辛成句股形,其乙角即壬角。

甲乙爲所設赤道同升度,其正弦甲丑〔因側望,弧度、正弦成一線。〕偕距度切線子甲成句股形,其乙角即丑角。

酉乙爲所設黃經切線,未乙爲赤道同升度切線,此兩線成一酉未乙句股形,在體外,眞用乙角。

正弧三角形求餘角法

凡弧三角有三邊三角,先得三件,可知餘件,與平三角同理。前論正弧形以黃赤道爲例,而但詳乙角者,因春分角有一定之度,人所易知,故先詳之。或疑求乙角之法不可施於丙角,茲復爲之條析如左。〔仍以黃道上過極經圈之交角爲例。〕

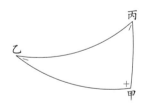

丙乙爲黃道度,甲乙爲赤道同升度,丙甲爲黃赤距度,丙角爲黃道上交角,乙爲春分角,甲常爲正角。

假如有乙丙黃道度,有乙甲赤道同升度,而求丙交角,則爲乙丙之正弦與乙甲之正弦,若半徑與丙角之正弦也。

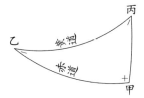

假如有丙甲距度及乙甲同升度，而求丙交角，則爲丙甲之正弦與乙甲之切線，若半徑與丙角之切線。

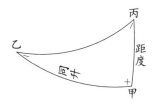

假如有丙甲距度及乙丙黃道度，而求丙交角，則爲乙丙之切線與丙甲之切線，若半徑與丙角之餘弦。

```
一　乙丙切線　　　半徑　　　弦
二　丙甲切線　　　　　　　　句
三　半徑　　　　　乙丙餘切　弦
四　丙角餘弦　　　　　　　　句
```

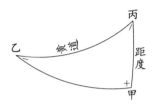

又如有丙交角，有乙丙黃道度，而求乙甲同升度，則爲半徑與丙角之正弦，若乙丙之正弦與乙甲之正弦。

```
一　半徑　　　弦
二　丙角正弦　股
三　乙丙正弦　弦
四　乙甲正弦　股
```

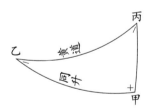

或先有乙甲同升度，而求乙丙黃道度，則以前率更之，爲丙角之正弦與半徑，若乙甲之正弦與乙丙之正弦。

```
一　丙角正弦　股
二　半徑　　　弦
```

三　乙甲正弦　股

四　乙丙正弦　弦

又如有丙交角,有乙甲同升度,而求丙甲距度,則爲丙角之切線與半徑,若乙甲之切線與丙甲之正弦。

一　丙角切線　股

二　半徑　　　句

三　乙甲切線　股

四　丙甲正弦　句

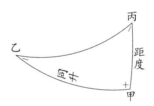

或先有丙甲距度,而求乙甲同升度,則以前率更之,爲半徑與丙角切線,若丙甲正弦與乙甲切線。

一　半徑　　　句

二　丙角切線　股

三　丙甲正弦　句

四　乙甲切線　股

又如有丙交角,有乙丙黃道度,求丙甲距度,則爲半徑與丙角餘弦,若乙丙切線與丙甲切線。

一　半徑　　　弦

二　丙角餘弦　句

三　乙丙切線　弦

四　丙甲切線　句

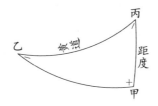

或先有丙甲距度,而求乙丙黃道,則以前率更之,爲丙角餘弦與半徑,若丙甲切線與乙丙切線。

一　丙角餘弦　句

二　半徑　　　弦

三　丙甲切線　句

四　乙丙切線　弦

論曰:求丙角之法,一一皆同乙角。更之而用丙角求餘邊,亦如其用乙角也。所異者,乙角定爲春分角,則其度不變;丙角爲過極經圈交黃道之角,隨度而移。〔交角近大距則甚大,類十字角,近春分只六十六度半弱,中間交角,度度不同。他形亦然,皆逐度變丙角。〕有時大於乙角,有時小於乙角,〔乙角不及半象限,則丙角大;乙角過半象限,則丙角有時小。〕故必求而得之。

又論曰:丙交角既隨度移,而甲角常爲正角,何也?凡球上大圈相交成十字者,必過其極。今過極經圈乃赤道之經線,惟二至時,則此圈能過黃、赤兩極,其餘則但過赤道極,而不能過黃道極,故其交黃道也常爲斜角,〔即丙角。〕交赤道則常爲正角。〔即甲角。〕

又論曰：丙角與乙角共此三邊，〔一乙丙黄道，一乙甲赤道，一丙甲距度。〕其所用比例者，亦共此三邊之八線，〔三邊各有正弦，亦各有切線。〕而所成句股形遂分兩種，可互觀也。

乙角所成諸句股，皆以戊丁卯爲例；丙角所成諸句股，皆以亥辰卯爲例。並如後圖。

丙角所成句股

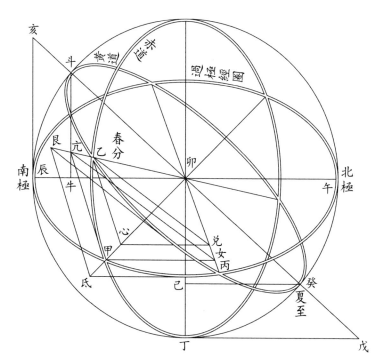

乙角所成句股

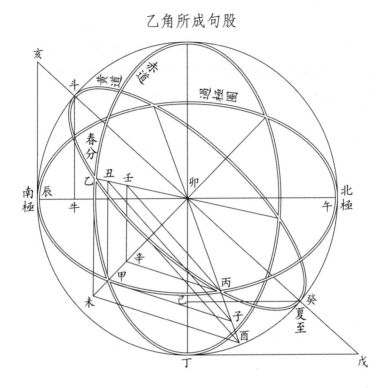

　　如圖，丙角第一層句股兑乙心形，即乙角之壬丙辛也。在乙角，兩正弦交於丙；在丙角，兩正弦交於乙，皆弦與股之比例，而同弦不同股。〔乙角、丙角並以乙丙黃道正弦爲弦，而乙角所用之股爲丙甲正弦，丙角所用則乙甲正弦，皆正弦也，而弦同股別。〕

　　丙角第二層句股女甲亢形，即乙角之子甲丑也。乙角、丙角並以一正弦一切線交於甲，爲句與股之比例，而所用相反。〔乙角於乙甲用正弦，於丙甲用切線；丙角則於乙甲用切線，於丙甲用正弦，皆乙甲、丙甲兩弧之正弦、切線，而所用迴別。〕

丙角第三層句股艮丙氐形,即乙角之酉乙未也。在
乙角,以兩切線聯於乙;在丙角,以兩切線交於丙,皆弦與
句之比例,而同弦不同句。〔乙、丙兩角並以乙丙切線爲弦,而乙角
以乙甲切線爲句,丙角以丙甲切線爲句,皆切線也,而弦同句別。〕

球面弧三角形弧角同比例解

第一題

　　正弧三角形以一角對一邊,則各角正弦與對邊之正
弦皆爲同理之比例。

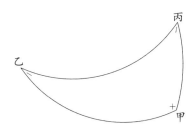

　　如圖,乙甲丙弧三角形,〔甲爲正角。〕法爲半徑與乙角
之正弦,若乙丙之正弦與丙甲之正弦。更之,則乙角之正
弦與對邊丙甲之正弦,若半徑與乙丙之正弦也。又丙角
之正弦與其對邊乙甲之正弦,亦若半徑與乙丙之正弦也。
合之,則乙角之正弦與其對邊丙甲之正弦,亦若丙角之正
弦與其對邊乙甲之正弦。
　　論曰:乙、丙兩角與其對邊之正弦,既並以半徑與乙

丙爲比例，則其比例亦自相等，而兩角與兩對邊，其正弦皆爲同比例。

又論曰：甲爲正角，其度九十。而乙丙者，甲正角所對之邊也。半徑者，即九十度之正弦也。以半徑比乙丙之正弦，即是以甲角之正弦比對邊之正弦。故以三角對三邊，皆爲同比例。

第二題

凡四率比例，二宗内有二率、三率之數相同，則兩理之首末二率爲互視之同比例。〔即斜弧比例之所以然，故先論之。〕

假如有甲、乙、丙、丁四率，甲〔四〕與乙〔八〕，若丙〔六〕與丁〔十二〕，皆加倍之比例也。又有戊、乙、丙、辛四率，戊〔二〕與乙〔八〕，若丙〔六〕與辛〔二十四〕，皆四倍之比例也。此兩比例原不同理，特以兩理之第二、第三同爲乙〔八〕、丙〔六〕，故兩理之第一、第四能互用爲同理之比例。〔先理之第一甲四與次理之第四辛二十四，若次理之第一戊二與先理之第四丁十二，皆六倍之比例也。〕

```
一　甲〔四〕　　　戊〔二〕　　　一　甲〔四〕
二　乙〔八〕　　　乙〔八〕　　　二　辛〔二十四〕
三　丙〔六〕　　　丙〔六〕　　　三　戊〔二〕
四　丁〔十二〕　　辛〔二十四〕　四　丁〔十二〕
```

論曰：凡二率、三率相乘爲實，首率爲法，得四率。今兩理所用之實，皆乙〔八〕、丙〔六〕相乘〔四十八〕之實。惟甲〔四〕爲法，則得十二；若戊〔二〕爲法，則得二十四矣。法大者得數小,法小者得數大,而所用之實本同,故互用之,即爲同理之比例也。

試以先理之四率更爲首率,其理亦同。〔丁與辛若戊與甲,皆加倍比例。〕

若反之,令兩四率並爲首率,亦同。〔甲與戊若辛與丁,皆折半比例。〕並如後圖。

一　丁〔十二〕
二　乙〔八〕
三　丙〔六〕
四　甲〔四〕

戊〔二〕
乙〔八〕
丙〔六〕
辛〔二十四〕

一　丁〔十二〕
二　辛〔二十四〕
三　戊〔二〕
四　甲〔四〕

第三題

斜弧三角形以各角對各邊,其正弦皆爲同比例。

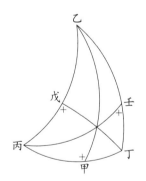

乙丙丁斜弧三角形,任從乙角作乙甲垂弧至對邊,分元形爲兩正角形,甲爲正角。依前正角形論,各對邊之正弦與所對角之正弦,比例皆等。

　　乙甲丁形，丁角正弦與乙角正弦，若半徑〔即甲角正弦。〕
與丁乙正弦，是一理也。乙甲丙形，丙角正弦與乙甲正
弦，若半徑與乙丙正弦，是又一理也。兩理之第二同爲
乙甲，第三同爲半徑，則兩理之首末二率爲互視之同比
例。故丁角之正弦與乙丙之正弦，若丙角之正弦與丁乙
之正弦也。

　　又如法從丁角作丁戊垂弧至對邊，分兩形，而戊爲正
角，則乙角正弦與丁丙正弦，亦若丙角正弦與乙丁正弦。
又從丙作垂弧分兩形，而壬爲正角，則乙角與丁丙，亦若
丁角與乙丙。

一　丁角正弦　　丙角正弦　　　一　丁角正弦
二　乙甲正弦　　乙甲正弦　　　二　乙丙正弦
三　甲正角半徑　甲正角半徑　　三　丙角正弦
四　乙丁正弦　　乙丙正弦　　　四　乙丁正弦

若垂弧在形外，其理亦同。

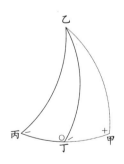

　　乙丙丁斜弧三角形，丁爲鈍角。法從乙角作乙甲垂
弧於形外，亦引丙丁弧會於甲，成乙甲丁虛形，亦湊成乙

甲丙虛實合形,甲爲正角。乙甲丁形,丁角之正弦與乙甲邊,若半徑與乙丁邊正弦,一理也。乙甲丙形,丙角之正弦與乙甲邊,若半徑與乙丙正弦,又一理也。準前論兩理之第二、第三既同,則丁角正弦與乙丙正弦,若丙角正弦與乙丁正弦也。

論曰:丁角在虛形,是本形之外角也,何以用爲内角?曰:凡鈍角之正弦與外角之正弦同數,故用外角如本形角也。

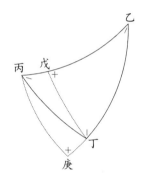

若用乙角與丁丙邊,則作丙庚弧於形外,取庚正角,其理同上。或作丁戊垂弧於形内,取戊正角,分兩形,則如前法,並同。

用法:

凡弧三角形,〔不論正角、斜角。〕但有一角及其對角之一弧,則其餘有一角者,可以知對角之弧;而有一弧者,亦可以知對弧之角。皆以其正弦,用三率比例求之。

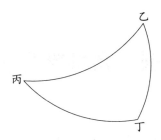

　　假如乙丁丙三角形，先有丁角及相對之乙丙弧，則其餘但有丙角，可以知乙丁弧；有乙角，可以知丁丙弧。此爲角求弧也。若有乙丁弧，亦可求丙角；有丁丙弧，亦可求乙角。此爲弧求角也。

　　一　丁角正弦　　　　　　　　一　乙丙正弦

　　二　乙丙正弦　　　　　　　　二　丁角正弦

　　三　丙角正弦　乙角正弦　　　三　乙丁正弦　丁丙正弦

　　四　乙丁正弦　丁丙正弦　　　四　丙角正弦　乙角正弦

弧三角舉要卷三

斜弧三角形作垂弧説

正弧形有正角，如平三角之有句股形也。斜弧形無正角，如平三角之有鋭、鈍形也。平三角鋭、鈍二形，並以虚線成句股，故斜弧形亦以垂弧成正角也。正弧形以正弦等線立算，句股法也；斜弧形仍以正角立算，亦句股法也。

斜弧三角用垂弧法

垂弧之法有三：其一作垂弧於形内，則分本形爲兩正角形；其二作垂弧於形外，則補成正角形；其三作垂弧於次形。

總法曰：三角俱鋭，垂弧在形内。一鈍二鋭，或在形内，或在形外。〔自鈍角作垂弧，則在形内；自鋭角作垂弧，則在形外。〕兩鈍一鋭，或三角俱鈍，則用次形。其所作垂弧，在次形之内之外。〔次形無鈍角，垂弧在其内；有鈍角，垂弧在其外；若破鈍角，亦可在内。〕

第一法　垂弧在形內，成兩正角〔內分五支。〕

設甲乙丙形，有丙銳角，有角旁相連之乙丙、甲丙二邊，求對邊及餘兩角。

法於乙角〔在先有乙丙邊之端，乃不知之角。〕作垂弧〔如乙丁。〕至甲丙邊，分甲丙邊爲兩，即分本形爲兩，而皆正角。〔凡垂弧之所到，必正角也。角不正，即非垂弧。故所分兩角皆正。後倣此。〕一乙丁丙形，此形有丁正角、丙角、乙丙邊，爲兩角一邊，可求丁丙邊、〔乃丙甲之分。〕乙丁邊〔即垂弧。〕及丁乙丙角。〔即乙分角。〕次乙丁甲形，有丁正角、甲丁邊、〔甲丙內減丁丙，其餘丁甲。〕乙丁邊，爲一角兩邊，可求乙甲邊、甲角及丁乙甲分角。末以兩乙角并之，成乙角。

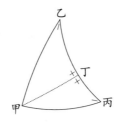

或如上圖,於甲角端作垂弧至乙丙邊,分乙丙爲兩,亦同。

　　右一角二邊,而先有者皆角旁之邊,爲形內垂弧之第一支。〔此所得分形,丁丙邊必小於元設邊,即垂弧在形內,而甲爲銳角。〕

設甲乙丙形,有丙銳角,有角旁相連之丙乙邊,及與角相對之乙甲邊,求餘兩角一邊。

　　法於不知之乙角〔在先有二邊之中。〕作乙丁垂弧,分兩正角形。一乙丙丁形,此形有丁正角,有丙角,有乙丙邊,可求乙丁分線及所分丁丙邊,及丁乙丙分角。次乙甲丁形,此形有丁正角,有乙丁邊,有乙甲邊,可求甲角,及丁乙甲分角、丁甲邊。末以兩分角〔丁乙丙及丁乙甲〕幷之,成乙角。以兩分邊〔丁丙及丁甲〕幷之,成甲丙邊。

　　右一角二邊,而先有對角之邊,爲形內垂弧之第二支。

設甲乙丙形,有乙、丙二角,有乙丙邊,〔在兩角之間。〕求甲角及餘邊。

　　法於乙角作垂弧，分兩形，並如前。〔但欲用乙丙邊，故破乙角，存丙角。〕一乙丙丁形，有丁正角、丙角、乙丙邊，可求乙丁邊、丁丙邊、丁乙丙分角。次乙丁甲形，有乙丁邊、丁正角、丁乙甲分角，〔原設乙角內減丁乙丙，得丁乙甲。〕可求乙甲邊、甲角及甲丁邊。末以甲丁并丁丙，得甲丙邊。

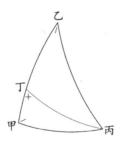

　　或於丙角作垂線[一]，亦同。

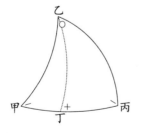 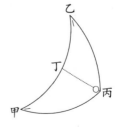

〔一〕垂線，四庫本作“垂弧”。

若角一鈍一銳,即破鈍角作垂線,其法並同。

　　右二角一邊,而邊在兩角之間,不與角對,爲形内垂弧之第三支。〔此必未知之角爲銳角,則垂弧在形内。〕

　　設甲乙丙形,有丙、甲二角,有乙甲邊,〔與丙角相對,與甲角相連。〕求乙角及餘二邊。

　　法於乙角〔爲未知之角。〕作垂弧,分爲兩形,而皆正角。一乙丁甲形,有丁正角、甲角、乙甲邊,可求甲丁邊、乙丁邊、丁乙甲分角。次丁乙丙形,有丁正角、乙丁邊、丙角,可求乙丙邊、丁丙邊、丁乙丙分角。末以甲丁、丁丙并之,成甲丙邊。以兩分角〔丁乙甲、丁乙丙〕并之,成乙角。

　　右二角一邊,而先有對角之邊,爲形内垂弧之第四支。〔此先有二角必俱銳,則垂弧在内。〕

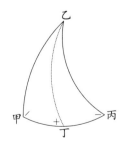

設乙甲丙形,有三邊,而内有〔乙甲、乙丙〕二邊相同,求三角。

法從乙角〔在相同二邊之間。〕作垂弧,至丙甲邊,〔乃不同之一邊。〕分兩正角形。〔其形必相等,而甲丙線必兩平分。〕乙丙丁形,有丁正角、乙丙邊、丁丙邊,〔即甲丙之半。〕可求丙角、乙分角,〔乃乙角之半。〕倍之成乙角,而甲角即同丙角。〔不須再求。〕

右三邊求角,而内有相同之邊,故可平分,是爲形内垂弧之第五支。〔此必乙丙、乙甲二邊並小,在九十度内。若九十度外,甲、丙二角必俱鈍,當用次形,詳第三又法。〕

第二法　垂弧在形外,補成正角〔内分七支。〕

設甲乙丙形,有丙鋭角,有夾角之兩邊〔乙丙、甲丙〕,求乙甲邊及餘兩角。

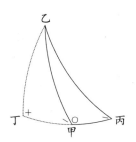

法自乙角〔在先有邊之一端。〕作垂弧〔乙丁〕於形外,引丙甲邊至丁,補成正角形二。〔一丙乙丁半虛半實形,二甲乙丁虛形。〕

先算丙乙丁形,此形有乙丙邊、丙角,有丁正角,可求丙乙丁角、〔半虛半實。〕乙丁邊、〔形外垂弧。〕丁丙邊。〔丙甲引長邊。〕次甲乙丁虛形,有丁正角,有乙丁邊、甲丁邊,〔丁丙内減

丙甲,得甲丁。〕可求乙甲邊、甲角及甲乙丁虚角。末以甲角
減半周,得原設甲角。以甲乙丁虚角減丙乙丁角,得原設
丙乙甲角。

　　右一角二邊,角在二邊之中,而爲銳角,是爲形
外垂弧之第一支。〔此所得丁丙,必大於原設邊,即垂弧在形外,
而甲爲鈍角。〕

設乙甲內形,有甲鈍角,有角旁之〔丙甲、乙甲〕二邊,求
乙丙邊及餘二角。

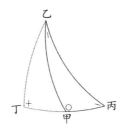

法於乙角作垂弧〔乙丁〕,引丙甲至丁,補成正角。

先算乙丁甲虚形,此形有丁正角、甲角,〔即原設甲角減半
周之餘,亦曰外角。〕有乙甲邊,可求甲丁邊、乙丁邊、丁乙甲虚
角。次丁乙丙形,有乙丁邊、丁丙邊、〔甲丙加丁甲得之。〕丁正
角,可求乙丙邊、丙角、丙乙丁角。末於丙乙丁內減丁乙

甲虛角,得原設乙角。

　或從丙作垂弧至戊,引乙甲邊至戊,補成正角,亦同。

　　　右一角二邊,角在二邊之中,而爲鈍角,乃形外
垂弧之第二支。

　設乙甲丙形,有丙銳角,有角旁之乙丙邊,有對角之
乙甲邊,求丙甲邊及餘二角。

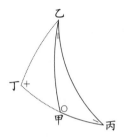

　法從乙角作垂弧至丁,成正角。〔亦引丙甲至丁。〕

　先算丙乙丁形,有丁正角、丙角、乙丙邊,可求諸數。
〔乙丁邊、丁丙邊、丙乙丁角。〕次丁乙甲虛形,有丁正角,乙丁、乙
甲二邊,可求諸數。〔乙甲丁角、甲乙丁角、甲丁邊。〕末以所得虛
形甲角減半周,得原設甲鈍角。於丙乙丁內減虛乙角,得
原設乙角。於丁丙內減甲丁,得原設丙甲。

　　　右一角二邊,角有所對之邊,而爲銳角,乃形外
垂弧之第三支。〔此必甲爲鈍角,故垂弧在外。〕

　設乙甲丙形,有甲鈍角,有角旁之甲丙邊,及對角之
乙丙邊,求乙甲邊及餘二角。

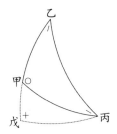

法於丙角作垂弧至戊，補成正角。

先算虛形〔甲丙戊〕，有戊正角、甲角、〔甲鈍角減半周之餘。〕甲丙邊，可求諸數。〔丙戊邊、甲戊邊、丙虛角。〕次虛實合形〔乙丙戊〕，有戊正角、丙戊邊、乙丙邊，可求原設乙角及諸數。〔乙丙戊角、乙戊邊。〕末以先得虛形數減之，得原設數。〔丙角內減丙虛角，得原設丙角；乙戊內減甲戊虛引邊，得原設乙甲邊。〕

　　右一角二邊，角有所對之邊，而爲鈍角，乃形外垂弧之第四支。〔此先得鈍角，垂線必在外。〕

設乙甲丙形，有丙、甲二角，〔一銳一鈍。〕有丙甲邊在兩角之中。

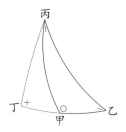

法於丙銳角作垂弧至丁，〔在甲鈍角外。〕補成正角。丁丙甲虛形，有丁正角、甲外角、丙甲邊，可求諸數。〔丙丁邊、

甲丁邊、丙虛角。〕次乙丙丁形，〔半虛實。〕有丁正角、丙丁邊、丙角，〔以丙虛角補原設丙角，得丁丙乙角。〕可求原設乙丙邊、乙角及乙甲邊。〔求得乙丁邊，內減虛形之甲丁邊，得原設甲乙邊。〕

　　右二角一邊，邊在兩角間，爲形外垂弧之第五支。〔此亦可於甲鈍角作垂弧，則在形內，法在第一法之第三支。〕

　設乙甲丙形，有乙、甲二角，〔乙銳、甲鈍。〕有丙甲邊，與乙銳角相對。〔鈍角相連。〕

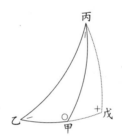

　法於丙銳角作垂弧至戊，〔在丙甲邊外。〕補成正角。甲戊丙虛形，有戊正角，有丙甲邊、甲角，〔原設形之外角。〕可求諸數。〔丙戊、甲戊二邊，丙虛角。〕次乙丙戊形，有戊正角、乙角、丙戊邊，可求丙角、〔求得乙丙戊角，內減丙虛角，得元設丙角。〕乙丙邊、乙甲邊。〔求到乙戊邊，內減甲戊，得乙甲。〕

　　右二角一邊，而邊對銳角，爲形外垂弧之第六支。

　設乙甲丙形，有乙銳角、甲鈍角，有丙乙邊，與甲鈍角相對。〔銳角相連。〕

　法於丙銳角作垂弧至戊，〔在甲鈍角外。〕補成正角。乙丙戊形，有戊正角、乙角、乙丙邊，可求諸數。〔丙戊、乙戊二邊，乙丙戊角。〕次甲丙戊虛形，有戊正角、甲外角、丙戊邊，可

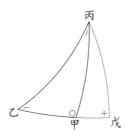

求原設丙甲邊、甲乙邊、〔求到戊甲虛邊，以減乙戊，得原設乙甲。〕丙角。〔求到丙虛角，以減乙丙戊角，得原設丙角。〕

　　右兩角一邊，而邊對鈍角，爲形外垂弧之第七支。

第三　　垂弧又法，用次形〔內分九支。〕

　　設乙甲丙形，有乙、丙二角，有乙丙邊在兩角間，而兩角並鈍，求餘二邊及甲角。

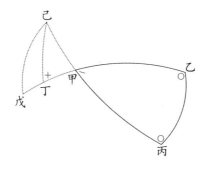

　　法引丙甲至己，引乙甲至戊，各滿半周，作戊己邊與乙丙等，而己與戊並乙丙之外角，成甲戊己次形。依法作垂弧於次形之內，〔如己丁。〕分爲兩形，〔一己丁戊，一己丁甲。〕可求乙甲邊、〔以己丁戊分形求到丁戊，以己丁甲形求到甲丁，合之成甲

戊,以減半周,即得乙甲。〕丙甲邊、〔以己丁甲分形求到己甲,以減半周,即得丙甲。〕甲角。〔以己丁甲分形求到甲交角。〕

右二角一邊,邊在角間,而用次形,爲垂弧又法之第一支。

論曰:舊説弧三角形,以大邊爲底,底旁兩角同類,垂弧在形内;異類,垂弧在形外。由今考之,殆不盡然。蓋形内垂弧分底弧爲兩,成兩正角形,所用者鋭角也。〔底旁原有兩鋭角,分兩正角形,則各有兩鋭角。〕形外垂弧補成正角形,所用者亦鋭角也。〔底旁原有一鋭角,補成正角形,則虛實兩形各有兩鋭角。〕故惟三鋭角形,作垂弧於形内;一鈍兩鋭,則垂弧或在形内,或在形外;若兩鈍一鋭,則形内形外俱不可以作垂弧,〔垂弧雖有内外,而其用算時,並爲一正角兩鋭角之比例。若形有兩鈍角,則雖作垂弧,只能成一正一鈍一鋭之形,無比例可求,則垂弧爲徒設矣。〕故必以次形通之。而所作垂弧,即在次形,不得謂之形内。然則同類之説,止可施於兩鋭;〔若兩鈍雖亦同類,而不可於形内作垂弧。〕異類之説,止可施於一鈍兩鋭,〔若兩鈍一鋭,而底弧之旁一鈍一鋭,雖亦異類,然不可於形外作垂弧。〕非通法矣。〔兩鈍角不用次形,垂弧之法已窮,況三鈍角乎?〕

又論曰:以垂弧之法徵之,則大邊爲底之説,理亦未盡。蓋鈍角所對邊必大,既有形外立垂線、垂弧之法,則鈍角有時在下,而所對之邊在上矣。不知何術能常令大邊爲底乎?此尤易見。

設乙甲丙形,有丙、甲二角,有乙甲邊與丙角相對,而兩角俱鈍,求乙角及餘邊。

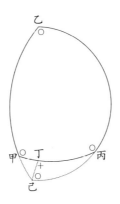

　　如法引甲乙、丙乙俱滿半周,會於己,成丙甲己次形。作己丁垂弧於次形內,分次形爲兩,可求乙角、〔依法求到分形兩己角,合之爲次形己角,與乙對角等。〕甲丙邊、〔求到分形甲丁及丁丙,并之即甲丙。〕乙丙邊。〔求到次形己丙,以減半周得之。〕

　　　右二角一邊,邊與角對,而用次形,爲垂弧又法之第二支。此三角俱鈍也。或乙爲銳角,亦同。

　　設乙甲丙形,有乙丙、乙甲兩邊,有乙角在兩邊之中。

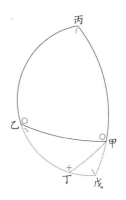

　　法用甲乙戊次形,〔有乙甲邊,有乙戊邊,爲乙丙減半周之餘,有

乙外角。〕作甲丁垂弧，分爲兩形，可求丙甲邊及餘兩角。〔以乙甲丁分形求到丁乙及甲分角，又以甲戊丁形求到甲戊，以減半周，爲丙甲。又得甲分角，并先所得，成甲角，即甲外角。又得戊角，即丙對角。〕

　　右二邊一角，角在二邊之中，而用次形，爲垂弧又法之第三支。或丙爲鈍角，則於次形戊角作垂弧，法同上條。

設乙甲丙形，有丙角，有甲丙邊與角連，有乙甲邊與角對。

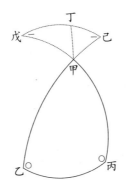

　　法用甲己戊次形，〔甲己爲甲乙減半周之餘，甲戊爲甲丙減半周之餘，戊角爲丙之外角。〕作垂弧〔甲丁〕於內，分爲兩形，可求丙乙邊及餘兩角。〔以甲丁戊分形求丁戊及甲分角，又以甲丁己形求得丁己，以并丁戊，成己戊，即丙乙也。又得甲分角，以并先得分角，即甲交角也。又得己角，即乙外角也。〕

　　右二邊一角，角與邊對，而用次形，爲垂弧又法之第四支。若甲爲鈍角，亦同。

論曰：先得丙鈍角，宜作垂弧於外。而乙亦鈍角，不可作垂弧，故用次形。

設乙甲丙形，有三邊，内有〔乙甲、丙甲〕二邊相同，而皆爲過弧，求三角。

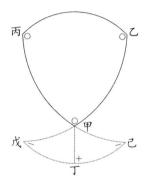

法引相同之二邊各滿半周，作弧線聯之，成戊甲己次形。如法作甲丁垂弧，分次形爲兩，〔其形相等。〕可求相同之二角〔任以甲丁戊分形求到戊角，以減半周，得乙角，亦即丙角。〕及甲角。〔求到甲半角，倍之成甲角。〕

　　右三邊求角，内有相同兩大邊，爲垂弧又法之第五支。若甲爲鋭角，亦同。

　　以上垂弧並作於次形之内。

設乙甲丙形，有丙、甲二鈍角，有甲丙邊在兩角間。

法引乙丙、乙甲滿半周，會於戊，成甲戊丙次形。自甲作垂弧，與丙戊引長弧會於丁，補成正角，可求乙甲邊、乙丙邊、乙角。〔先求丙甲丁形諸數，次求甲戊丁，得甲戊，以減半周，爲乙甲。又以丁戊減先得丁丙，得丙戊，以減半周，爲乙丙。又求得戊虛角，減半周爲戊角，即乙對角。〕

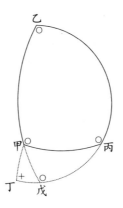

右兩鈍角一邊，邊在角間，而於次形外作垂弧，
爲又法之第六支。

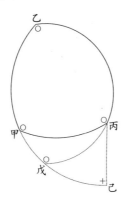

或自丙角作垂弧，亦同。

設乙甲丙形[一]，有乙、甲二鈍角，有甲丙邊與角對。

法引設邊成丙戊甲次形，〔有甲外角，有戊鈍角，爲乙對角，有
丙甲邊。〕如上法作丙丁垂弧，引次形邊會於丁，可求乙丙

────────────────

〔一〕圖見下頁。

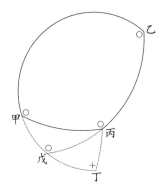

邊、〔先求甲丁丙形諸數，次丙丁戊虛形，求到丙戊，以減半周，爲乙丙。〕乙
甲邊、〔先求到丁甲，以虛線丁戊減之，得戊甲，即得乙甲。〕丙角。〔先求
到甲丙丁角，内減丙虛角，得丙外角，即得元設丙角。〕

　　右二角一邊，邊與角對，垂弧在次形外，爲又法
之第七支。

　　設乙甲丙形，有丙鈍角，有角旁之兩邊〔丙乙、丙甲〕。

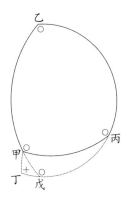

　　法用甲戊丙次形，作甲丁垂弧，引丙戊會於丁，可求
乙甲邊及甲、乙二角。〔先以甲丁丙形求到諸數，再以甲丁戊虛形求
甲戊，即得乙甲；又甲虛角減先得甲角，成甲外角；又戊虛角即乙外角。〕

右二邊一角,角在二邊之中,垂弧在次形外,爲
又法之第八支。

設乙甲丙形,有甲鈍角,有一邊與角對,〔乙丙。〕一邊
與角連。〔丙甲。〕

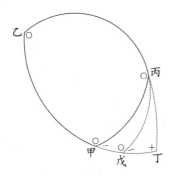

法用丙戊甲次形,自丙作垂弧,與甲戊引長邊會於
丁,可求乙甲邊及餘兩角。〔依法求到甲戊,即得乙甲。求戊角,即
乙角。以丙虛角減先得丙角,即丙外角。〕

右二邊一角,角有對邊,垂弧在次形外,爲又法
之第九支。

以上垂弧並作於次形之外。

論曰:三角俱鈍,則任以一邊爲底,其兩端之角皆同
類矣。今以次形之法求之,而垂弧尚有在次形之外者,益
可與前論相發也。

弧三角舉要卷四

弧三角用次形法

次形之用有二：

正弧三角、斜弧三角並有次形法，而其用各有二。其一易大形爲小形，則大邊成小邊，鈍角成銳角；其一易角爲弧，易弧爲角，則三角可以求邊，亦二邊可求一邊。

第一　正弧三角形易大爲小，用次形

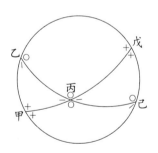

如圖，戊己甲乙半渾圓，以〔戊丙甲、己丙乙〕兩半周線分爲弧三角形四，〔一戊丙乙，二己丙戊，三己丙甲，並大；四乙丙甲爲最小。〕今可盡易爲小形。

一、戊丙乙形易爲乙甲丙形。〔戊丙減半周餘丙甲，又戊乙減半周餘乙甲，而乙丙爲同用之弧，則三邊之正弦同也。乙丙甲角爲戊丙乙外

角,甲乙丙爲戊乙丙外角,戊角又同甲角,則三角之正弦同也。故算甲丙乙,
即得戊丙乙。〕

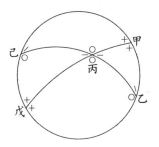

二、己丙戊形易爲乙甲丙形。〔乙甲己及甲己戊並半周,内各
減己甲,則乙甲同己戊;而乙丙於己丙,及甲丙於戊丙,皆半周之餘。又甲、戊
並正角,丙爲交角,而乙角又爲己角之外角。故算乙丙甲,得己丙戊。〕

三、己丙甲形易爲乙丙甲形。〔乙甲爲己甲減半周之餘,乙丙
爲丙己減半周之餘,而同用甲丙。又次形丙角爲元形之外角,乙角同己角,甲
同爲正角。故算乙丙甲,得己丙甲。〕

用法:

凡正弧三角内有大邊及鈍角者,皆以次形立算。但
於得數後,以次形之邊與角減半周,即得元形之大邊及鈍
角。〔其元形内原有小邊及銳角與次形同者,徑用得數命之,不必復減半
周。〕斜弧同。

以上易大形爲小形,而大邊成小邊,鈍角成銳
角,爲正弧三角次形之第一用。〔大邊易小,鈍角易銳,則用
算畫一,算理易明。其算例並詳第二用。〕

第二　正弧三角形弧角相易,用次形〔內分四支。〕

一、乙甲丙形易爲丁丙庚次形。

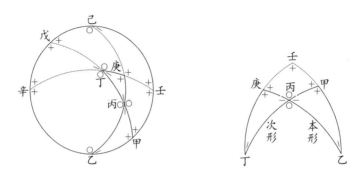

解曰:丁如北極,戊己壬甲如赤道圈,己庚乙如黃道半周,辛丁壬如極至交圈,〔壬如夏至,辛如冬至。〕戊丁甲如所設過極經圈。乙如春分,己如秋分,並以庚壬大距爲其度。丙如所設某星黃道度。丙乙如黃道距春分度,其餘丙庚,即黃道距夏至,爲次形之一邊。丙甲如黃赤距度,其餘丙丁,即丙在黃道距北極度,爲次形又一邊。庚丁如夏至黃道距北極,而爲乙角餘度,是角易爲邊也,〔壬庚爲乙角度,其餘庚丁。〕是爲次形之三邊。又丙交角如黃道上交角,庚正角如黃道夏至。甲乙如赤道同升度,其餘壬甲,如赤道距夏至,即丁角之弧,是邊易爲角也,則次形又有三角。

用法:

假如有丙交角,乙春分角,而求諸數,是三角求邊也。〔乙、丙兩角并甲正角而三。〕法爲丙角之正弦與乙角之餘弦,若半徑與丙甲之餘弦,得丙甲邊,可求餘邊。

一	丙角正弦		丙角正弦
二	乙角餘弦	在次形	丁庚正弦
三	半徑〔甲角〕		半徑〔庚角〕
四	甲丙餘弦		丁丙正弦

右以三角求邊也。若三邊求角,反此用之。

若先有乙丙邊、乙甲邊,而求甲丙邊,則爲乙甲餘弦〔即次形丁角正弦。〕與乙丙餘弦,〔即庚丙正弦。〕若半徑〔甲角,即次形庚角。〕與甲丙餘弦。〔即丁丙正弦。〕

或先有乙丙邊、甲丙邊,而求乙甲邊,則爲甲丙餘弦〔即丁丙正弦。〕與乙丙餘弦,〔即庚丙正弦。〕若半徑〔甲角,即庚角。〕與乙甲餘弦。〔即丁角正弦。〕

或先有乙甲邊、甲丙邊,而求乙丙邊,則爲半徑〔甲角,即庚角。〕與甲丙餘弦,〔即丁丙正弦。〕若乙甲餘弦〔即丁角正弦。〕與乙丙餘弦。〔即庚丙正弦。〕

右皆以兩弧求一弧,而不用角也。

以上爲乙甲丙形用次形之法。本形三邊皆小,一正角偕兩鋭角,次形亦然。所以必用次形者,爲三角求邊之用也。是爲正弧三角次形第二用之第一支。

二、己丙甲形〔甲正角,餘二角丙鈍己鋭。丙甲邊小,餘二邊並大。〕易爲丁丙庚次形。

法曰:截己甲於壬,截己丙於庚,使己壬、己庚皆滿九十度,作壬庚丁象限弧。又引丙甲邊至丁,亦滿象限,

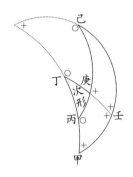

而成丁丙庚次形。此形有丁丙邊，爲丙甲之餘；有庚丙邊，爲己丙之餘；〔凡過弧內去象限，其餘度正弦即過弧之餘弦，故己丙內減己庚，而庚丙爲其餘弧。〕有庚丁邊，爲己角之餘，乃角易爲邊也。〔庚與壬皆象限，即庚壬爲己角之度，而丁庚爲其餘。〕又有丙銳角，爲元形丙鈍角之外角；有庚正角，與元形甲角等；〔壬庚既爲己角之弧，則壬與庚必皆正角。〕有丁角，爲己甲邊之餘，〔己甲過弧以壬甲爲餘度，説見上文。〕乃邊易爲角也。

用法：

假如有甲正角、己銳角、丙鈍角，而求丙甲邊。法爲丙鈍角之正弦〔即次形丙銳角正弦，蓋外角、內角正弦同用也。〕與己角之餘弦，〔即次形丁庚邊之正弦。〕若半徑〔即次形庚正角之正弦。〕與丙甲邊之餘弦。〔即次形丁丙邊之正弦。〕

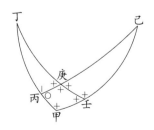

　　既得丙甲，可求己丙邊。法爲半徑與丙角餘弦，若甲丙餘切〔次形爲丁丙正切。〕與己丙餘切，〔次形爲庚丙正切。〕得數以減半周，爲己丙。下同。〔凡以八線取弧角度者，若係大邊鈍角，皆以得數與半周相減命度。後倣此。〕

　　求己甲邊。法爲己角之餘弦〔即庚丁正弦。〕與丙角之正弦，若己丙之餘弦〔即庚丙正弦。〕與己甲之餘弦。〔即丁角正弦，其弧壬甲。〕

　　　　右三角求邊。

　　又如有己甲、己丙兩大邊，求丙甲邊。法爲己甲餘弦〔即丁角正弦。〕與己丙餘弦，〔即庚丙正弦。〕若半徑與丙甲餘弦。〔即丁丙正弦。〕

　　或有己甲、丙甲兩邊，求己丙大邊。法爲半徑與丙甲餘弦，〔即丁丙正弦。〕若己甲餘弦〔即丁角正弦。〕與己丙餘弦。〔即庚丙正弦。得數減半周，爲己丙。下同。〕

　　或有丙甲、己丙二邊，求己甲大邊。法爲丙甲餘弦與半徑，若己丙餘弦與己甲餘弦。〔即上法之反理。〕

　　　　右二邊求一邊。

　　　　以上己丙甲形用次形之法。本形有兩大邊一鈍角，次形則邊小角銳，而且以本形之邊易爲次形之角，本形之角易爲次形之邊。〔後二形並同。〕是爲正弧三角次形第二用之第二支。

　　三、己丙戊形〔戊正角，己鈍角，丙銳角。己丙與戊丙並大邊。〕易爲丁丙庚次形。

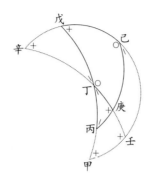

　　法曰：以象限截己丙於庚，其餘庚丙；截戊丙於丁，其餘丁丙，爲次形之二邊。作丁庚弧，其度爲己角之餘，〔己鈍角與外銳角同以壬庚之度取正弦，其餘丁庚爲己外角之餘，亦即爲己鈍角之餘。〕角易邊也。次形又爲元形之截形，同用丙角；又庚正角與戊角等，而丁角即己戊邊之餘度，〔試引己戊至辛成象限，則戊辛等壬甲，皆丁角之度，而又爲己戊之餘。〕邊易角也。

　　用法：

　　假如有丙銳角、己鈍角，偕戊正角，求戊丙邊。法爲丙角正弦與己角餘弦，〔即庚丁正弦。〕若半徑與戊丙餘弦。〔即丁丙正弦。〕得數減半周，爲戊丙。〔下同。〕

　　既得戊丙，可求己丙。法爲半徑與丙角餘弦，若戊丙餘切〔即丁丙正切。〕與己丙餘切。〔即庚丙正切。〕

　　求己戊邊。法爲戊丙餘弦〔即丁丙正弦。〕與半徑，若己丙餘弦〔即庚丙正弦。〕與己戊餘弦。〔即丁角正弦。〕

　　　以上己丙戊形三角求邊，爲正弧三角次形第二用之第三支。

　　四、乙丙戊形〔戊正角，乙、丙並鈍角。戊乙、戊丙並大邊，乙丙小邊。〕易爲丁丙庚次形。

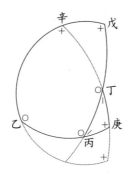

法曰：引乙丙邊至庚滿象限，得次形丙庚邊。〔即乙丙之餘。〕於丙戊截戊丁象限，得次形丁丙邊。〔爲戊丙之餘。〕而丁即爲戊乙弧之極，〔戊正角至丁九十度，故知之。〕從丁作弧至庚，成次形庚丁邊，爲乙角之餘，是角易爲邊也。〔試引庚丁至辛，則辛丁亦象限。而辛爲正角，庚亦正角，乙庚、乙辛皆象限弧，是庚丁辛即乙鈍角之弧度。內截丁辛象限，而丁庚爲乙鈍角之餘度矣。〕又庚正角與戊等，丙爲外角，丁角爲乙戊邊之餘，是邊易爲角也。〔乙戊內截乙辛象限，其餘戊辛，即丁交角之弧。〕

用法：

假如三角求邊，以丙角正弦爲一率，乙角餘弦爲二率，半徑爲三率，求得戊丙餘弦爲四率，以得數減半周爲戊丙。餘並同前。

以上乙丙戊形三角求邊，爲正弧三角次形第二用之第四支。

論曰：曆書用次形，止有乙甲丙形一例，若正角形有鈍角及大邊者，未之及也，故特詳其法。

又論曰：依第一用法，大邊可易爲小，鈍角可易爲銳，則第二、三、四支皆可用第一支之法，而次形如又次形矣。〔己丙甲形、己丙戊形、乙丙戊形皆易爲乙甲丙形，而乙甲丙又易爲丁丙庚，是又次形也。〕

正弧形弧角相易又法，用又次形。

甲乙丙正弧三角形，易爲丁丙庚次形，再易爲丁戊壬形。

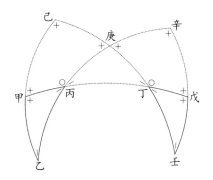

法曰：依前法，引乙丙邊、甲乙邊各滿象限，至庚至己，作庚己弧，引長之至丁，亦引甲丙會於丁，亦各滿象限，成丁丙庚次形。

又引丙庚至辛，引丙丁至戊，亦滿象限，作辛戊弧，引之至壬，亦引庚丁會於壬，則辛壬、庚壬亦皆象限，成丁戊壬又次形，此形與甲乙丙形相當。

論曰：乙丙邊易爲壬角，〔乙庚及丙辛皆象限，內減同用之丙庚，則辛庚即乙丙，而辛庚即壬角之弧。〕乙甲邊易爲丁角，〔乙甲之餘度己甲，即丁交角之弧。〕是次形之兩角即元形之兩邊也。乙角易爲丁壬邊，〔丁己及庚壬俱象限，內減同用之庚丁，則丁壬即己庚，而爲元形乙角之弧。〕丙角易爲戊壬邊,〔丙交角之弧辛戊,其餘爲次形戊壬。〕是次形之兩邊即元形之兩角。而次形戊丁邊即元形丙甲,次形戊角即元形甲角。

用法:

若原形有三角,則次形有戊直角,有戊壬、丁壬二邊,可求乙甲邊。法爲乙角之正弦〔即丁壬正弦。〕與半徑,若丙角之餘弦〔即戊壬正弦。〕與乙甲之餘弦。〔即丁角正弦。〕

求乙丙邊。法爲乙角之切線〔即丁壬切線。〕與丙角之餘切,〔即戊壬正切。〕若半徑與丙乙之餘弦。〔即壬角餘弦。〕既得兩邊,可求餘邊。

以上又次形三角求邊,爲正弧三角第二用之又法。

論曰:用次形止一弧一角相易,今用又次形,則兩弧並易爲角,兩角並易爲弧,故於前四支並峙,而爲又一法也。

第三　斜弧三角易大爲小,用次形〔內分二支。〕

一、甲乙丙二等邊形,三角皆鈍。

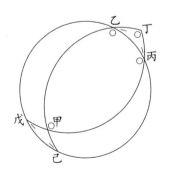

如法先引乙丙邊成全圓,又引甲丙、甲乙兩邊出圓周

外會於丁，又引兩邊各至圓周，〔如戊如己。〕成乙丁丙及戊
甲己兩小形，皆相似而等，即各與元形相當，而大形易爲
小形。

論曰：次形〔甲戊、甲己〕二邊爲元形邊減半周之餘，則同
一正弦。次形〔己、戊〕二角爲元形之外角，亦同一正弦。〔甲
乙戊爲甲乙丙外角，而與次形己角等；甲丙己爲甲丙乙外角，亦與次形戊角等。〕
而次形甲角原與元形爲交角，戊己邊又等乙丙邊，〔戊乙丙及己
戊乙並半周，各減乙戊，則戊己等乙丙。〕故算小形與大形同法。惟
於得數後以減半周，即得大邊及鈍角之度。〔置半周，減戊甲，
得甲丙；減己甲，亦得甲乙。又置半周，減己鋭角，得元形乙鈍角；減戊鋭角，
亦得元形丙鈍角。其交角甲及相等之戊己邊，只得數便是，并不用減。〕

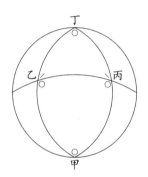

論曰：凡兩大圈相交皆半周，故丁丙與丁乙亦元形
減半周之餘。又同用乙丙，而乙與丙皆外角，丁爲對角，
故乙丁丙形與戊甲己次形等邊等角，而並與元形甲乙丙
相當。

　　右二邊等形易大爲小，爲斜弧次形第一用之第
一支。

二、甲乙丙三邊不等形，角一鈍二銳。

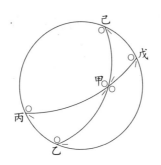

如法引乙丙作圓，又引餘二邊〔甲乙、甲丙〕至圓周〔己、戊〕，得相當次形己甲戊，〔算戊甲得甲丙，算己甲得甲乙，算己戊得乙丙。〕其角亦一鈍二銳。〔算戊鈍角得丙銳角，算己銳角得乙鈍角，而甲交角一算得之。〕

又戊甲乙形，角一鈍二銳。如法引戊乙作圓，又引乙甲至圓周〔己〕，成次形己甲戊，與元形相當。〔算己甲得甲乙，算己戊得戊乙，又同用戊甲邊，故相當。算甲銳角得甲鈍角，算戊鈍角得戊銳角，算己角即乙角。〕

又甲己丙形，三角俱鈍。如上法引丙己作圓，又引丙甲至戊，成次形己甲戊，與元形相當。〔元形甲丙與戊甲，元形己丙與己戊，並減半周之餘，又同用己甲。又丙鈍角即戊鈍角，甲、己兩銳角並元形之外角。〕

右三邊不等形易大爲小，爲斜弧次形第一用之第二支。

第四　斜弧三角形弧角互易，用次形〔內分三支。〕

一、乙甲丙形〔三角俱銳。〕易爲丑癸寅形。〔一鈍二銳。〕

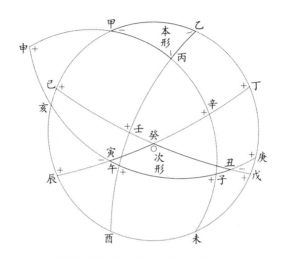

　　法曰：引乙甲作圓，次引乙丙至酉，引甲丙至未，並半周。次以甲爲心作丁辛癸寅弧，乙爲心作戊丑癸壬弧，丙爲心作丑子午寅弧，三弧交處，別成一丑癸寅形，與元形相當，而元形之角盡易爲邊，邊盡易爲角。

　　論曰：甲角之弧丁辛與次形癸寅等，則甲角易爲癸寅邊。〔丁癸及辛寅皆象限，減同用之辛癸，則癸寅同丁辛。〕乙角之弧己壬與次形丑癸等，則乙角易爲丑癸邊。〔癸己及丑壬皆象限，減同用之癸壬，即丑癸同壬己。〕丙外角之弧午申〔引丑午寅至申，取亥申與庚子等，成午申。〕與次形寅丑等，則丙外角易爲寅丑弧。〔丑午及寅申皆象限，各加同用之午寅，即午申等丑寅。〕是元形有三角，即次形有三邊也。又甲乙邊之度易爲癸外角，〔乙己及甲辰皆象

限,内減同用之甲己,則乙甲同己辰,爲癸外角弧。〕甲丙邊易爲寅角,
〔甲辛及丙子皆象限,内減同用之丙辛,則甲丙等辛子,而同爲寅角之弧。〕乙
丙邊易爲丑角。〔乙壬及午丙皆象限,内減同用之丙壬,則乙丙等午壬,
而同爲丑角之弧。〕是元形有三邊,即次形有三角也。

又論曰:有此法,則三角可以求邊。〔既以三角易爲次形之三
邊,再用三邊求角法求得次形三角,即反爲元形之三邊。三邊求角法詳別卷。〕

又論曰:引丙甲出圜外至申,亦引庚亥弧出圜外會於
申,則庚亥與子申並半周。内各減子亥,即子庚同亥申,
而子寅既象弧,則寅申亦象弧矣。以寅申象弧加午寅,與
以丑午象限〔午壬爲丑角之弧,故丑午亦象限。〕加午寅必等。而
申午者丙外角之度,丑寅者次形之邊也,故丙角能爲次形
之邊也。

又論曰:凡引弧線出圜外者,其弧線不離渾圜面幂。
因平視故,爲周線所掩,稍轉其渾形,即見之矣。但所引
出之線原爲半周之餘,見此餘線時,即當別用一圈爲外
周,而先見者反有所掩,如見亥申即不能見子庚,故其度
分恒必相當,亦自然之理也。

又論曰:依第三用法之第二支,丙未酉形及丙未乙
形、丙酉甲形並可易爲甲乙丙,則又皆以癸丑寅爲又次
形矣。

右三角俱銳形弧角相易,爲斜弧次形第二用之
第一支。

二、未丙酉形〔三角俱鈍。〕易爲丑癸寅形。〔一鈍二銳。〕

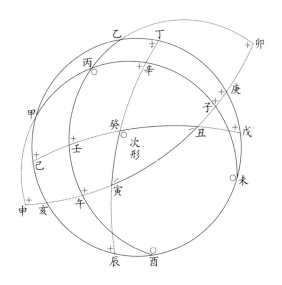

法曰：引酉未弧作圜，又引兩邊至圜周，〔如乙如甲。〕乃以未爲心作丁辛癸寅辰弧，以酉爲心作戊丑癸壬己弧，以丙爲心作庚子丑寅午申弧。亦引丙甲出圜外會於申。三弧相交，成丑癸寅形，此形與元形相當，而角盡易爲弧，弧盡易爲角。

論曰：未外角之弧丁辛，成次形癸寅弧。〔癸丁及寅辛皆象限，內減同用之癸辛，則癸寅即丁辛。〕酉外角之弧壬己，成次形丑癸弧。〔壬丑及癸己皆象限，各減癸壬，則丑癸即壬己。〕丙外角之弧申午，成次形寅丑弧。〔準前論，庚亥及子申並半周，則申亥等子庚，而申寅爲象限，與午丑象限各減午寅，即寅丑同申午。〕是三角盡易爲邊也。酉未邊成癸外角，〔酉戊及未丁皆象限，各減未戊，則丁戊即酉未，而爲癸外角之弧。若以丁戊減戊乙己半周，其餘丁乙己過弧，亦即爲癸交角之弧。〕未丙邊減半周，其餘甲丙，成寅角。〔甲辛及子丙皆象限,各減辛丙,則辛子即甲丙,而爲寅角之弧。〕酉丙邊減半周,其餘乙丙,成丑角。〔午丙及壬乙皆象限,各減丙壬,則壬午即乙丙,而爲丑角之弧。〕是三邊盡易爲角也。〔寅角、丑角並原邊減半周,則原邊即兩外角弧,與酉未成癸外角等。〕故三角減半周,得次形三邊。算得次形三角減半周,得原設三邊。

　　右三角俱鈍形弧角相易,爲斜弧次形第二用之第二支。

　　論曰:若所設爲乙未丙形,則未角易爲次形癸寅邊,〔徑用丁辛於形內,以當癸寅,不須言外角。〕乙外角爲丑癸邊,〔亦以己壬當丑癸,與用酉外角同理。〕丙角爲丑寅邊。〔徑以丙交角之弧申午當丑寅,不言外角。〕若所設爲甲酉丙形,則酉角易爲丑癸邊,〔己壬徑當丑癸,不言外角。〕甲外角爲寅癸邊,〔用丁辛當癸寅,即甲外角。〕丙角爲丑寅邊。〔亦申午當丑寅,不言外角。〕

　　又論曰:此皆大邊徑易次形,不必復言又次。

　　三、甲乙丙形〔一鈍角兩銳角。〕易爲丑癸寅形。

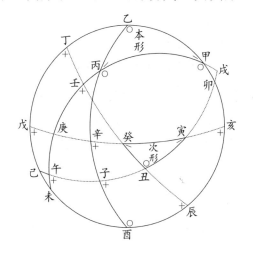

　　如法引甲乙邊作全圜,引餘二邊各滿半周。又以甲爲心作丁壬癸丑辰半周,以乙爲心作戊庚辛癸寅亥弧,以丙爲心作己午子丑寅卯弧。三弧線相交,成丑癸寅次形,與元形相當,而角爲弧,弧爲角。

　　論曰:易甲角爲次形丑癸邊,〔於癸丁象限減壬癸,成丁壬,爲甲角之弧;於丑壬象限亦減壬癸,即成癸丑邊,其數相等。〕乙外角爲次形癸寅邊,〔於癸戊象限減癸辛,成辛戊,爲乙外角之弧;於寅辛象限亦減癸辛,即成癸寅邊,其數相等。〕丙角爲次形丑寅邊,〔於丑午象限減丑子,成午子,爲丙角之弧;於寅子象限亦減丑子,即成丑寅邊,其數相等。〕則角盡爲邊。又甲乙邊爲癸角,〔於甲丁象限、乙戊象限各減乙丁,則戊丁等甲乙,而爲癸角之弧。〕乙丙邊成寅角,〔於乙辛及子丙兩象限各減丙辛,則辛子等乙丙,而爲寅角之弧。〕甲丙邊爲丑外角,〔於甲壬及午丙兩象限各減丙壬,則午壬等甲丙,而爲丑外角之弧。〕則邊盡爲角。

　　　　右一鈍角兩銳角形弧角相易,爲斜弧次形第二用之第三支。

　　論曰:若所設爲甲丙酉形,〔三角俱鈍,而有兩大邊。〕則以甲外角爲次形丑癸邊,酉外角爲癸寅邊,丙外角爲丑寅邊。又以三邊爲次形三外角。〔並與第二支未丙酉形三鈍角同理。〕若所設爲丙未酉形、乙未丙形,〔並一鈍二銳,而有兩大邊。〕皆依上法,可徑易爲丑癸寅次形,觀圖自明。

　　甲乙丙形〔三邊並大,三角並鈍。〕易爲次形。

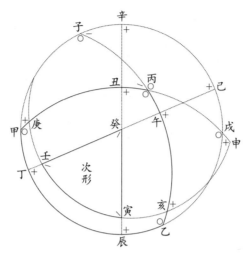

　　法以本形三外角之度爲次形三邊。〔午己爲乙外角之度，而與癸壬等。丑辛爲甲外角之度，而與癸寅等。申亥爲丙外角之度，而與寅壬等。〕以本形三邊減半周之餘，爲次形三角。〔甲乙減半周，其餘戌乙或子甲，而並與辰丁等，即癸角之度。甲丙減半周，其餘戌丙，而與丑庚等，即寅角之度。乙丙減半周，其餘子丙，而與午亥等，即壬角之度。〕並同前術。

　　論曰：此即曆學會通所謂別算一三角，其邊爲此角一百八十度之餘者也。然惟三鈍角或兩鈍角則然，其餘則兼用本角之度，不皆外角。

　　　　右三角俱鈍形弧角相易，同第二支。〔惟三邊俱大。〕

　　子戌丙形。〔一大邊二小邊，一鈍角二銳角。〕

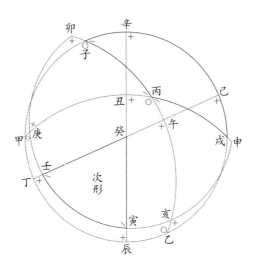

　　其法亦以次形〔癸壬、癸寅〕二邊爲本形〔子、戌〕二角之度,寅壬邊爲丙外角之度,次形〔寅、壬〕二角爲本形二小邊之度,癸角爲大邊減半周之度。

　　論曰:此所用次形與前同,而用外角度者惟丙角,其子角、戌角只用本度爲次形之邊,非一百八十度之減餘也。若設戌丙乙形、子丙甲形,並同。〔戌丙乙形惟次形癸寅邊爲戌外角,其餘癸壬邊之度爲乙角,寅壬邊之度爲丙角,則皆本度。子丙甲形惟次形癸壬邊爲子外角,其餘寅壬邊之度爲丙角,癸寅邊之度爲甲角,則皆本度。〕

　　右一鈍角二銳角,與第三支同。〔惟邊爲一大一小。〕

第五　斜弧正弧以弧角互易〔內分二支。〕

　　一、甲乙丙形〔甲乙邊適足九十度,餘二邊一大一小。角一鈍二銳。〕易爲丑癸寅正弧形。〔癸正角,餘銳。三邊並小。〕

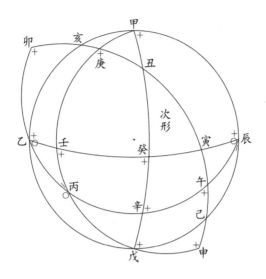

　　法曰：引乙丙小邊成半周，〔於乙引至卯，補成丙乙卯象限，又於丙引至午，成丙辛午象限，即成半周。〕作卯亥庚丑寅午以丙爲心之半周，〔截丙甲大邊於庚，使丙庚與丙乙卯等。乃作庚卯弧爲丙角之度，即庚與卯皆正角。依此引至午，亦得正角，而成半周，以丙爲心。〕作甲丑癸辛戊以乙爲心之半周。〔引甲乙象限至戊成半周，於甲於戊各作正角聯之，即又成半周，而截乙辛成象限，與乙戊等，即辛戊爲乙外角度，而此半周以乙爲心。〕作乙壬癸寅弧，以甲爲心。〔甲戊半周折半於癸，成兩象限，從癸作十字正角弧，一端至寅，一端至乙，成癸乙象限，其所截甲壬亦象限，即乙壬爲甲角之弧，而甲爲其心。〕三弧線相交，成一丑癸寅次形，與本形弧角相易，而有正角。

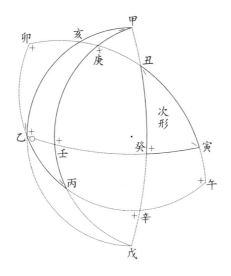

論曰：次形丑寅邊即本形丙角之度，〔丑卯及寅庚皆象限，各減丑庚，則丑寅即庚卯，而爲丙角之弧。〕癸寅邊即甲角之度，〔寅壬及癸乙皆象限，各減癸壬，則癸寅即壬乙，而爲甲角之弧。〕丑癸邊即乙外角之度，〔丑辛及癸戊皆象限，各減癸辛，則丑癸即辛戊，而爲乙外角之弧。〕是角盡易邊也。又寅角爲甲丙邊所成，〔庚丙及壬戊皆象限，各減丙壬，則寅角之弧庚壬與甲丙減半周之丙戊等。〕丑角爲乙丙邊所成，〔午丙及辛乙皆象限，各減辛丙，則丑角之弧午辛與乙丙邊等。〕癸正角爲甲乙邊所成，〔癸正角內外並九十度，而甲乙象限爲癸外角弧，若減半周，則乙戊象限爲癸交角弧。〕是邊盡爲角，而有正角也。

又辰戊丙形〔辰戊邊象限，餘並同前。〕易爲正弧形。〔並同前法，觀圖自明。〕

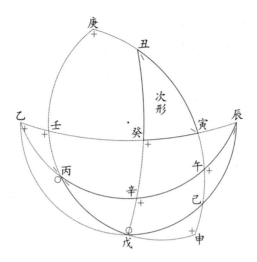

乙丙戊形〔乙戊邊足一象限,餘並小。〕易爲正角形,則丑寅度即丙外角,丑癸度即乙角,寅癸度即戊角,是角爲邊也。又寅角生於丙戊,丑角生於乙丙,癸正角生於乙戊,是邊爲角而有正角也。

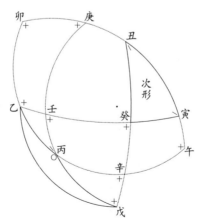

辰甲丙形〔辰甲象弧,餘二邊大,三角並鈍。〕易爲正角形,則

丑寅邊爲丙外角,丑癸邊爲辰外角,寅癸邊爲甲外角,角
爲邊也。又寅角生於甲丙,丑角生於辰丙,而癸正角生於
辰甲,〔並準前條諸論推變。〕是邊爲角而且有正角也。

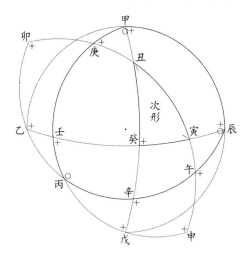

　　右本形有象限弧,即次形有正角,而斜弧變正
弧,爲弧角互易之第一支。

　　丙乙甲形〔丙正角,餘兩鋭角相等。邊三小,相等者二。〕易爲己
癸壬次形。〔角一鈍二鋭,鋭相等。〕

　　法以甲爲心作寅己丑半周,則甲角之度〔子寅弧〕成次
形一邊〔己壬〕;以乙爲心作卯己午半周,則乙角之度〔卯辰
弧〕成次形又一邊〔己癸〕,此所成二邊相等。以丙爲心作亥
癸壬未半周,則丙角之度〔癸壬象限〕即爲次形第三邊。依
法平分次形,以己壬酉形求壬角,得原設甲丙邊、〔壬角之度
癸子與甲丙等。〕乙丙邊,〔壬癸兩鋭角原同度,而癸角之度辰壬與乙丙等,
故一得兼得也。〕求半己角。倍之成己角,以減半周,得原設

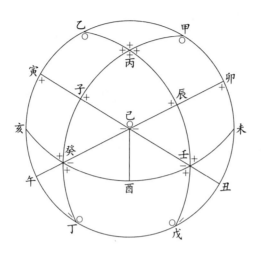

乙甲邊。〔己外角之度午寅，或丑卯，並與乙甲等。〕

　　論曰：本形有正角，次形無正角而有象限弧，得次形之象限弧，得本形之正角矣。

　　若設丙戊丁形，〔丙正角，兩鈍角同度。二大邊同度，一邊小。〕易爲己癸壬次形，與上同法，惟丁、戊用外角。

　　若設甲丙戊形，〔丙正角，餘一銳一鈍，而銳角、鈍角合成半周。邊二大一小，而小邊與一大邊合成一半周。〕易爲己癸壬次形，亦同上法，惟甲用外角，戊用本角而同度，所得次形之邊亦同度。〔甲外角之度子寅，成次形己壬邊；戊本角之度辰卯，成次形己癸邊，而四者皆同度。〕其轉求本形也，用次形之壬角得甲丙，以減半周，即得丙戊。〔或乙丙丁形，亦同。〕

　　　　右本形有正角，而次形無正角，爲弧角互易之第二支。

　　或三角形無相同之邊、角而有正角，〔其次形必有象限邊。〕或無正角而有相同之邊、角,〔其次形亦有等邊等角。〕準此論之。

次形法補遺〔角一銳二鈍,邊二大一小。〕

附算例　三角求邊　三邊求角

甲乙丙形,〔甲角一百二十度,乙角一百一十度,丙角八十五度,爲一銳二鈍。〕三角求邊。

如法易爲丑寅癸次形。〔癸寅邊六十度,當甲角;丑癸邊七十度,當乙角;寅丑邊當丙角。並以角度減半周得之。〕

求甲乙邊。〔即次形癸外角。〕法以〔甲、乙〕兩角正弦相乘,半徑除之,得數〔八一三八〇〕爲一率,半徑〔一〇〇〇〇〇〕爲二率,〔甲、乙〕兩角相較〔十度〕之矢與丙角減半周〔九十五度〕大矢相較,得數〔一〇七一九七〕爲三率,求得四率〔一三一七二四〕,爲次形癸角大矢。內減半徑,成餘弦〔三一七二四〕,檢表得癸外角〔七十一度三十分〕,爲甲乙邊。〔本宜求癸角,以減半周得甲乙。今用省法,亦同。〕

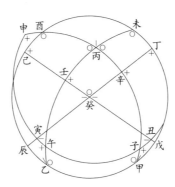

論曰：三角求邊而用次形，實即三邊求角也，故其求甲乙邊，實求次形癸角。得癸角，得甲乙邊矣。然則兩角正弦仍用本度者，何也？凡減半周之餘度，與其本度同一正弦也。〔甲角一百二十度之正弦八六六〇三，即次形癸寅邊六十度之正弦。乙角一百一十度之正弦九三九六九，即次形丑癸邊七十度正弦。〕獨丙角用餘度大矢，何也？正弦可同用，而矢不可以同用也。〔丙以外角易爲次形丑寅邊九十五度，其大矢一〇八七一六。而丙角本八十五度，是銳角，當用正矢，故不可以通用。〕然則兩角較矢又何以仍用本度？曰：兩餘度之較與本度同故也。〔甲角、乙角之較十度，所易次形之癸寅邊、丑癸邊，其較亦十度。〕所得四率爲大矢，而甲乙邊小，何也？曰：餘度故也。〔甲乙邊易爲癸外角，而四率所得者，癸內角也，故爲甲乙減半周之餘度。〕用餘度宜減半周命度矣，今何以不減？曰：省算也，雖不減，猶之減矣。〔四率係大矢，必先得癸外角七十一度半，以減半周，得癸內角一百〇八度半。再以癸內角減半周，仍得七十一度半，爲甲乙邊。今徑以先得癸外角之度爲甲乙邊，其理無二。〕

求甲丙邊。如上法，以邊左右兩角正弦〔甲八六六〇三、丙九九六一九〕相乘，半徑除之，得數〔八六二七三〕爲一率，半徑〔一〇〇〇〇〇〕爲二率，〔甲、丙〕兩角相較〔三十五度〕矢〔一八〇八五〕與乙外角〔七十度〕矢〔六五七九八〕相較，得數〔四七七一三〕爲三率，求得甲丙邊半周餘度之矢〔五五三〇四〕爲四率。〔檢表得六十三度二十七分〕，以減半周，得甲丙邊〔一百一十六度三十三分〕。

論曰：此亦用次形，三邊求寅角也。〔以甲角所易癸寅邊、丙角所易寅丑邊爲角旁二邊，以乙角所易丑癸邊爲對角之邊，求得寅角之度

辛子,與酉丙等,即甲丙減半周餘度。〕

　　求乙丙邊。如法,以邊左右兩角正弦〔丙九九六一九、乙九三九六九〕相乘,半徑除之,得數〔九三六一二〕爲一率,半徑〔一○○○○○〕爲二率,〔丙、乙〕兩角較〔二十五度〕矢〔○九三六九〕與甲外角〔六十度〕矢相較〔四○六三一〕爲三率,求得餘度矢〔四三四○三〕爲四率。〔檢表得五十五度卅二分〕,以減半周,得乙丙邊〔一百廿四度廿八分〕。

　　論曰:此用次形,三邊求丑角也。〔丙角易寅丑邊、乙角易丑癸邊爲角旁二邊,甲角易癸寅爲對邊,求得丑角度午壬,與未丙等,即乙丙邊減半周餘度。〕

　　又論曰:此所用次形之三邊三角,皆本形減半周之餘度。〔甲乙同己辰,即癸外角度,則次形癸角爲甲乙邊之半周餘度也。寅角之度子辛與酉丙等,甲丙邊之餘度也。丑角之度午壬與未丙等,乙丙邊之餘度也。是次形三角皆本形三邊減半周之餘度矣。其次形三邊爲本形三角減半周之餘,已詳前注。〕故所得四率爲角之大小矢者,皆必減半周,然後可以命度。若他形則不盡然,必須詳審。

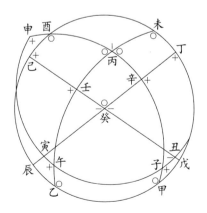

如甲未丙形，〔甲角六十度，丙角九十五，未角一百一十。〕易丑
寅癸次形。則其角易爲邊，用本度者二，〔甲角弧丁辛六十度，易
次形癸寅邊；丙角弧申午九十五度，易次形寅丑邊。〕用餘度者一。〔未角
弧壬戊一百一十度，其半周餘度己壬七十度，易次形丑癸邊。〕而其邊易爲
角，用本度者二，〔未丙邊五十五度三十二分，與午壬等，成次形丑角。甲
未邊餘度未酉七十一度三十分，與丁戊等，成癸外角，則次形癸角一百〇八度
三十分，爲甲未邊本度。〕用餘度者一。〔甲丙邊一百十六度三十三分，
其餘度酉丙六十三度二十七分，與辛子等，成次形寅角。〕若一概用餘度
算次形，豈不大謬？

又如乙丙酉形，〔乙角七〇，丙角九五，酉角一二〇。〕用〔癸寅
丑〕次形。〔前圖。〕求丙酉邊。如法以邊左右兩角正弦〔丙
九九六一九、酉八六六〇三〕相乘，去末五位，得數〔八六二七三〕
爲一率，半徑〔一〇〇〇〇〇〕爲二率，以〔酉外角、丙角〕相
差〔三十五度〕矢〔一八〇八五〕與乙角矢〔六五七九八〕相較
〔四七七一三〕爲三率，求得正矢〔五五三〇四〕爲四率。〔次形寅角
之矢。〕檢表得六十三度二十七分，爲丙酉邊。

論曰：此所用四率，與前條求甲丙邊之數同，而邊之
大小迥異，一爲餘度，一爲本度也。〔前條爲餘度之矢，故甲丙邊
大；此條爲本度之矢，故丙酉邊小。〕又所用矢較，亦以不同而成其
同。〔前條以兩角相差，此則以酉外角與丙角相差，不同也，而相差卅五度則
同。前條用乙外角之矢，此條用乙本角，又不同也，而矢數六五七九八則同。〕
其理皆出次形也。

求酉乙邊。如法以兩角正弦〔乙九三九六九、酉八六六〇三〕
相乘，去末五位，〔得八一三八〇〕爲一率，半徑爲二率，〔酉

外角、乙角〕相差〔十度〕之矢與丙角〔九十五度〕之矢相較，
〔得一〇一九七〕爲三率，求得大矢〔次形癸角之矢。〕爲四率
〔一三一七二四〕。檢表〔得一百〇八度三十分〕，爲酉乙邊。〔此與前
條求甲乙邊參看，即見次形用法不同之理，如前所論。〕

　　求乙丙邊。與前條同法。〔因丙、乙兩內角之正弦及差度並與
兩外角同，而酉角又同甲角故也。〕

　　論曰：三角求邊，必用次形，而次形之用數、得數，並
有用本度、餘度之異，即此數條，可知其概。

　　又論曰：在本形爲三角求邊者，在次形爲三邊求角，
故此數條即三邊求角之例也。〔餘詳環中黍尺。〕

　　垂弧捷法〔作垂弧而不用其數，故稱捷法。〕　**亦爲次形雙法**
〔用兩次形，故稱雙法。〕

　　設亥甲丁形，有甲亥邊、亥丁邊、亥角，〔在二邊之中。〕求
甲丁邊。〔對角之邊。〕

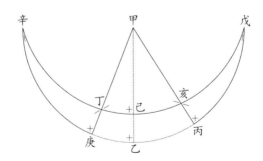

　　本法作垂弧分兩形，先求甲己邊，次求亥己邊、分丁
己邊。再用甲己、丁己二邊求甲丁邊。

今捷法不求甲己邊，但求亥己邊、分丁己邊，即用兩分形之兩次形，以徑得甲丁。

一　亥己餘弦　　即次形亥戊正弦

二　亥甲餘弦　　即次形亥丙正弦

三　己丁餘弦　　即次形辛丁正弦

四　甲丁餘弦　　即次形庚丁正弦

法引甲亥邊至丙，引甲丁邊至庚，引甲己垂弧至乙，皆滿象限。又引分形邊亥己至戊，引丁己至辛，亦滿象限。末作辛庚乙丙戊半周，與亥己遇於戊，與丁己遇於辛，成亥丙戊次形，與甲己亥分形相當；丁庚辛次形，與甲己丁分形相當。而此兩次形又自相當。〔戊角、辛角同以己乙爲其度，則兩角等。丙與庚又同爲正角，則其正弦之比例皆等。〕

論曰：半徑與戊角之正弦，若戊亥之正弦與亥丙之正弦；又半徑與辛角〔即戊角。〕之正弦，若辛丁之正弦與丁庚之正弦。合之，則戊亥正弦與亥丙正弦，亦若辛丁正弦與丁庚正弦。

又論曰：辛丁己亥戊如黃道半周，辛庚乙丙戊如赤道半周。甲如北極，辛如春分，戊如秋分。己乙如黃赤大距，即夏至之緯，乃二分同用之角度。〔即戊角、辛角之度。〕亥丙及丁庚皆赤緯，甲亥及甲丁皆距北極之度。〔即赤緯之餘。〕

一　戊亥正弦　　黃經

二　亥丙正弦　　赤緯

三　辛丁正弦　　黃經

四　丁庚正弦　　赤緯

　　戊亥爲未到秋分之度,辛丁爲已過春分之度,似有不同,而二分之角度既同,故其比例等。

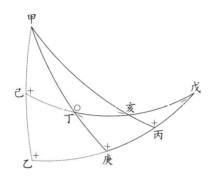

　　若丁爲鈍角,則如上圖,作甲己線於形外。

一　亥己餘弦　　即亥戊正弦

二　亥甲餘弦　　即亥丙正弦

三　己丁餘弦　　即戊丁正弦

四　甲丁餘弦　　即庚丁正弦

　　論曰:此理在前論中,蓋以同用戊角,故比例同也。

　　又論曰:乙庚丙戊如赤道,己丁亥戊如黃道,皆象弧。戊角如秋分,其弧己乙,如夏至距緯。〔此兩黃經並在夏至後秋分前,其理易見。〕

　　或先有者是丁鈍角,甲丁、丁亥二邊,則先求丁己線。〔亦用前圖。〕

一　丁己餘弦　　即戊丁正弦

二　甲丁餘弦　　即丁庚正弦

三　亥己餘弦　　即亥戊正弦

四　亥甲餘弦　　即亥丙正弦

又論曰：假如星在甲，求其黃赤經緯，則亥丁如兩極之距。亥角若爲黃經，則丁角爲赤經，而亥甲黃緯，丁甲赤緯也。若丁角爲黃經，則亥角爲赤經，而丁甲黃緯，亥甲赤緯也。〔弧三角之理，隨處可施，故舉此以發其例。〕

弧三角舉要卷五

八線相當法引

弧三角有以相當立法者,何也?以四率皆八線也。弧三角四率,何以皆八線而不用他線?〔八線但論度,他線則有丈尺。〕渾體故也。〔弧三角皆在渾員之面。〕渾體異平,而御渾者必以平,是故八線之數生於平員,而八線之用專於渾員也。曷言乎專爲渾員?曰:平三角之角之邊,皆直線也,同在一平面而可以相爲比例,故雖用八線,而四率中必兼他線焉。〔以八線例他線,則用角可以求邊;以他線例八線,則用邊可以求角,皆兼用兩種線。〕弧三角之角之邊,皆弧度曲線也,不同在平面,故非八線不能爲比例,而四率中無他線焉。既皆以八線相比例,則同宗半徑,〔有角之八線,有邊之八線,各角各邊俱非平面,而可以相求者,同一半徑也。〕相當互視之法所由以立也。錯舉似紛,實則有條不紊,故爲論列,使有倫次云。

八線相當法詳衍

總曰相當,分之則有二:曰相當,曰互視。互視又分爲二:曰本弧,曰兩弧。

但曰相當者,皆本弧也。又分爲二:曰三率連比例者,以全數爲中率也,其目有三;曰四率斷比例者,中有全數也,其目有六,凡相當之目九。

互視者,亦相當也,皆爲斷比例,而不用全數。若以四率之一與四相乘,二與三相乘,則皆與全數之自乘等也。本弧之互視,其目有三;兩弧之互視,其目有九,凡互視之目十二。

總名之皆曰相當,其目共二十一。內三率連比例三,更之則六;四率斷比例十有八,更之反之,錯而綜之,則百四十有四,共百有五十。

相當共九

一曰正弦與全數,若全數與餘割。
二曰餘弦與全數,若全數與正割。
三曰正切與全數,若全數與餘切。

　　　以上三法皆本弧,皆三率連比例,而以全數爲中率。

四曰正弦與餘弦,若全數與餘切。
五曰餘弦與正弦,若全數與正切。
六曰正割與正切,若全數與正弦。
七曰餘割與餘切,若全數與餘弦。
八曰正割與餘割,若全數與餘切。
九曰餘割與正割,若全數與正切。

　　　以上六法,亦皆本弧,而皆四率斷比例,四率之內有一率爲全數。

互視共十二

一曰正弦與正切，若餘切與餘割。

二曰餘弦與餘切，若正切與正割。

三曰正弦與餘弦，若正割與餘割。

　　以上三法，亦皆本弧，皆四率斷比例，而不用全數。然以四率之一與四、二與三相乘，則其兩矩內形皆各與全數自乘之方形等。

四曰此弧之正弦與他弧正弦，若他弧之餘割與此弧餘割。

五曰此弧之正弦與他弧餘弦，若他弧之正割與此弧餘割。

六曰此弧之正弦與他弧正切，若他弧之餘切與此弧餘割。

七曰此弧之餘弦與他弧餘弦，若他弧之正割與此弧正割。

八曰此弧之餘弦與他弧正弦，若他弧之餘割與此弧正割。

九曰此弧之餘弦與他弧餘切，若他弧之正切與此弧正割。

十曰此弧之正切與他弧正切，若他弧之餘切與此弧餘切。

十一曰此弧之正切與他弧正弦，若他弧之餘割與此弧餘切。

十二曰此弧之正切與他弧餘弦，若他弧之正割與此弧餘切。

以上九法，皆兩弧相當率也。其爲四率斷比例，而不用全數則同。若以四率之一與四、二與三相乘，其矩内形亦各與全數自乘之方形等。

相當法錯綜之理

	一法	更之	二法	更之	三法	更之
首率	正弦	餘割	餘弦	正割	正切	餘切
中率	全	全	全	全	全	全
末率	餘割	正弦	正割	餘弦	餘切	正切

此三率連比例也。首率與中率之比例，若中率與末率，故以首率、末率相乘，即與中率自乘之積等。

假如三十度之正弦〔〇五〇〇〇〇〕與全數〔一〇〇〇〇〇〕之比例，若全數〔一〇〇〇〇〕與三十度之餘割〔二〇〇〇〇〇〕，其比例皆爲加倍也。更之，則餘割〔二〇〇〇〇〇〕與全數〔一〇〇〇〇〇〕，若全數〔一〇〇〇〇〇〕與正弦〔〇五〇〇〇〇〕，其比例爲折半也。

又如三十度之餘弦〔〇八六六〇三〕與全數〔一〇〇〇〇〇〕，若全數〔一〇〇〇〇〇〕與三十度之正割〔一一五四七〇〕。更之，則正割〔一一五四七〇〕與全數〔一〇〇〇〇〇〕，若全數〔一〇〇〇〇〇〕與餘弦〔〇八六六〇三〕也。

又如三十度之正切〔〇五七七三五〕與全數〔一〇〇〇〇〇〕，

若全數〔一〇〇〇〇〇〕與三十度之餘切〔一七三二〇五〕。更之,則餘切〔一七三二〇五〕與全數〔一〇〇〇〇〇〕,若全數〔一〇〇〇〇〇〕與正切〔〇五七七三五〕也。

用法：

凡三率連比例,有當用首率與中率者,改爲中率與末率。假如有四率,其一三十度正弦,其二全數,改用全數爲一率,三十度餘割爲二率,其比例同。

	四法	更之	又更	又更	反之	更之	又更	又更
一	正弦		餘切		餘弦		全	
二	餘弦	全	全	餘弦	餘切	正弦	正弦	餘切
三	全	餘弦	餘弦	全	正弦	餘切	餘切	正弦
四	餘切		正弦		全		餘弦	

凡四率之前後兩率矩內形,與中兩率矩形等,故一與四、二與三可互居也。

	五法	更之	又更	又更	反之	更之	又更	又更
一	餘弦		正切		正弦		全	
二	正弦	全	全	正弦	正切	餘弦	餘弦	正切
三	全	正弦	正弦	全	餘弦	正切	正切	餘弦
四	正切		餘弦		全		正弦	

	六法							
一	正割		正弦		正切		全	
二	正切	全	全	正切	正弦	正割	正割	正弦
三	全	正切	正切	全	正割	正弦	正弦	正割
四	正弦		正割		全		正切	

續表

	七法							
一	餘割		餘弦		餘切		全	
二	餘切	全	全	餘切	餘弦	餘割	餘割	餘弦
三	全	餘切	餘切	全	餘割	餘弦	餘弦	餘割
四	餘弦		餘割		全		餘切	
	八法							
一	正割		餘切		餘割		全	
二	餘割	全	全	餘割	餘切	正割	正割	餘切
三	全	餘割	餘割	全	正割	餘切	餘切	正割
四	餘切		正割		全		餘割	
	九法							
一	餘割		正切		正割		全	
二	正割	全	全	正切	正切	餘割	餘割	正切
三	全	正割	正切	全	餘割	正切	正切	餘割
四	正切		餘割		全		正割	

　右四率斷比例也，一率與二率之比例，若三率與四率。

　假如三十度之正弦〔〇五〇〇〇〇〕與其餘弦〔〇八六〇三〕，若全數〔一〇〇〇〇〕與其餘切〔一七三二〇五〕。更之，則餘切〔一七三二〇五〕與全數〔一〇〇〇〇〕，若餘弦〔〇八六〇三〕與正弦〔〇五〇〇〇〇〕也。〔第四法。〕

　又如三十度之正割〔一一五四七[一]〕與其正切〔〇五七七三〕，若全數〔一〇〇〇〇〕與其正弦〔〇五〇〇〇〇〕。更之，則全數〔一〇〇〇〇〕與正割〔一一五四七〇〕，若正弦〔〇五〇〇〇〇〕與正

〔一〕以下八線各數，或取六位，或取五位，四庫本皆補足六位。

切〔〇五七七三五〕也。〔第六法。〕

又如三十度之餘割〔二〇〇〇〇〇〕與其正割〔一一五四七〇〕，若全數〔一〇〇〇〇〇〕與其正切〔〇五七七三五〕。更之，則正切〔〇五七七三五〕與正割〔一一五四七〇〕，若全數〔一〇〇〇〇〇〕與餘割〔二〇〇〇〇〇〕也。〔第九法，餘倣此。〕

用法：

凡四率斷比例，當用前兩率者，可以後兩率代之。假如有四率，其一正弦，其二餘弦，改用全數爲一率，餘切爲二率，其比例同。

互視：

	一法	更之	又更	又更	反之	更之	又更	又更
一	正弦		餘割		正切		餘切	
二	正切	餘切	餘切	正切	餘割	正弦	正弦	餘割
三	餘切	正切	正切	餘切	正弦	餘割	餘割	正切
四	餘割		正弦		餘切		正切	
	二法							
一	餘弦		正割		餘切		正切	
二	餘切	正切	正切	餘切	正割	餘弦	餘弦	正割
三	正切	餘切	餘切	正切	餘弦	正割	正割	餘弦
四	正割		餘弦		正切		餘切	
	三法							
一	正弦		餘割		餘弦		正割	
二	餘弦	正割	正割	餘弦	餘割	正弦	正弦	餘割
三	正割	餘弦	餘弦	正割	正弦	餘割	餘割	正弦
四	餘割		正弦		正割		餘弦	

此本弧中互相視之率也，其第一與第四相乘矩，第

二與第三相乘矩,皆與全數自乘方等,故其邊爲互相視之邊,而相與爲比例皆等。

假如三十度之正弦〔〇五〇〇〇〕與其餘割〔二〇〇〇〇〕相乘〔一〇〇〇〇〇〇〇〕,其餘弦〔〇八六〇〕與其正割〔一一五四七〕相乘〔一〇〇〇〇〇〇〇弱〕,皆與全數自乘之方等。故以正弦爲一率,餘弦爲二率,正割爲三率,餘割爲四率,則正弦〔〇五〇〇〇〕與餘弦〔〇八六〇〕,若正割〔一一五四七〕與餘割〔二〇〇〇〇〕也。〔第三法。〕

又如三十度之正切〔〇五七七三〕與其餘切〔一七三二〇〕相乘〔一〇〇〇〇〇〇〇弱〕,亦與全數之方等。故以正弦爲一率,餘切爲二率,正切爲三率,餘割爲四率,則正弦〔〇五〇〇〇〕與正切〔〇五七七三〕,若餘切〔一七三二〇〕與餘割〔二〇〇〇〇〕也。〔第一法。〕

或以餘弦爲一率,餘切爲二率,正切爲三率,正割爲四率,則餘弦〔〇八六〇〕與餘切〔一七三二〇〕,若正切〔〇五七七三〕與正割〔一一五四七〕也。〔第二法。〕

用法:

此亦四法斷比例,故當用前兩率者,可以後兩率代之。假如有四率,當以正弦與正切爲一率、二率者,改用餘切爲一率,餘割爲二率,以乘除之,其比例亦同。餘做此。

本弧諸線相當約法

其一爲弦與股之比例				反之則如股與弦			
全	正割	餘切	餘割	全	餘弦	正切	正弦

正弦	正切	餘弦	全		餘割	餘切	正割	全

其二爲弦與句之比例　　　　　**反之則如句與弦**

全	餘割	正切	正割		全	正弦	餘切	餘弦
餘弦	餘切	正弦	全		正割	正切	餘割	全

其三爲句與股之比例　　　　　**反之則如股與句**

全	餘弦	餘割	餘切		全	正割	正弦	正切
正切	正弦	正割	全		餘切	餘割	餘弦	全

右括本弧七十八法。

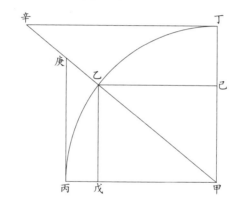

如圖，甲丙、甲乙、甲丁皆半徑全數，乙丙爲正弧，乙丁爲餘弧，乙戊爲正弦，庚丙爲正切線，庚甲爲正割線，乙己爲餘弦，辛丁爲餘切線，辛甲爲餘割線。

甲乙全數	庚甲正割	辛甲餘割		弦
與	與	與	皆如	與
乙戊正弦	庚丙正切	甲丁全數		股
甲乙全數	辛甲餘割	庚甲正割		弦
與	與	與	皆如	與
乙己餘弦	辛丁餘切	甲丙全數		句

甲丙全數	甲戊餘弦	辛丁餘切		句
與	與	與	皆如	與
庚丙正切	乙戊正弦	甲丁全數		股

此皆一定比例，觀圖自明。

外有餘切、餘弦，非弦與股之比例，則借第二比例更之。

一　甲乙全數〔即甲丁〕		辛丁餘切
二　乙己餘弦	更之	乙己餘弦
三　辛甲餘割		辛甲餘割
四　辛丁餘切		甲丁全數

全數與餘弦，若餘割與餘切。更之而餘切與餘弦，若餘割與全數也。餘割與全數既爲弦與股，則餘切與餘弦亦如弦與股矣。

正切、正弦非弦與句之比例，則借第一比例更之。

一　甲乙全數〔即甲丙〕		庚丙正切
二　乙戊正弦	更之	乙戊正弦
三　庚甲正割		庚甲正割
四　庚丙正切		甲丙全數

全數與正弦，若正割與正切。更之而正切與正弦，若正割與全數也。正割與全數既爲弦與句，則正切與正弦亦如弦與句矣。

餘割、正割非句與股之比例，則仍借第一比例更之。

一　餘割辛甲		餘割辛甲
二　全數甲丁〔即甲丙〕	更之	正割庚甲
三　正割庚甲		全數甲丙
四　正切庚丙		正切庚丙

餘割與全數,若正割與正切。更之而餘割與正割,若全數與正切也。全數與正切既爲句與股,則餘割與正割亦如句與股矣。

〔互視自此而分,以前爲本弧所用,共大法三,更之則二十有四,合相當法則七十有八,而總以三率連比例三大法爲根。〕

〔以後爲兩弧所用,共大法九,更之七十有二,而仍以本弧之三率連比例爲根。〕

	四法　　更之		又更　　又更		反之　　更之		又更　　又更	
一	正弦		餘割		他正弦		他餘割	
二	他正弦	他餘割	他餘割	他正弦	餘割	正弦	正弦	餘割
三	他餘割	他正弦	他正弦	他餘割	正弦	餘割	餘割	正弦
四	餘割		正弦		他餘割		他正弦	
	五法							
一	正弦		餘割		他餘弦		他正割	
二	他餘弦	他正割	他正割	他餘弦	餘割	正弦	正弦	餘割
三	他正割	他餘弦	他餘弦	他正割	正弦	餘割	餘割	正弦
四	餘割		正弦		他正割		他餘弦	
	六法							
一	正弦		餘割		他正切		他餘切	
二	他正切	他餘切	他餘切	他正切	餘割	正弦	正弦	餘割
三	他餘切	他正切	他正切	他餘切	正弦	餘割	餘割	正弦
四	餘割		正弦		他餘切		他正切	

〔以上大法三,更之二十有四,是以本弧之正弦、餘割與他弧互視。〕

	七法	更之	又更	又更	反之	更之	又更	又更
一	餘弦		正割		他餘弦		他正割	
二	他餘弦	他正割	他正割	他餘弦	正割	餘弦	餘弦	正割
三	他正割	他餘弦	他餘弦	他正割	餘弦	正割	正割	餘弦
四	正割		餘弦		他正割		他餘弦	
	八法							
一	餘弦		正割		他正弦		他餘割	
二	他正弦	他餘割	他餘割	他正弦	正割	餘弦	餘弦	正割
三	他餘割	他正弦	他正弦	他餘割	餘弦	正割	正割	餘弦
四	正割		餘弦		他餘割		他正弦	
	九法							
一	餘弦		正割		他餘切		他正切	
二	他餘切	他正切	他正切	他餘切	正割	餘弦	餘弦	正割
三	他正切	他餘切	他餘切	他正切	餘弦	正割	正割	餘弦
四	正割		餘弦		他正切		他餘切	

〔以上大法三，更之二十有四，是以本弧之餘弦、正割與他弧互視。〕

	十法	更之	又更	又更	反之	更之	又更	又更
一	正切		餘切		他正切		他餘切	
二	他正切	他餘切	他餘切	他正切	餘切	正切	正切	餘切
三	他餘切	他正切	他正切	他餘切	正切	餘切	餘切	正切
四	餘切		正切		他餘切		他正切	
	十一法							
一	正切		餘切		他正弦		他餘割	
二	他正弦	他餘割	他餘割	他正弦	餘切	正切	正切	餘切
三	他餘割	他正弦	他正弦	他餘割	正切	餘切	餘切	正切
四	餘切		正切		他餘割		他正弦	

續表

	十二法　更之	又更　　又更	反之　　更之	又更　　又更
一	正切	餘切	他餘弦	他正割
二	他餘弦　他正割	他正割　他餘弦	餘切　　正切	正切　　餘切
三	他正割　他餘弦	他餘弦　他正割	正切　　餘切	餘切　　正切
四	餘切	正切	他正割	他餘弦[一]

〔以上大法三,更之二十有四,是以本弧之正切、餘切與他弧互視。〕

　　此皆兩弧中互相視之率也。本弧有兩率相乘矩,與全數之方等;他弧亦有兩率相乘矩,與前數之方等,則此四率爲互相視之邊。互相視者,此有一率贏於彼之一率若干倍,則此之又一率必朒於彼之又一率亦若干倍,而其比例皆相等。故以此弧之兩率爲一與四,則以他弧之兩率爲二與三。

　　假如有角三十度,邊四十度,此兩弧也。角之正弦〔〇五〇〇〇〕與其餘割〔二〇〇〇〇〕相乘〔一〇〇〇〇〇〇〇〕,與全數自乘等;邊之正弦〔〇六四二七〕與其餘割〔一五五五七〕相乘〔一〇〇〇〇〇〇〇弱〕,亦與全數自乘等,則此四率爲互相視之邊。互相視者,言角之正弦〔〇五〇〇〇〕與邊之正弦〔〇六四二七〕,若邊之餘割〔一五五五七〕與角之餘割〔二〇〇〇〇〕也。〔第四法。〕

　　又如有二邊,大邊五十度,小邊三十度,大邊之正弦〔〇七六六〇〕、餘割〔一三〇五四〕相乘,與全數自乘等;小邊之

〔一〕他餘弦,原作"他正弦",據<u>康熙</u>本改。

正切〔〇五七七三〕、餘切〔一七三二〇〕相乘,亦與全數自乘等,則此四者互相視。互相視者,言大邊之正弦〔〇七六〇〕與小邊之正切〔〇五七七三〕,若小邊之餘切〔一七三二〇〕與大邊之餘割〔一三〇五四^{〔一〕}〕也。〔第六法。〕

又如有兩角,甲角三十度,乙角五十度,此亦兩弧也。甲角之正切〔〇五七七三〕、餘切〔一七三二〇〕相乘,與全數自乘等;乙角之正切〔一一九一七〕、餘切〔〇八三九一〕相乘,亦與全數自乘等,則此四率爲互相視之邊。互相視者,言甲角之正切〔〇五七七三〕與乙角之正切〔一一九一七〕,若乙角之餘切〔〇八三九一〕與甲角之餘切〔一七三二〇〕也。〔第十法。〕

用法:

假如別有四率,以五十度正弦爲第一,三十度正切爲第二。今改用三十度餘切第一,五十度餘割第二,其比例同。

兩弧相當約法〔括互視七十二法。〕

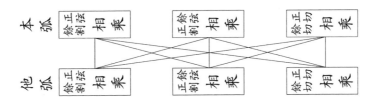

〔一〕一三〇五四,"四"原作"〇",據輯要本改。

兩弧各線相當圖一

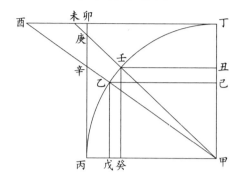

〔如圖，壬丙爲本弧，乙丙爲他弧，他弧小於本弧，而並在半象限以内。〕

本弧 　正弦壬癸　　餘弦壬丑　　正切庚丙
　　　餘割未甲　　正割庚甲　　餘切未丁

他弧 　正弦乙戊　　餘弦乙己　　正切辛丙
　　　餘割酉申　　正割辛甲　　餘切酉丁

〔論曰：甲丙、甲丁皆半徑，乃本弧、他弧所共也。半徑自乘之方冪爲甲丙卯丁，而本弧中以正弦乘餘割，以餘弦乘正割，以正切乘餘切，所作矩形，既各與半徑方冪等，則他弧亦然，故可以互相視而成相當之率。〕

圖二

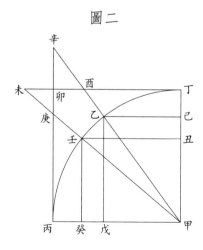

〔如上圖,壬丙本弧在半象限內,己丙他弧在半象限外,亦同。〕

圖三

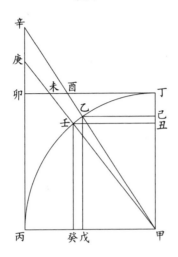

〔如上圖,壬丙本弧小於乙丙他弧,而並在半象限外,並同。〕